绿色建筑与绿色施工技术研究

黄 波 著

地 质 出 版 社

· 北 京 ·

图书在版编目（CIP）数据

绿色建筑与绿色施工技术研究 / 黄波著. — 北京 : 地质出版社, 2018.7（2025.1 重印）

ISBN 978-7-116-11086-1

Ⅰ. ①绿… Ⅱ. ①黄… Ⅲ. ①生态建筑—建筑设计—研究 Ⅳ. ①TU201.5

中国版本图书馆 CIP 数据核字(2018)第 145221 号

LÜSE JIANZHU YU LÜSE SHIGONG JISHU YANJIU

责任编辑：王雪静　谢亚许
责任校对：王洪强
出版发行：地质出版社
社址邮编：北京市海淀区学院路 31 号，100083
电　　话：(010)66554542(编辑部)
网　　址：http//:www.gph.com.cn
传　　真：(010)66554577
印　　刷：北京大地彩印有限公司
开　　本：787mm×1092mm　1/16
印　　张：13
字　　数：240 千字
版　　次：2018 年 7 月北京第 1 次版
印　　次：2025 年 1 月北京第 2 次印刷
定　　价：40.00 元
书　　号：ISBN 978-7-116-11086-1

(如对本书有建议或意见，敬请致电本社；如本书有印装问题，本社负责调换)

前　言

建筑是人为了适应环境、改善环境而创造的介于人与自然之间的人工物，它是人类生存与行为的场所。建筑活动的根本目的是为人类生活和行为发展提供必要的物质环境。建筑学是研究建筑的设计、建造及使用的学科。21世纪发展绿色建筑具有无限的生机，但当绿色建筑仅仅流于一种建筑思潮、时髦和时尚的时候，过分商业化的绿色建筑取向也可能会成为最大的危机。本书作者在从事绿色建筑工程实践和参考大量最新文献资料的基础上，试图系统地、通俗易懂地介绍绿色建筑的基本知识，让读者建立起初步的绿色建筑意识及技术框架，为读者进一步学习绿色建筑专业知识打下良好的基础。绿色建筑技术是一门跨学科、跨行业、综合性和应用性很强的技术。本书主要介绍：绿色建筑及评价标准，绿色建筑室内外环境及控制技术，绿色建筑节约材料技术，绿色建筑围护结构节能技术，绿色建筑设备节能技术，绿色建筑能源应用技术，绿色建筑水资源合理利用技术，绿色建筑管理技术，基本涵盖了目前绿色建筑的主要技术领域。

绿色施工是在国家建设“资源节约型、环境友好型”社会，倡导“循环经济、低碳经济”的大背景下提出并实施的。绿色施工从传统施工中走来，与传统施工具有千丝万缕的联系，又有很大的不同。绿色施工紧扣国家循环经济的发展主题，抓住了新形势下我国推进经济转型、实现可持续发展的良好契机，明确提出了建筑业实施节能减排降耗、推进绿色施工的发展思路，对于建筑业在新形势下提升管理水平、强化能力建设、加速自身发展具有重要意义。因此，我们必须把工程项目施工过程中保证质量安全作为基础，把推进技术进步和科学管理作为手段，把施工过程实行“四节一环保”(节能、节材、节水、节地和保护环境)作为重要目标，强调施工过程的环境友好，把这种利国利民的先进施工模式坚持下来、持续下去。

本书重点介绍绿色建筑发展、技术的实施以及绿色施工的理念，读者并不需要很多跨学科的基础和前导课程，就能了解绿色建筑技术基本知识和一般原理，深入了解到绿色建筑室内外环境控制技术及实施，以及建筑节约材料、节能技术、施工管理和绿色建筑案例赏析等内容，对读者起到积极的引导作用。

由于作者水平有限，敬请广大读者对书中不妥之处批评指正!

黄　波
2018 年 5 月

目　　录

第一章　绿色建筑发展概述

关于绿色建筑，大卫和鲁希尔·帕卡德基金会曾经给出过一个直白的定义：“任何一座建筑，如果其对周围环境所产生的负面影响要小于传统的建筑，那么它就可以被称之为绿色建筑。”这一概念昭示我们传统的“现代建筑”对于人类所生存的环境已经造成过多的负担。以欧洲为例，欧盟各国一半的能源消费都与建筑有关，同时还造成农业用地损失，污染及温室气体排放等相关问题。本章主要是从绿色建筑发展概述出发，将绿色建筑的发展历程和现状进行阐述，让读者能够了解到绿色建筑。

第一节　绿色建筑的兴起

现代科学和工业革命给人类带来了前所未有的进步，但同时也带来一系列严重的环境问题和发展挑战，如人口剧增、资源紧缺、气候变化、环境污染和生态破坏等问题威胁着人类的生存与发展。实践证明，传统的发展模式和消费方式已经难以为继，必须寻求一条人口、经济、社会发展与资源及环境相互协调的发展道路。

20 世纪 60 年代，全球兴起了一场“绿色运动”，以此寻求人类持续生存和可持续发展的空间。“生态”思想的出发点是保护自然资源，调整人类行为，满足自然生态的良性循环，保证人类生存的安全。面对保护生态环境、维护生态平衡这一全球性课题以及日益蓬勃发展的绿色运动，在建筑这一与人类息息相关的领域，生态建筑开始日益受到关注。20 世纪 60 年代，美籍意大利建筑师保罗·索勒瑞(Paola Soleri) 主张保持生态平衡并保持城市与建筑的自身特征，把生态学“Ecology”和建筑学“Arehitecture”两词合并为“Arology”，即“生态建筑学”。1963 年维克多·奥戈亚(Victor Olgyay) 在《设计结合气候——建筑地方主义的生物气候研究》中，提出建筑设计与地域、气候相协调的设计理论。1969 年美国风景建筑师麦克哈格(McHarg) 出版了《设计结合自然》一书，提出人、建筑、自然和社会应协调发展，并探索了建造生态建筑的有效途径与设计方法，它标志着生态建筑理论的正式诞生。

1972 年，英国经济学家巴巴拉·沃德(Barbara Ward) 和美国生物学家雷内·杜博斯(Rene Dubos) 为联合国环境会议起草的报告《只有一个地球》问世，把人类生存与环境的认识提高到可持续发展的新境界。同年，罗马俱乐部发表了著名的研究报告《增长的极限》，明确提出“持续增长”和“合理的持久的均衡发展”的概念。20 世纪 80 年代，巴比尔(Barbier) 等学者发表了一系列有关经济、环境可持续发展的文章，引起了国际社会的广泛关注。1987 年，以挪威首相布伦特兰(Brundtland) 为主席的世界与环境发展委员会向联合国提交了一份经过充分论证的报告——《我们共同的未来》，正式提出“可持续发展”概念，即“既满足当代人的需要，又不对后代人满足其需要的能力构成危害的发展”，并以此为主题对人类共同关心的环境与发展问题进行了全面论述，受到世界各国政府组织和舆论的极大重视。

1992 在年巴西里约热内卢召开的联合国环境与发展会议上，“可持续发展”的战略思想得到与会者的一致认可。会上通过了《二十一世纪议程》，至此可持续发展理念开始转变为人类的共同行动纲领。可持续发展理论摒弃了过去“零增长”(过分强调环保)和过分强调经济增长的偏激思想，主张“既要生存、又要发展”，力图把人与自然、当代与后代、区域与全球有机地统一起来。二十余年来，各国政府、专家学者纷纷投入时间和精力，从经济学、社会学和生态学等各个领域对可持续发展的概念、意义与应用进行了大量卓有成效的研究。随着可持续发展理论体系的发展和完善，这一全新价值观逐渐深入人心。许多行业和领域纷纷展开行动，把可持续发展理念贯彻于具体实践之中。

伴随着可持续发展思想在国际社会的推广，绿色建筑理念也逐渐得到了行业人员的重视和积极支持。绿色是自然、生态、生命与活力的象征。它代表了人类与自然和谐共处、协调发展，贴切而直观地表达了可持续发展的概念与内涵。将绿色理念引入建筑中，这是国际建筑界对人类可持续发展战略所采取的积极回应，也必将成为未来建筑的主导趋势。

1993 年国际建筑师协会第十八次大会发表了《芝加哥宣言》，号召全世界建筑师把环境和社会的可持续性列入建筑师职业及其责任的核心。1999 年国际建筑师协会第二十届世界建筑师大会发布的《北京宪章》，明确要求将可持续发展作为建筑师和工程师在新世纪中的工作准则。可持续发展已经成为建筑领域的重要原则与行动纲领。而绿色建筑的普及与发展将成为符合可持续发展理念，创造自然、健康、舒适人工环境的必然道路。

第二节　绿色建筑的设计原则和误区

绿色建筑并不是一种新的建筑形式，而是与自然和谐共生的建筑。绿色建筑建立在充分认识自然、尊重并顺应自然的基础上，离开了对自然的尊重，建筑便不能称为绿色建筑。绿色建筑不仅需要处理好人与建筑的关系，还要正确处理好建筑与生态环境的关系。这里的生态环境既包括建筑周围的区域小环境，也包括全球大环境。

绿色建筑不仅要遵循一般的社会伦理、规范，更应考虑人类必须承担的生态义务与责任。绿色建筑不同于一般建筑，建筑师和建筑的使用者都应深刻意识到地球上的资源是有限的，而不是取之不尽、用之不竭的；自然环境的生态承载力是有限的，自然生态体系是脆弱的；人不是自然的主宰，而是受自然庇护的生灵。建筑作为人工构造物，应利用并有节制地改造自然，并保护自然生态的和谐，以寻求人类的可持续发展。

一、绿色建筑的原则

（一）建设方针——适用、经济、美观

早在2000多年前，古罗马杰出的建筑师维特鲁威就提出建筑要符合“坚固、适用、美观”的原则，这被后来的建筑师奉为建筑学上的“六字箴言”。

新中国成立之初大规模经济建设时期，我国提出了“适用、经济、在可能条件下注意美观”的建设方针。当代建筑的概念已经得到延伸，内涵更加丰富，但仍然离不开“适用、经济、美观”这一标准，绿色建筑的基本内涵与此是相符的。但是，我国建筑市场还存在着非理性和有悖于科学发展观的各种倾向，片面追求“新、奇、特”，不把建筑的使用功能、内在品质、节能环保及经济实用性作为建筑追求的目标，而把“新、奇、特”的“视觉冲击”作为片面追求的目标。这种牺牲功能的做法将造成施工难度大、无谓消耗材料和能源、建筑造价大幅上升、维修成本加大等问题，这与绿色建筑的精神背道而驰。

（二）因地制宜

因地制宜是绿色建筑的灵魂，是指根据各地的具体情况制定适宜的办法。建筑很大程度上受制于它所处的环境，通常建筑是采用方便取用的资源，营造出适应当地气候特点的空间，因此绿色建筑具有很强的地域性特点。绿色建筑强调的是人、自然与环境之间的和谐关系，而每个国家在这些方面都有其特点，不同国家之间存在气候、资源、文化、风俗等方面的差异，因此绿色建筑在全球并没有统一的模式。

建筑材料的选择。古代的建造者没有像现代这样先进的机械和运输工具，因此只能是就地取材。如我国浙江余姚河姆渡村遗址运用了当地普遍生长的树木，陕西西安半坡村遗址则基本以高原黄土作为主要的建筑材料。在古代欧洲，之所

以广泛采用石材，是因为除了选材方便外，石材的可塑性和耐久性也是重要原因。到了现代，为了合理控制建筑造价，建筑材料也多为就地取材，这从我国各地的民居建筑中可以清楚地看到，如陕西民居自然的窑洞、北方民居厚厚的砖墙、江浙民居轻巧的木构、福建民居悠深的石廊等。当然，就地取材还可以减少运输过程中人力和物力的耗费，减少材料在运输过程中不可避免的破损和对周围环境的污染。

对建筑产生影响的自然环境，包括地理环境和气候条件等因素，更是绿色建筑应关注的重点。地形地貌涉及建筑的通风、采光、景观、雨水回用、无障碍设计等绿色建筑的要素。在我国北方地区，建造场地南低北高会给建筑组团的自然通风、采光带来便利，但如果高差过大又会给人们步行和无障碍设计造成困难。以我国西南地区的城市重庆为例，城市的选址在长江、嘉陵江等水系的交汇处，便于人们的航道运输和日常生活，但水系边缘没有过多的平坦的地方，而且从安全角度考虑，人们也希望居住得高一些，远离洪水的威胁。所以城市的大量房屋建造在临江的许多山地上，为了减少建设成本，同时也是为了保护自然的山水环境，建筑的选址只能是根据现有的地貌情况来决定，由此形成了山城的独特的城市轮廓线，特别是从江中的船上远眺城市的夜景，让人终生难忘。

在我国，由于气候条件的原因，南方和北方的建筑形式有很大不同，如每个城市都拥有的商业街的建筑就有非常明显的区别。在南方的商业建筑中，一般在主要商业人口外都有一个由柱廊形成的半公共空间，因为上面还有建筑，所以人们形象地称为骑楼。这个骑楼的功能可不少，一是可以变相扩大商业营业面积，二是可以聚拢商业特需的人气，但最主要的功能是遮阳、避雨、挡风，改善室内自然通风的环境，顾客们进出时也可有一个慢慢适应的过渡空间。而在北方，阳光在寒冷的冬日是人们所渴求的，南向的出入口一般直接连通室外，北向的出入口则为了抵御寒风和保持室内的温度多增加一个门斗。所以，自然环境的气候条件常会使建筑的造型随着必要的功能而发生变化，形成了带有明显地方特色的建筑形象。

建筑室外环境中的绿化是绿色建筑的基本内容，在选择绿化植物时更是应该关注乡土植物，优先选择当地常见的树种，因为这样做不仅可以节约成本，而且本地的树种适应当地的气候条件，会大大提高成活率，减少日常维护费用，保证绿化的实现。另外，气候条件的适应往往造成了植物的独特性，在一定程度上，可以代表一个地方的绿色建筑特色。

（三）建筑全寿命周期

建筑全寿命周期主要强调建筑对环境的影响在时间上的意义。所谓全寿命周期指的是产品从摇篮到坟墓的整个生命历程。建筑的寿命通常涵盖从项目选址、规划、设计、施工到运营的过程。考虑到建筑对环境的影响并不局限于建筑物存在的时间段里，绿色建筑全寿命周期的概念还应在上述的基础上往前、后延伸，往前从建筑材料的开采到运输、生产过程，往后到建筑拆除后垃圾的自然降解或资源的回收再利用。这个周期的拉长意味着在原材料的开采过程中，就要考虑它对环境的影响；考虑到运输能耗，应尽量选用当地材料，这样会减少运输过程中的能耗和物耗；当然在材料生产过程中也涉及能耗的问题，需要改进和淘汰耗能大的生产工艺。另外，在建筑的建造过程中，应考虑建筑寿命终结拆除时的垃圾处理问题，应选用可再利用、可再循环的建材：如果垃圾在短期内可以自然降解，则它对环境的影响就小；如果它长时期不可降解，则会污染环境。因此，全寿命周期的概念在建筑的前期建造过程中就应得到充分重视。如果从全寿命周期角度计算建筑成本，那么“初始投资最低的建筑并不是成本最低的建筑”。为了提高建筑的性能可能要增加初始投资，如果采用全寿命周期模式核算，将可能在有限增加初期成本的条件下大大节约长期运行费用，进而使全寿命周期总成本下降，并取得明显的环境效益。按现有的经验，增加初期成本 5%～10%用于新技术、新产品的开发利用，将节约长期运行成本 50%～60%。这一种新模式的出现，将带来建筑设计、开发模式革命性的变化。

如果为了降低造价、获得最大利润或者减少投资，采取降低材料设备性能的办法，其结果是运行效率低，运行和维护费用高。对办公楼而言，如果电梯、中央空调等运行能耗过高，甚至经常出现维修、停运事故，那么写字楼的出租率就会大受影响，建筑的整体经济效能就会降低。对住宅而言，当我们购买下几间房后，可能一辈子都得居住在其中，不仅要在入住时支付买房的钱，还要在日常生活中支付水费、电费、燃气费等。如果我们购买了节能的绿色住宅，每个月需交的水费、电费和燃气费以及物业费可能都会减少。

（四）节约资源、保护环境和减少污染

绿色建筑强调最大限度地节约资源、保护环境和减少污染。建设部提出了“四节一环保”的要求，即根据我国的国情着重强调节地、节能、节水、节材和保护环境，其中资源的节约和资源的循环利用是关键。“少费多用”做好了必然有助于保护环境、减少污染。

在建筑中体现资源节约与综合利用，减轻环境负荷，可以从以下几方面人手：

1) 通过优良的设计和管理，采用合适的技术、材料和产品，减少对资源的占有和消耗。

2) 提高建筑自身资源的使用效率，合理利用和优化资源配置，减少建筑中资

源的使用量。

3) 因地制宜，最大限度利用本地材料与资源，减少运输过程对资源的消耗，促进本地经济和社会的可持续发展。

4) 通过资源的循环利用，减少污染物的排放，最大限度地提高资源、能源和原材料的利用效率。

5) 延长建筑物的整体使用寿命，增强其适应性。

(五) 健康、适用和高效的使用空间

绿色建筑当然要满足建筑的功能需求。健康的要求是最基本的，绿色建筑强调适用、适度消费的概念，绝不提倡奢侈与浪费，当然节约不能以牺牲人的健康为代价。保证人的健康是对绿色建筑的基本要求。绿色建筑应合理考虑使用者的需求，努力创造优美、和谐的环境，提高建筑室内舒适度，改善室内环境质量，保障使用的安全，降低环境污染，满足人们生理和心理的需求，同时为人们提高工作效率创造条件。

高效使用资源需要加大绿色建筑的科技含量，比如智能建筑，我们可以通过采用智能的手段使建筑在系统、功能、使用上提高效率。

(六) 与自然和谐共生

发展绿色建筑的最终目的是要实现人、建筑与自然的协调统一。“绿色”是自然、生态、生命与活力的象征，代表了人类与自然和谐共处、协调发展的文化，贴切而直观地表达了可持续发展的概念与内涵。

绿色建筑可以从我国古代的自然价值观中获得启发，人们应趋于追求自然美、朴素美，“朴素而天下莫能与之争美”“天地有大美而不言”，自然美才是真正的美，自然界的景观具有使人情感怡悦和精神超越的作用，能满足人们的物质和精神方面的需求。

东方哲学指出，一个人和他居住的房子及这栋房子所处的城市都是地球的一分子，而任何一处的不协调都会导致整体的不和谐。全球变暖、气候异常的现实已经让人们意识到，个人的抉择和行动以及其所处建筑环境对全球环境有着巨大的影响。人类的决策和行为会影响自然的和谐，最终会影响到人类的存续。人们必须对建筑行为负责，通过尊重、认识和适应自然，把人类的建筑行为置于自然的生生不息的有机体之中，与自然和谐共生，来谋求人类、建筑与自然的和谐。

绿色建筑是建立在人、建筑与自然相互联系和互相依存的原则基础上的，建筑是一种对人类生存、生活方式的实际响应，同时也是一种对与土地、与自然和它的生态圈以及与社会相互联系的观点的强烈精神响应。最原始的建筑就已体现

了这样一种特征：与气候相适应的形式、当地资源的有效使用、小的独立建筑凝结成组团，以及为方便家族、社团人们交往而规划的室外空间。建筑不被看作是孤立的个体，而是与周围环境相互关联、相互依存。建筑不仅给人们提供所需的空间，它还是人类生活模式、理想与灵魂的体现，它是一个充满活力的有机体，已作为人类生活的一部分。

二、绿色建筑的误区

（一）自然资源的使用

随着地球资源的日益短缺和环境的日益恶化，绿色建筑越来越受到人们的重视，但人们常对绿色建筑存在一些片面的认识，容易将“绿色建筑”与“绿色食品”中的“绿色”混淆，认为“绿色建筑”就是采用天然材料建成的建筑，这是完全错误的。在对待自然资源的态度上，绿色建筑强调应从三个步骤来考虑对自然资源的使用(见表 1-1)：一是尽可能减少使用自然资源；二是提高资源的使用效率(使用可回收、可循环使用的资源)；三是尽量使用可再生资源。

表 1-1　决定资源使用的三步骤

	第一步	第二步	第三步
输入资源/阻入	减少不必要的使用	使用可再利用、可再循环资源	使用可再生资源： ①清洁； ②高效
输出污染/限出	减少废弃物的排放	废弃物循环利用、梯级使用	明智地处理废弃物： ①分类回收处理； ②再生利用

（二）绿化好就是绿色建筑

有人误以为景观绿化好的建筑就是绿色建筑，这也是片面的。绿色建筑确实要营造出适合人与自然和谐共处的生态环境，但绿色建筑更应注重建筑所在地域的自然生态、气候、资源，尽量选择耗费少、维护成本低、适应性强、绿化效果好的绿化景观。如在选择绿化植物时，应种植适应性强的乡土植物，以及易维护、耐候性好、病虫害少的植物。

认识到绿色建筑的内涵，就可以避免一些盲目的炒作行为。有些所谓绿色建筑恰恰违背或曲解了可持续发展的理念，如有人认为绿色建筑就是追求高绿地率，还有人觉得应该以人为本，大家都喜欢水景，多做一些水景就是绿色建筑。这些理解都是片面的。绿地率过高、容积率太低虽然有助于营造好的室外环境，但违背了节地的原则；而在缺水地区，使用自来水营造大片人工水景的做法，也是有悖绿色建筑的可持续理念的。节能、节地、节水、节材、保护环境和满足人的需求这 6 项要求之间有一个平衡的关系，比如耗费很多的资源去满足节能的要求、去营造过高水准的人工环境，从全寿命周期综合成本的角度来看很可能并不合适。

（三）简单、简陋的建筑

也有人以为绿色建筑就是简单、简陋的建筑，这也是片面的。绿色建筑首先要营造出健康、适用、高效的建筑空间，以满足人们对建筑功能的需求。比如窑洞是原始的绿色建筑，但窑洞具有通风不好、室内空气品质差的缺陷，需要采取措施加强通风，改善窑洞内部的空气品质。

绿色建筑的节约是建立在对建筑全寿命周期的全面考虑上的。不仅考虑建造时的节约，还应考虑通过提高效率、减少建筑在整个使用过程中的耗费。绿色建筑并不是降低使用需求，而是要提高使用效率、适应人们对建筑功能不断增长的要求。

（四）传统建筑与绿色建筑的比较

传统建筑与绿色建筑的比较列于表 1-2。

表 1-2　传统建筑与绿色建筑的比较

比较因素	传统建筑	绿色建筑
对自然生态的态度	以人为中心，人凌驾于自然之上，改造自然	天人合一，人与自然存在依存关系，人类应尊重、适应自然
对资源的态度	很少或没有考虑资源利用的效率问题	在设计阶段就要考虑减少资源的使用量和资源回用问题
设计的基础	根据建筑的功能、性能和造价进行设计	根据建筑的功能、性能和造价控制，同时还要考虑对环境和生态的影响
建造的目的	人的需求是第一位的，服务业主	综合考虑环境、经济和社会效益
施工和运营	很少考虑材料的重复使用	考虑减少废弃物，废弃物的降解、回收和回用

（五）如何对待旧建筑

近年来，我国房地产投资规模高速增长，但同时也存在大量拆除旧建筑的状况，这种“大拆大建”是目前我国建筑市场的独特现象。据有关资料统计，2002－2003 年，我国城镇共拆除了 $2.81\times10^8m^2$ 房子，达同期商品房竣工面积的 40%左右。

在欧洲，住宅平均使用年限在 80 年以上，其中法国建筑平均寿命达到 102 年，而在我国，许多建筑使用二三十年甚至更短时间就被拆掉。许多处于正常设计使用年限内的建筑被强行拆除，使建筑使用寿命大大缩短。建筑短命现象造成了巨大的资源浪费和环境污染。

造成建筑不到使用年限就被提前拆除的原因是多种多样的，影响建筑寿命的原因主要有如下三个方面：

(1) 由于城市规划的改变，使得用地性质发生改变

如原来的工业区变更为商业区或居住区，遗留的产业建筑被大规模拆除，致使大批处于合理使用期内的建筑遭遇拆除厄运。因此旧建筑拆除时，不能仅凭长官意志做出决定，事前应首先对地块内的原有建筑的处置进行充分的论证，不能简单地“一拆了事”。不到建筑使用寿命的应考虑通过综合改造达到延用；达到建筑使用寿命的应通过检测、评估，进行建筑改造或再利用的可行性研究，通过经济、技术、环境与社会效益的综合评估，决定旧建筑的命运。

(2) 原有建筑的品质或功能不能适应不断变化的新的要求

如我国 20 世纪 70～80 年代兴建的大批住宅，随着居民生活水平的提高，小厅、小厨房、小卫生间的格局已经不能满足人们的需要，因而遭到人们的遗弃。解决之道是：首先要求建筑师在面临新建筑设计时，充分考虑到建筑全寿命周期内的可改造性，适用性能的增强有助于延长建筑的寿命；其次对旧建筑，也要综合考虑改造的可行性，既要考虑技术的可行性，也要考虑经济的可行性。如我国 80 年代建的住宅，在主体结构不动的情况下，可以通过单元平面布局的调整来满足新的要求，原 1 梯 3 户的住宅改成 1 梯 2 户，面积和设备设施得到增加和改善，设计更为舒适和合理，住宅的品质也就有了提升，改造比推倒重建省得多。

(3) 质量的问题

如按照现行标准和规范的要求，旧建筑在抗震、防火、节能等方面存在不合格的问题，或由于设计、施工和使用不当出现质量问题。存在质量问题的建筑，可以进行专项改造或综合改造；对于存在重大安全隐患的建筑，通过改造无法解决，或经济技术评估不可行的情况下，才可以下拆除的结论。即使在拆除的情况下，也应考虑拆除的建筑废弃物的再利用问题。

第三节　国内外绿色建筑的发展

一、国外绿色建筑发展

1987 年，联合国环境署发表《我们共同的未来》报告，确立了可持续发展的

思想。将绿色理念引入建筑中，这是国际建筑界对人类可持续发展战略所采取的积极回应，这也标志着建筑行业开始步入绿色建筑发展时代。

1990 年，世界上第一个绿色建筑评估体系 BREEAM(Building Research Establishment Environmental Assessment Method) 在英国发布，由英国建筑研究院推出。BREEAM 不仅是一套绿色建筑的评估标准，也为绿色建筑的设计提供了最佳实践方法，因此被认为是绿色建筑领域最权威的国际标准。BREEAM 也是后续世界各国出台的绿色建筑评价体系的基础。

1992 年，巴西里约热内卢“联合国环境与发展大会”召开，使可持续发展思想得到了推广。至此，一套相对完整的绿色建筑理论初步形成，并在不少国家实践推广，成为世界建筑发展的方向。

1993 年，美国创建绿色建筑协会(The U.S.Green Building Council，USGBC) 成立，其宗旨是整合建筑业各机构、推动绿色建筑和建筑的可持续发展、引导绿色建筑的市场机制、推广并教育建筑业主、建筑师、建造师的绿色实践。1999 年，USGBC 正式公布了绿色建筑评估体系 LEED(Leadership in Energy & Environmental Design Building Rating System) ，它是目前世界上市场运作最成功的绿色建筑评估体系。加拿大、墨西哥和巴西均基于 LEED 建立了自己的绿色建筑评估体系——LEED 加拿大版、LEED 墨西哥版 LEED 巴西版。2014 年美国又推出了更加注重健康舒适的健康建筑评估体系 WELL。

1997 年，荷兰基于 BREEAM 推出了 BREEAM 荷兰版。

1999 年，澳大利亚推出了绿色建筑评估体系 NABERS(National Australian Built Environment Rating System) ，2003 年澳大利亚绿色建筑委员会又推出了 GREEN Star。

2001 年，日本组建了建筑物综合环境性能评价委员会，2002 年发布了绿色建筑评估体系 CASBEE，开启了日本的绿色建筑工作。

2008 年，德国可持续建筑委员会推出了 DGNB，包括生态质量、经济质量、社会文化及功能质量、技术质量、过程质量和基地质量 6 大领域，共 60 多条标准。

21 世纪以来，世界上一些其他国家也纷纷建立了自己的绿色建筑评估体系，并及时更新以适应新的需求。依赖于不断完善的评价体系和市场机制，繁衍产生了众多的绿色建筑项目，传播了绿色建筑的理念，加深了绿色建筑的存在感，这反过来又促进了评价体系和市场机制的成熟。

二、我国绿色建筑发展

1992 年巴西里约热内卢“联合国环境与发展大会”以来，我国政府开始大力推动绿色建筑的发展，颁布了若干相关纲要、导则和法规。原建设部初步建立起以节能 50%为目标的建筑节能设计标准体系，制定了包括国家和地方的建筑节能专项规划和相关政策规章，初步形成了建筑节能的技术支撑体系。

2004 年 9 月“全国绿色建筑创新奖”的启动，标志着我国的绿色建筑进入了全面发展阶段。2005 年 3 月召开的“首届国际智能与绿色建筑技术研讨会暨技术与产品展览会”发表了《北京宣言》，公布了“全国绿色建筑创新奖”获奖项目及单位，同年发布了《绿色建筑技术导则》。

2006 年，“第二届国际智能、绿色建筑与建筑节能大会”在北京召开，原建设部在大会上正式发布了《绿色建筑评价标准》(GB/T 50378－2006)。2007 年 8 月，原建设部又出台了《绿色建筑评价技术细则(试行)》和《绿色建筑评价标识管理办法》。2008 年 6 月，住房和城乡建设部发布实施《绿色建筑评价技术细则补充说明(规划设计部分) 》，至此开始建立起适合我国国情的绿色建筑评价体系。

2008 年 3 月，召开“第四届国际智能、绿色建筑与建筑节能大会”，筹建中国城市科学研究会节能与绿色建筑专业委员会，启动绿色建筑职业培训及政府培训。2008 年 4 月 14 日，绿色建筑评价标识管理办公室正式设立。同年 5 月，评审通过了第一批绿色建筑设计评价标识项目，共 6 个，详细信息见表 1-3。2009 年 7 月 20 日，中国城市科学研究会绿色建筑研究中心成立。这两个评审机构的成立，标志着在我国正式启动绿色建筑的项目评价工作。

表 1-3　我国第一批绿色建筑设计标识项目

类型	编号	项目名称	完成单位	标识星级
公共建筑	1	上海市建筑科学研究院绿色建筑工程研究中心办公楼	上海市建筑科学研究院(集团) 有限公司	★★★
	2	华侨城体育中心扩建工程	深圳华侨城房地产有限公司	★★★
	3	中国 2010 年上海世博会世博中心	上海世博(集团) 有限公司	★★★
	4	绿地汇创国际广场准甲办公楼	上海绿地杨浦置业有限公司	★★
居住建筑	5	金都·城市芯宇(1 号、2 号、3 号、5 号、6 号)	金都房地产开发有限公司	★
	6	金都·汉宫	金都房地产开发有限公司	★

2009 年 3 月，召开“第五届国际智能、绿色建筑与建筑节能大会”，大会的主题是“贯彻落实科学发展观，加快推进建筑节能”。与前四届相比，本届大会开始关注绿色建筑的运行实效。同年 9 月印发了《绿色建筑评价技术细则补充说明(运行使用部分) 》，正式启动绿色建筑运行评价标识的相关工作。2009 年 9 月，评审通过了第一批绿色建筑运行评价标识项目——山东交通学院图书馆和上海市建筑科学研究院绿色建筑工程研究中心办公楼 2 个项目(图 1-1 和图 1-2) 。

在专业标准制定方面，2010 年 8 月，住房和城乡建设部印发《绿色工业建筑评价导则》，拉开了我国绿色工业建筑评价工作的序幕。同年 11 月，住房和城乡建设部发布《建筑工程绿色施工评价标准》(GB/T 50640)。2012 年 5 月，住房和城乡建设部印发《绿色超高层建筑评价技术细则》。2011 年 6 月，由住房和城乡建设部科技发展促进中心主编的国家标准《绿色办公建筑评价标准》开始在全国范围内广泛征求意见。2012 年 8 月 14～15 日，中国城市科学研究会绿色建筑研究中心在北京召开了绿色工业建筑评审研讨会暨国家首批“绿色工业建筑设计标识”评审会，实现了我国绿色工业建筑评价标识“零”的突破。这些都为我国绿色建筑的纵深化发展和专业化评价创造了条件。

图 1-1　山东交通学院图书馆

图 1-2　上海市建筑科学研究院绿色建筑工程研究中心办公楼

2012 年 4 月 27 日，财政部及住房和城乡建设部联合发布《关于加快推动我国绿色建筑发展的实施意见》，意见中明确将通过多种手段全面加快推动我国绿色建筑发展。

2013 年 1 月 1 日，国务院办公厅以国办发〔2013〕1 号转发国家发展和改革委员会、住房和城乡建设部制订的《绿色建筑行动方案》，提出“十二五”期间，要完成新建绿色建筑 $10\times10^8m^2$；到 2015 年末，20%的城镇新建建筑达到绿色建筑标准要求。这标志着绿色建筑行动正式上升为国家战略。

2013 年 4 月，《“十二五”绿色建筑和绿色生态城区发展规划》(以下简称《规划》) 正式发布。《规划》提出，“十二五”期间，将新建绿色建筑 $10\times10^8m^2$，完成 100 个绿色生态城区示范建设；从 2014 年起，政府投资工程要全面执行绿色建筑标准；从 2015 年起直辖市及东部沿海省市城镇的新建房地产项目力争 50%以上达到绿色建筑标准。

2013 年 4 月，第九届国际绿色建筑与建筑节能大会在北京举行本次大会以“加强管理，全面提升绿色建筑质量”为主题，表明绿色建筑更加关注性能提升，质量把控成为发展的重点。

2014 年 3 月，第十届国际绿色建筑与建筑节能大会在北京举行，大会以“普及绿色建筑，促进节能减排”为主题，本次大会的新焦点——装配式建筑，引领了我国后续建筑产业化的新征程。

2015 年，第十一届国际绿色建筑与建筑节能大会在北京举行，大会以“提升绿色建筑性能，助推新型城镇化”为主题，互联网+绿色建筑的思路开启了新常态下绿色建筑发展的新思路。

在国家宏观政策的引导下，各地也纷纷制定绿色建筑相关的地方标准规范、政策法规，积极开展绿色建筑评价工作，有力地推动了我国绿色建筑的发展。

第四节　绿色建筑的评价标准概述

绿色建筑的实践是一项系统工程，不仅需要建筑师具有绿色设计理念，并采取相应的设计方法，还需要管理层、业主都具有较强的意识。这种多层次合作关系的介入，需要在整个过程中确立明确的评价及认证系统，以定量的方式检测建筑设计生态目标达到的效果，用一定的指标来衡量其所达到的预期环境性能实现的程度。评价系统不仅指导检验绿色建筑实践，同时也为建筑市场提供制约和规范，引导建筑向节能、环保、健康舒适、讲求效益的轨道发展。下面简单介绍我国于 2006 年 3 月颁布的《绿色建筑评价标准》(GBIT 50378)简称《标准》。

一、评价对象和范围

《标准》适用于对既有住宅建筑和公共建筑中的办公建筑、商场建筑和旅馆建筑的评价。对新建、扩建与改建的住宅建筑和公共建筑中的办公建筑、商场建筑和旅馆建筑的评价，应在交付业主使用 1 年后进行。

二、特点

《标准》关注建筑的全生命周期，希望能在规划设计阶段充分考虑并利用环境因素，而且确保施工过程中对环境的影响最低，运营阶段能为人们提供健康、舒适、低消耗、无害的活动空间，拆除后又对环境危害降到最低。在满足建筑的使用功能和节约资源、环境保护之间的关系时，不提倡为达到单项指标而过多地增加消耗，同时，也不提倡为减少资源消耗而降低建筑的功能要求和适用性。强调将节能、节地、节水、节材、保护环境五者之间的矛盾放在建筑全生命周期内统筹考虑与正确处理。同时，还应重视信息技术、智能技术和绿色建筑的新技术、新产品、新材料与新工艺的应用。

《标准》并未全部涵盖通常建筑物所应有的功能和性能要求，而是着重评价与绿色建筑性能相关的内容，主要包括节能、节地、节水、节材与环境保护等方面。《标准》注重建筑的经济性，从建筑的全生命周期核算效益和成本，顺应市场发展需求及地方经济状况。提倡朴实简约，反对浮华铺张，实现经济效益、社会效益和环境效益的统一。

三、评价指标体系与等级划分

《标准》的指标体系由节地与室外环境、节能与能源利用、节水与水资源利用、节材与材料资源利用、室内环境质量和运营管理六大类指标组成，见表 1-4。每大类指标均包括控制项、一般项和优选项。控制项为绿色建筑的必备条件，一般项和优选项为划分绿色建筑等级的可选条件，其中优选项是难度大、综合性强、绿色程度较高的可选项。住宅建筑控制项、一般项与优选项共有 76 项，其中控制项 27 项、一般项 40 项、优选项 9 项；公共建筑控制项、一般项与优选项共有 83 项，其中控制项 26 项、一般项 43 项、优选项 14 项。控制项为必须满足项，一般项和优选项根据满足程度均划分为一星、二星、三星三个等级(表 1-5、表 1-6) 。

当标准中某条文不适应建筑所在地区、气候与建筑类型等条件时，该条文可不参与评价，此时参评的总项数会相应减少，原表中对项数的要求可按原比例调整。

表 1-4　我国《绿色．建筑评价标准》(GB/T 50378－2006)

		控制项	一般项	优选项
住宅建筑	节地与室外环境	场地选址、用地指标、建筑布局和日照、绿化、污染源、施工影响 8 项	公共服务设施、旧建筑利用、噪声、热岛效应、风环境、绿化、公共交通、透水地面 8 项	地下空间利用、废弃场地建设 2 项
	节能与能源利用	节能标准、设备性能、室温调节和用热计量 3 项	建筑设计、用能设备、照明、能量回收、再生能源利用等 6 项	采暖空调能耗、可再生能源使用比例 2 项
	节水与水资源利用	水系统规划和综合利用、管网漏损、节水设备、景观用水、非传统水源 5 项	雨水规划、节水灌溉、再生水、雨水利用、非传统水源利用等 6 项	非传统水源利用规定 1 项
	节材与材料资源利用	建筑材料中有害物质含量规定、装饰性构件规定 2 项	就地取材、预拌混凝土、材料回收利用、可再循环材料使用、一体化施工等 7 项	建筑结构体系、可再利用建筑材料比例 2 项
	室内环境质量	日照、采光、隔声、自然通风、空气污染物浓度 5 项	视野、内表面不结露、建筑隔热、室温调控、外遮阳、室内空气质量监测 6 项	蓄能调湿或改善空气质量的功能材料利用 1 项
	运营管理	管理制度、计量收费、垃圾收集等 4 项	垃圾站冲排水设施、智能化系统、病虫害防治、绿化、管理体系认证、垃圾分类收集率等 7 项	可生物降解垃圾处理房的规定 1 项
公共建筑	节地与室外环境	场地选址、周边影响、污染源、施工等 5 项	噪声、通风、绿化、交通组织、地下空间利用等 6 项	废弃场地利用、旧建筑利用、透水地面 3 项
	节能与能源利用	围护结构热工性能、冷热源机组能效比、照明、能耗计量等 5 项	总平面设计、外窗、蓄冷蓄热、排风能量回收、可调新风比、部分负荷可用性、余热利用、分项计量等 10 项	建筑设计总能耗、热电冷联供、可再生能源利用、照明 4 项
	节水与水资源利用	水系统规划、管网漏损、节水器具、用水安全等 5 项	雨水利用、节水灌溉、再生水、用水计量等 6 项	非传统水源利用比例 1 项
	节材与材料资源利用	建筑材料中有害物质含量规定、装饰性构件规定 2 项	就地取材、预拌混凝土、材料回收利用、可再循环材料使用、一体化施工、减少浪费等 8 项	建筑结构体系、可再利用建筑材料比例 2 项
	室内环境质量	室内设计参数、新风量、空气污染物浓度、噪声、照度等 6 项	自然通风、可调空调末端、隔声性能、噪声、采光、无障碍设施 6 项	可调节外遮阳、空气质量监控、采光改善措施 3 项
	运营管理	管理制度、达标排放、废弃物处理 3 项	管理体系认证、设备管道维护、信息网络、自控系统、计量收费等 7 项	管理激励机制 1 项

表 1-5 划分绿色建筑等级的项数要求(住宅建筑)

等级	一般项数(共 40 项)						优选项数(共 9 项)
	节地与室外环境(共 8 项)	节能与能源利用(共 6 项)	节能与水资源利用(共 6 项)	节材与材料资源利用(共 7 项)	室内环境质量(共 6 项)	运营管理(共 7 项)	
★	4	2	3	3	2	4	-
★★	5	3	4	4	3	5	3
★★★	6	4	5	5	4	6	5

表 1-6 划分绿色建筑等级的项数要求(公共建筑)

等级	一般项数(共 43 项)						优选项数(共 14 项)
	节地与室外环境(共 6 项)	节能与能源利用(共 10 项)	节水与水资源利用(共 6 项)	节材与材料资源利用(共 8 项)	室内环境质量(共 6 项)	运营管理(共 7 项)	
★	3	4	3	5	3	4	-
★★	4	6	4	6	4	5	6
★★★	5	8	5	7	5	6	10

第五节 我国绿色建筑发展现状

近年来我国绿色建筑发展迅猛，在国家政策大力推动下，绿色建筑迎来了规模化发展阶段。截至 2015 年 6 月 30 日，全国已评出 3194 项绿色建筑评价标识项目，总建筑面积达到 $3.59\times10^8m^2$，其中设计标识项目 3009 项，占总数的 94.2%，建筑面积为 $3.37\times10^8m^2$；运行标识项目 185 项，占总数的 5.8%，建筑面积为 0.22 亿万 m^2，见图 1-3。

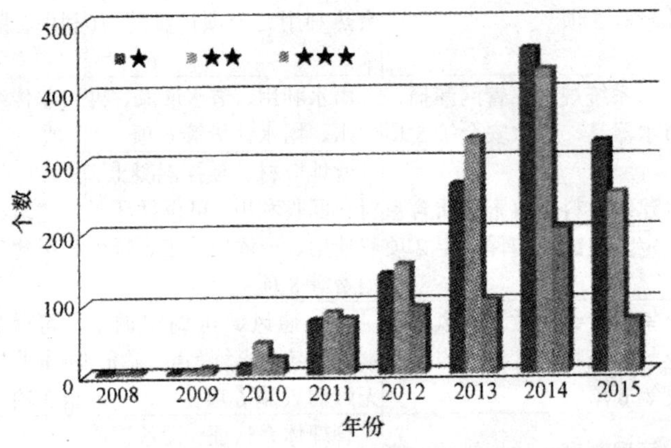

图 1-3 2008～2015 年绿色建筑标识项目逐年发展情况(2015 为半年数据)

截至 2015 年 6 月底，各星级的组成比例为，一星级 1293 项，占 40.5%，面积 $1.60\times10^8m^2$；二星级 1308 项，占 41.0%，面积 $1.48\times10^8m^2$；三星级 593 项，占 18.6%，面积 $0.52\times10^8m^2$，如图 1-4(a)。从图中可以看出，一星级和二星级的比例相当，三星级的比例最少，这主要是跟星级的成本有关，绿色建筑的星级越高，成本也越高。

绿色建筑各种类型的组成比例为，居住建筑 1569 项，占 49.1%，面积 $2.31\times10^8m^2$；公共建筑 1602 项，占 50.2%，面积 $1.23\times10^8m^2$；工业建筑 23 项，占 0.7%，面积 $480.3\times10^8m^2$，如图 1-4(b)。

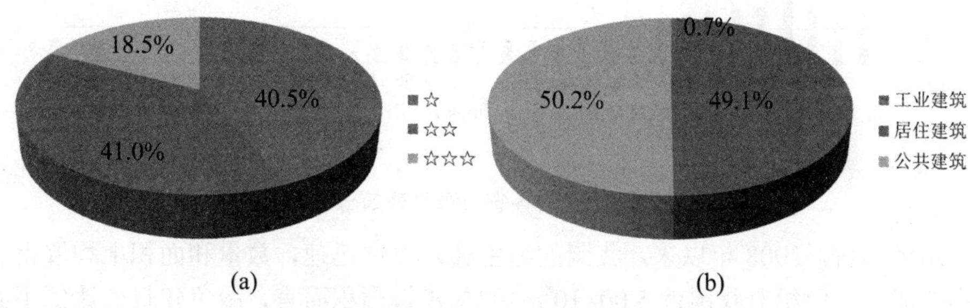

图 1-4 绿色建筑星级分布

(a) 星级分布；(b) 类型分布

另外，公共建筑和居住建筑中各星级的组成比例如图 1-5。从图中可以看出，两类建筑中，一星级和二星级的比例旗鼓相当，但就三星级而言，公共建筑的比例相对较高，主要是很多总部办公建筑、展馆建筑、示范工程都是公共建筑，这些项目往往因为其定位高端、示范效应而申请三星级。

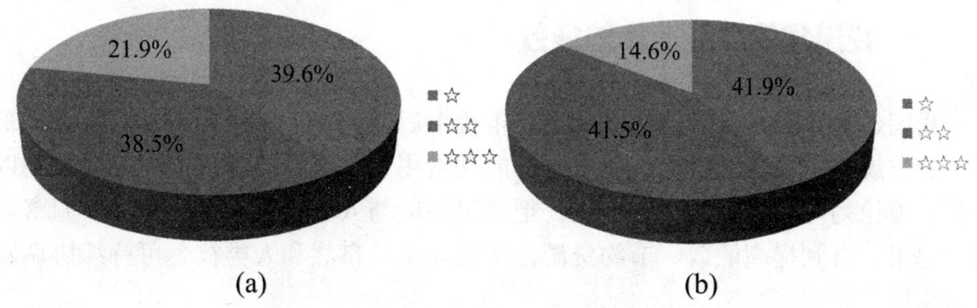

图 1-5 绿色建筑星级分布

(a) 公共建筑；(b) 居住建筑

从全国范围看，目前江苏、广东、山东、上海、浙江、湖北、天津、河北、陕西、北京十个省市的绿色建筑数量均超过 100 个，遥遥领先，这些省市的绿色建筑数量占总数的 31.3%；标识项目数量在 30～100 个的地区占 37.5%；标识项目数量在 10～30 个的地区占 28.1%；标识项目数量不足 10 个的地区只有一个澳门，占 3.1%，详情见图 1-6。我国绿色建筑地域分布的不均衡主要是跟当地的经济发展水平、气候条件等因素有关，经济发展条件好的省市如江苏、广东、上海、山东、北京等绿色建筑标识项目数量和项目面积也相对较多，反之则较少。

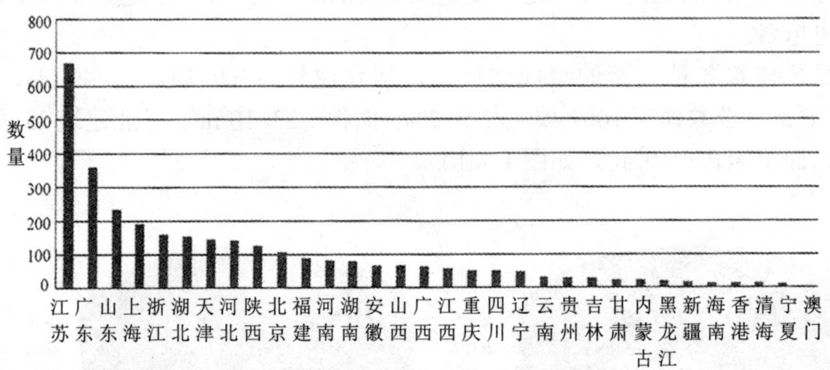

图 1-6　全国各省市绿色建筑分布

总体而言，2008 年以来，我国的绿色建筑发展迅速，数量和面积上均取得了可喜的成绩，但相对我国近 5 $00\times10^8m^2$ 的总建筑面积而言，绿色建筑的比例不到 1%，而且我国的绿色建筑推进过程中还存在各种各样的问题，因此，我国的绿色建筑发展之路仍任重而道远。

第六节　我国建筑节能工作的成效与问题

一、我国建筑节能工作的成效

我国建筑节能工作始于 20 世纪 80 年代中后期。在过去近 30 年中，我国建筑节能的发展经历了三个阶段：从以降低能耗费用为主要目的建筑节能，发展到以资源有限论为理论依据的建筑节能，把建筑用能与人类赖以生存的自然资源密切结合起来，再到提高能效、节约资源，实现建筑、自然和人类社会可持续协调发展的建筑节能观。

我国建筑节能主要围绕两条主线发展，即：把握建筑用能与自然之间的平衡，把建筑用能和资源消耗、环境退化、生态胁迫等联系起来；把握建筑用能和社会发展之间的平衡，使建筑用能增长与社会发展之间协调发展。

我国建筑节能的总体思路是，采取先易后难、先城市后农村、先新建后改扩建、先居住建筑后公共建筑、先北方(严寒、寒冷地区) 后南方逐步推进的策略。

30年间，我国在完善建筑节能设计标准、法规制度、组织管理体系，推进新建建筑执行节能标准、既有建筑节能改造、可再生能源建筑应用、绿色建筑试点示范等方面开展了一系列工作，取得了显著成效。特别是“十一五”期间，我国逐步提升了新建建筑节能水平，城镇新建建筑执行节能强制性标准的比例迅速提高；北方采暖地区既有居住建筑供热计量及节能改造工作已经启动；公共建筑节能监管体系初步建立；可再生能源在建筑中应用呈规模化发展趋势；全社会基本形成建筑节能的共识。

二、我国工作建筑节能工作遇到的问题

（一）建设规模增长过快

建筑能耗等于单位建筑面积的能耗与建筑总面积的乘积，不仅与单位建筑面积能耗水平有关，还与建筑总面积有关。“十一五”期间，我国既有建筑面积年均增长 15×10^8～$20\times10^8m^2$，年新建建筑面积高达 $30\times10^8m^2$，巨大的建筑规模下，即使通过建筑节能工作维持单位建筑面积能耗不变，建筑能耗总量也将快速增长。近年来，大拆大建现象严重，根据清华大学研究结果，“十一五”期间，我国既有建筑面积累计增长近 $85\times10^8m^2$，而同期竣工面积多达 $131\times10^8m^2$，相当于约35%的建筑被拆除。就我国城镇建筑而言，“十一五”期间累计增长约 $58\times10^8m^2$，同期竣工 $88\times10^8m^2$，相当于 $30\times10^8m^2$ 被拆除，如果考虑其中 $10\times10^8m^2$ 建筑使用时间已超过40年，意味着至少 $20\times10^8m^2$ 城镇建筑未到40年就被拆除，造成了资源的极大浪费。尽管我国人均居住面积与欧美等国还有较大差距，但已接近邻国日本、韩国的水平。我国人口基数大，人均资源水平很低，同发达国家的工业化、城镇化时期相比，我国目前发展面临的能源资源环境约束更强，应对气候变化和节能减排压力更大。因此，我国不能盲目追求欧美的人均居住面积水平，而应充分考虑基本国情，科学规划建设目标，严格建筑拆除管理，合理控制建设规模和速度。

（二）既有建筑改造进展缓慢

我国既有建筑总量大、分布范围广，建设年代各异，设计依据标准不一，结构形式多样，产权关系复杂，既有建筑节能改造进展缓慢。目前，我国城镇既有建筑面积已经超过了 $200\times10^8m^2$，2000年前建成的建筑大多为非节能建筑。我国北方采暖地区具备节能改造价值的老旧居住建筑为 $10\times10^8m^2$～$15\times10^8m^2$，这些老旧建筑主要由中低收入人群居住，室内温度低，居住条件差，从改善民生角度出发，应该尽快完成改造。但是该地区建筑节能改造工作面临着改造资金筹措压力

大、供热计量改革滞后等问题，特别是经济欠发达地区的地方政府财政投入有限，市场融资能力又较弱，影响了改造积极性和改造进度。“十一五”期间，我国已完成北方采暖地区居住建筑节能改造 $1.8\times10^8m^2$，但与任务量相比还相差甚远，未来的改造任务十分艰巨。除北方采暖地区的居住建筑外，高能耗的大型公共建筑、能耗增长快的夏热冬冷地区城镇建筑也是需要改造的对象，这方面工作在“十一五”时期刚刚起步，未来亟须加快推进。

(三) 基于实际能耗的建筑能耗限额标准缺失

目前我国所谓的“节能 50%”“节能 65%”的建筑节能设计标准主要是从建筑围护结构热工性能提高的程度上来看的。但从建筑能耗的影响因素上看，除了围护结构性能外，还有气候条件、用能设备系统的效率、使用者的使用方式等。节能百分比概念只是在假定某一特定工况前提下，通过采用节能措施，与某一参照能耗水平(如 1980～1981 年建筑通用设计能耗水平) 比较达到“节能 50%”“节能 65%”效果的理论计算结果。当建筑实际运行的工况与标准假设的工况不一致时，以节能百分比表述的节能目标是不存在的，也是不可能实现的，甚至会出现建筑实际能耗比标准设定的基准能耗都低的情况。实际工作中经常存在误用节能百分比来估算节能量现象，从而导致新建建筑实际节能贡献的估算不准确。建筑节能的目标是要提高建筑能源利用效率，并使实际建筑能耗数量降低，因此建筑的实际用能数据才是最直接、最清晰的评价标准。但是，目前基于实际用能状况的，覆盖不同气候区、不同建筑类型的建筑能耗限额标准缺失，不利于评价和指导建筑节能工作。

(四) 建筑节能基础能力还需强化

建筑面积、建筑能耗等数据是建筑节能工作的基础，但目前我国这类数据的统计还很不完善，严重影响建筑节能工作的有效开展。关于既有建筑面积，国家和地方的统计年鉴中或缺少部分年份的数据，或缺少某类建筑的数据，或缺少某些行政区域的数据。关于建筑能耗数据，受限于现行的行业划分方式和能耗统计方法，能源平衡表中没有单独的建筑部门能耗，建筑能耗被隐含在各行业和生活部门能耗中，一些研究机构的测算结果缺乏一致性和连续性。由于建筑能耗数据的来源不统一，导致国内不同机构之间、国内与国际机构之间关于我国建筑能耗总量及其占全国能源消费量的比例说法不一致。建筑能耗的准确定义、科学计量、检测和统计是制定和评价建筑节能政策的基础，有待进一步强化。基础能力问题还反映在对建筑节能标准的执行上，目前我国建筑节能标准执行率，施工阶段比设计阶段差，中小城市比大城市差，经济欠发达地区比经济发达地区差。此外，我国对建筑节能系统集成技术关注太少，选择当地适用的建筑节能技术的能力不足，建筑节能技术应用存在误区，有些人片面认为只要采用了节能技术，就是节能建筑，就有节能效果，而实际上同一技术在不同系统、不同使用方式下往往会产生不同甚至相反的效果。因此，不考虑气候差异、建筑类型差异、生活方式差异，盲目堆砌技术，反而容易导致实际建筑的高耗能、高成本。

（五）农村建筑节能工作起步较晚

目前，我国农村人口占全国人口总量的 48.8%，农村住宅建筑面积已超过城镇住宅面积，我国每年新增农村建筑在 $8\times10^8m^2$ 以上，农村住宅能耗约占建筑部门总能耗的 21%(2010 年数据) 。尤其是北方农村住宅，由于体型系数大、围护结构保温性能差、用能设备效率低下，导致相同的室内热环境状况下，单位面积农宅的采暖能耗已超过城镇住宅建筑，并且冬季室内温度普遍偏低、热舒适性较差；南方地区，特别是经济发达地区的农村住宅商品能源消耗量逐年增长，给国家商品能源的供应带来压力。随着我国经济社会的发展，农民可支配收入的增加，我国农村建筑能耗已表现出强劲增长势头，而农村建筑节能工作处于刚刚起步状态，针对农村居住建筑的建筑节能设计标准 2013 年刚发布，民用建筑能耗统计的调查制度还没有实施，建筑节能监管体制更没有建立，特别是节能、绿色、健康的生活方式需要加强引导。在新农村建设中，如何推进农村建筑节能工作是亟须考虑的重大问题。

第二章　绿色建筑室内外环境控制技术

随着对舒适、自然、环保观念的认识的深入，人们越来越关注建筑与周围环境的关系，而不是孤立地考虑建筑本身。通过对建筑室外环境分析，保护环境、利用环境、防御自然，合理调节与处理建筑室外物理(声、光、热)、化学(污染物)、生物(动物、植物、微生物)环境，使局部环境朝着有利于人体舒适健康的方向转化，从而提高建筑室内环境质量，以满足适居性要求，是实现绿色建筑的重要环节。这需要从建筑场地的选址、场地规划、景观设计、空间使用等方面系统考虑，尽可能利用并保护原有场地的自然生态条件，在规划、设计、施工、日常使用等全生命周期内最大限度地降低环境负荷，充分利用以低成本维护的乡土树种为主的绿色植物，合理配置，发挥良好的生态效益。

第一节　绿色建筑的室外环境

一、室外热环境

图 2-1 为室外热环境形成机理。室外热环境的形成与太阳辐射、风、降水、人工排热(制冷、汽车)等各种要素相关。日照通过直射辐射和散射辐射形式对地面进行加热，与温暖的地面直接接触的空气层，由于导热的作用而被加热，此热量又靠对流作用转移到上层空气。室外环境中的水面、潮湿表面以及植物，会以各种形式把水分以蒸汽的形式释放到环境中去，这部分蒸汽又会通过空气的对流作用而输送到整个大环境中。同样，人工排热以及污染物会因为对流作用而得以在环境中不断循环。而降水和云团都会对太阳辐射有削弱的作用。

热环境是指影响人体冷热感觉的环境因素，主要包括空气温度和湿度。在日常工作中，人们随着四季的变换，身体对冷和热是非常敏感的，当人们长时间处于过冷或过热的环境中时，很容易产生疾病。热环境在建筑中分为室内热环境和室外热环境，在这里主要介绍室外热环境。

在我国古代，人们在城市选址时讲求“依山傍水”，除基本生活需求的便捷之外，利用水面和山体的走势对城市热环境产生影响也是重要的因素。一般来讲，水体可以与周围环境中的空气发生热交换，在炎热的夏天，会吸收一部分空气中的热量，使水畔的区域温度低于城市其他地方。而山体的形态可以直接影响城市的主导风向和风速，加之山体绿树成荫的自然环境，对城市的热环境影响很大。如北京城，在城市的西侧和北侧横亘着燕山山脉和太行山脉，在冬季可以抵挡西北寒风的侵袭，而在夏季又可将从渤海湾吹来的湿度较大的海风的速度减慢，从而保护着良好的城市热环境。当然也有反面的例子，在山东济南，城市的南面不远处就是黄河，可在城市与黄河之间却阻挡着千佛山，河水对气候条件的影响完全被山体阻隔，虽然城市中有千眼泉水，有秀美的大明湖，也不能使城市在夏季摆脱“火炉”的命运。

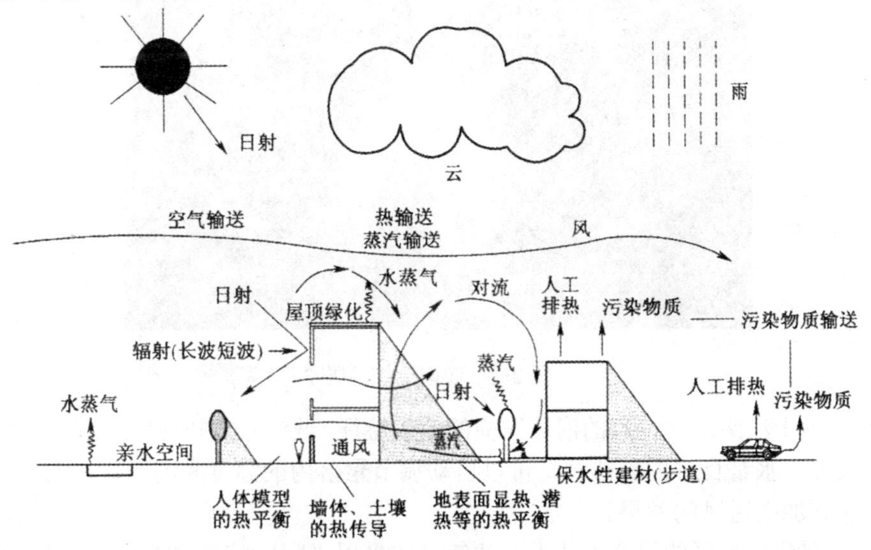

图 2-1　室外热环境形成机理

在建筑组团的规划中，除满足基本功能之外，良好的建筑室外热环境的创造也必须予以考虑。通常，人们会利用绿化的营造来改善建筑室外热环境，但近年来，在规划设计中设计师们越来越注意到空气流通所产生的效果更好，他们发现可以利用建筑的巧妙布局创造出一条“风道”，让室外自然的风向和风速的调节有目的性，使规划区内的空气流通与建筑功能的要求相协调，同时也为建筑室内热环境的基本条件——自然通风创造条件。难怪人们戏称这是“流动的看不见的风景”。

所以说，建筑室外热环境是建造绿色建筑的非常重要的条件。

二、室外热环境规划设计

（一）中国传统建筑规划设计

中国传统建筑特别是传统民居建筑，为适应当地气候，解决保温、隔热、通风、采光等问题，采用了许多简单有效的生态节能技术，改善局部微气候。下面以江南传统民居为例，阐述气候适应策略在建筑规划设计中的应用。

中国江南地区具有河道纵横的地貌特点(图 2-2)，传统民居设计时充分考虑了对水体生态效应的应用。

图 2-2 江南传统民居

1) 由于江南地区特有的河道纵横的地貌特征，城镇布局随河傍水，临水建屋，因水成市。水是良好的蓄热体，可以自动调节聚落内的温度和湿度，其温差效应也能起到加强通风的效果。

2) 在建筑组群的组合方式上，建筑群体采用“间－院落(进)－院落组－地块－街坊－地区”的分层次组合方式，住区中的道路、街巷呈东南向，与夏季主导风向平行或与河道相垂直，这种组合方式能形成良好的自然通风效果。

3) 建筑组群横向排列，密集而规整，相邻建筑合用山墙，减少了外墙面积，这样，建筑布局能减少太阳辐射的热，建筑自遮阳有较好的冷却效果。

(二) 目前设计中存在的问题

由于科技的发展，大量室内环境控制设备的应用，以及对室外环境规划的研究重视不够，使规划师们常过多地把注意力集中在建筑平面的功能布置、美观设计及空间利用上，专业的环境规划技术顾问的缺乏，使城市规划设计很少考虑热环境的影响。目前城市规划设计主要存在如下问题：

(1) 高密度的建筑区

由于城市中心区单一，造成土地紧张、高楼林立。高密度建筑群使城市中心区风速降低，吸收辐射增加，气温升高(图 2-3)。

图 2-3　高楼林立的城市

(2) 不透水铺装的大量采用

从热环境角度来讲，城市与乡村的最大区别在于城市下垫面大量采用不透水的地面铺装(图 2-4)，从而使太阳辐射的热大量转化为显热热流传向近地面大气。据东京市内与郊外的统计，城市内净辐射量中约 50%作为显热热流传向大气，而在郊外大约只有 33%。

图 2-4　不透水路面

(3) 不合理的建筑布局

不合理的建筑布局造成小区通风不畅，在 SARS 期间造成惨重教训。例如，香港淘大花园，由于“风闸效应”影响房间自然通风，损失惨重。因此在小区风环境规划时，建筑物间的间距、排列方式、朝向等都会直接影响到建筑群内的热环境，规划师在设计过程中需要考虑如何在夏季利用主导风降温，在冬季规避冷风防寒；同时更需要考虑如何将室外风环境设计与室内通风设计结合起来。如何设计合理建筑布局，需要与工程师紧密沟通，模拟预测优化规划设计方案。

(4) 不合理的绿地规划

绿地是改善热环境的重要元素，合理的绿地规划可有效遮阳，形成良好风循环，同时潜热蒸发可带走多余的太阳辐射热，降低气温。相反，如果盲目设计，仅从美观功能角度布置树木、水景可能不会取得最佳效果甚至取得反效果。例如，水景布置在弱风区就可能因为没风带走水汽而使区域闷热；树木布置在风口处就会阻断气流通路，使区域通风不畅。科学有效的绿地规划应从建筑的当地气候环境、建筑物朝向等实际情况入手，选择恰当的植物类型、绿化率和配置方式，从而使绿地设计达到最佳优化效果。

（三）气候适应性策略及方法

生态小区规划与绿色建筑设计中的核心问题是气候适应性策略在规划与建筑设计中的实施。由于气候具有地域性，如何与地域性气候特点相适应，并且利用地域气候中的有利因素，便是气候适应性策略的重点与难点。生态气候地方主义理论认为，建筑设计应该遵循“气候－舒适－技术－建筑”的过程，具体如下：

1) 调研设计地段的各种气候地理数据，如温度、湿度、日照强度、风向风力、周边建筑布局、周边绿地水体分布等构成对地块环境影响的气候地理要素，这一过程也就是明确问题的外围条件的过程。

2) 评价各种气候地理要素对区域环境的影响。

3) 采用技术手段解决气候地理要素与区域环境要求的矛盾，例如建筑日照及其阴影评价、气流组织和热岛效应评价。

4) 结合特定的地段，区分各种气候要素的重要程度，采取相应的技术手段进行建筑设计，寻求最佳设计方案。

在小区规划中应用气候适应性策略时，室外热环境设计方法如图 2-5 所示。

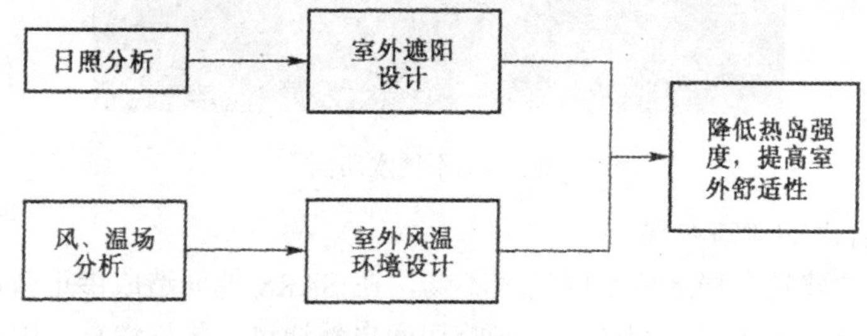

图 2-5　室外热环境设计方法

三、室外热环境设计技术措施

（一）地面铺装

地面铺装的种类很多，按照其自身的透水性能分为透水铺装和不透水铺装。透水铺装中，草地将在绿化中介绍，这里主要讨论水泥、沥青、土壤、透水砖。

1．水泥、沥青

水泥、沥青地面具有不透水性，因此没有潜热蒸发的降温效果。其吸收的太阳辐射一部分通过导热与地下进行热交换，另一部分以对流形式释放到空气中，其他部分与大气进行长波辐射交换。研究表明，其吸收的太阳辐射能需要通过一定的时间延迟才释放到空气中。同时由于沥青路面的太阳辐射吸收系数更高，所以温度更高。南方某大学在某年 7 月 13 日对不同性质下垫面进行测试，其逐时分布如图 2-6 所示。

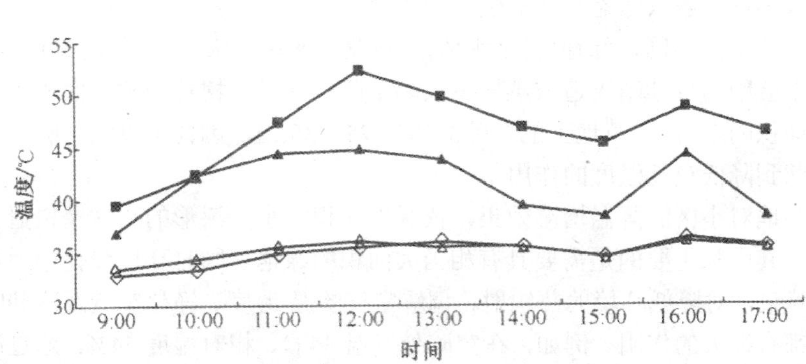

图 2-6　7 月 13 日不同性质下垫面的地面温度比较

2．土壤、透水砖

土壤与透水砖具有一定的透水效果，因此降雨过后能保存一定的水分，太阳曝晒时可以通过蒸发降低表面温度，减少对空气的散热。其对环境的降温效果在雨后表现尤为明显，特别在中国亚热带地区，夏季经常在午后降雨，如能将其充分利用，对于改善城市热环境益处很多。图 2-7 是晴天(a)与大雨转晴(b)下垫面对 WBGT(描述热环境的综合指标)的影响测试结果。

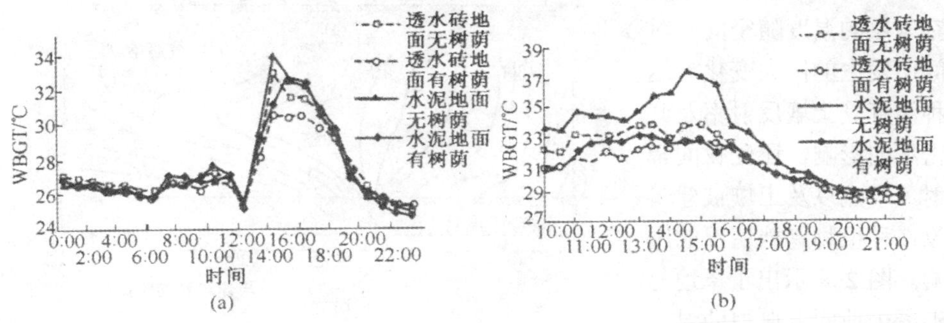

图 2-7　不同天气的 WBGT 温度曲线

(二) 绿化

绿地和遮阳不仅是塑造宜居室外环境的有效途径，同时对热环境影响很大，绿化植被和水体具有降低气温、调解湿度、遮阳防晒、改善通风质量的作用。而绿化水体还可以净化水质，减弱水面热反射，从而使热环境得到改善。

1．蒸发降温

通过水分蒸发潜热带走热量是室外环境降温的重要手段。对于绿地而言，被其吸收的太阳辐射主要分为蒸发潜热、光合作用和加热空气，其中光合作用所占比例较小，一般只考虑蒸发潜热与加热空气。

与透水砖不同，绿地(包括水体)的蒸发量普遍较大，同时受天气影响相对较小，不会因为持续晴天造成蒸发量大幅下降。同时，树林的树叶面积大约是树林种植面积的 75 倍、草地上的草叶面积的 25～35 倍，因此可以大量吸收太阳辐射热，起到降低空气温度的作用。

绿地对小区的降温增湿效果，依绿地面积大小、树形的高矮及树冠大小不同而异，其中最主要的是需要具有相当大面积的绿地。同时环境绿化中适当设置水池、喷泉，对降低环境的热辐射、调解空气的温/湿度、净化空气及冷却吹来的热风等都有很大的作用。例如，在空旷处气温 34℃、相对湿度 54%，通过绿化地带后气温可降低 1.0～1.5℃，湿度会增加 5%左右。所以在现代化的小区里，很有必要规划占一定面积、树木集中的公园和植物园。

地面种草对降低路面温度的效果也很显著，如某地夏季水泥路面温度 50℃，而植草地面只有 42℃，对近地气候的改善影响很大。盖格在其经典著作《近地气候问题》一书中，阐述了地面上 1.5m 高度内空气层的温度随空间与时间所发生的巨大变化。这种温度受土壤反射率及其密度的影响，还受夜间辐射、气流以及土壤被建筑物或种植物遮挡情况的影响。图 2-8 示出了草地与混凝土地面上典型的温、湿度变化值与靠近墙面处

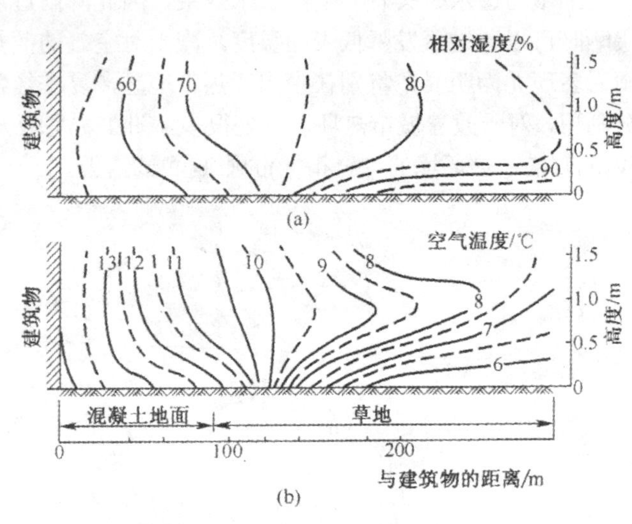

图 2-8　飞机场跑道与草坪的过渡气候

温度所受的影响。

在大城市人口高度集中的情况下，不得不建造中高层建筑。中高层建筑之间距显得十分重要，如果在冬至日居室有 2h 的日照时间，在此间距范围内栽种植物，有助于改善小范围的热环境。如图 2-9 所示的楼幢间不同的铺装与植被条件导致的热环境条件的差异，其效果比较见表 2-1。

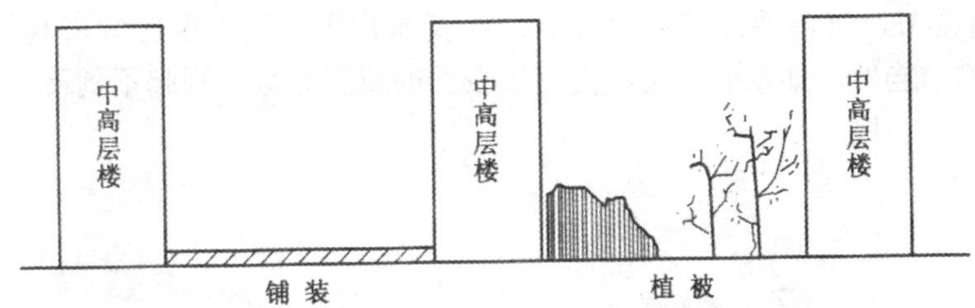

图 2-9　中高层建筑物之间的铺装与植被的比较

表 2-1　高层建筑物之间的铺装与植被的效果比较

季节		铺装	植被
夏	无风时	令人窒息	产生自然对流
	强风时	通风过剩	通风暖和
冬	无风时	冷气停滞	产生自然对流
	强风时	通风过剩	防风稍感温和
夏	无日射	干凉舒适	凉风舒适
	有日射	酷热	气温上升不易
冬	无日射	冷气停滞	防风温暖
	有日射	通风温暖	防风温暖舒适
	空气	飞尘多	清洁干净

水是气温稳定的首要因素。城市中的河流、水池、雨水、蒸汽、城市排水及土壤和植物中的水分都将影响城市的温、湿度。这是因为水的比热容大，升温不容易，降温也较困难。水冻结时放出热量，融化时吸收热量。尤其在蒸发情况下，将吸收大量的热。图 2-10 为水表面温度随水体深度变化的曲线。

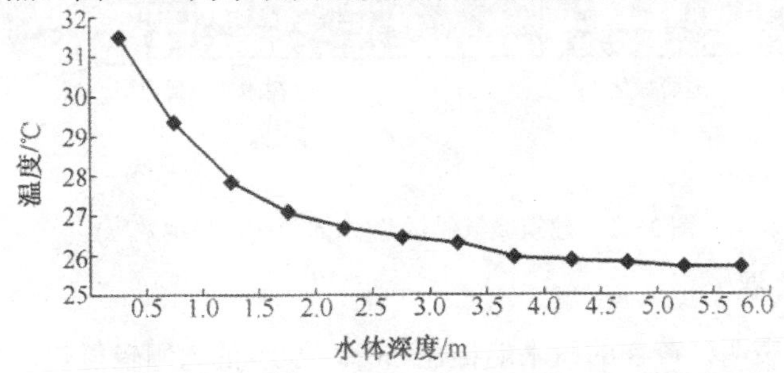

图 2-10　水表面温度随水体深度变化曲线

当城市的附近有大面积的湖泊和水库时，效果就更加明显。如芜湖市，位于长江东部，是拥有数十万人口的中等规模的工业城市。夏季高温酷热，每年日平均气温超过 35℃的天数达 35 天，而市中心的镜湖公园，虽然该湖的水面积仅约 25 万 m^2，但是对城市气温却有较明显的影响。图 2-11 为芜湖市区 1978 年 11 月 2 日 14：00 的温度实测记录。从图中可见，在镜湖及其附近地段(测点 12～16)，由于水温调节，气温要比其他地段低。在夏季白天平均温度比城市其他部分低 0.5～0.7℃，当然，如水面污染，提高了表面的反射系数，则起不到蓄热的作用，反而使气温上升。

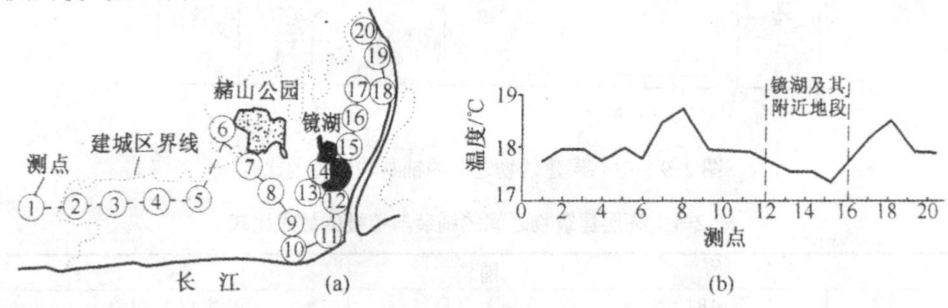

图 2-11　水面对城市气温的调节作用

水面对改善城市的温、湿度及形成局部的地方风都有明显的作用。据测试资料说明，在杭州西湖岸边、南京玄武湖岸边和上海黄浦江边的夏季气温比城市内陆区域都低 2～4℃。同时由于水陆的热效应不同，导致水路地表面受热不匀，引起局部热压差而形成白天向陆、夜间向江湖的日夜交替的水陆风如图 2-12 所示。成片的绿树地带与附近的建筑地段之间，因两者升降温度速度不一，可出现差不多风速为 1m/s 的局地风，即林源风。

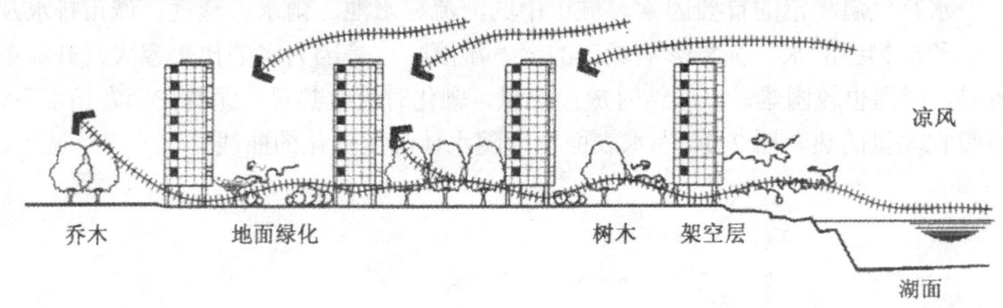

图 2-12　建筑微气候示意(水面效应、绿地效应)

2. 遮阳降温

调查资料表明，茂盛的树木能挡住 50%～90%的太阳辐射热。草地上的草可以遮挡 80%左右的太阳光线。据实地测定：正常生长的大叶榕、橡胶榕、白兰花、荔枝和白千层树下，在离地面 1.5m 高处，透过的太阳辐射热只有 10%左右；柳树、桂木、刺桐和芒果等树下，透过的太阳辐射热为 40%～50%。由于绿化的遮荫，可使建筑物和地面的表面温度降低很多，绿化了的地面辐射热为一般没有绿化地面的 1/15～1/4。街道不同绿化方式对气温和地表温度的影响如图 2-13 所示。由图可见，从空气温度来看，无绿化街道达到 34℃，植两排行道树的为 32℃，相差 2℃左右，而花园林荫道只有 31℃，竟相差 3℃之多。从地表温度来看，无绿化街道达到 36.5℃，有两排行道树的街道为 31.5℃，而林荫道只有 30.5℃，相差 5～6℃。

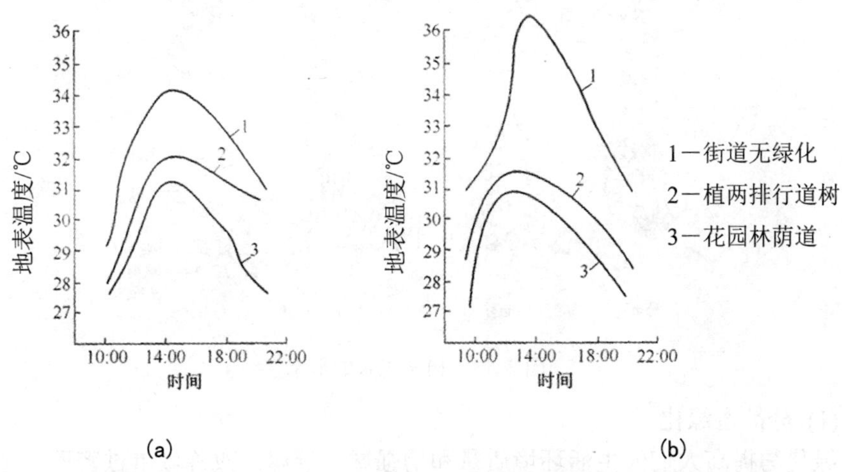

图 2-13　街道不同绿化方式对气温和地表温度的影响

炎热的夏天，当太阳直射在大地时，树木浓密的树冠可把太阳辐射的 20%～25%反射到天空中，把 35%吸收掉。同时树木的蒸腾作用还要吸收大量的热。每公顷生长旺盛的森林，每天要向空中蒸腾 8t 水。同一时间，消耗热量 16.72 亿 kJ。天气晴朗时，林荫下的气温明显比空旷地区低。

3. 绿化品种与规划

建筑绿化品种主要分为乔木、灌木和草地。灌木和草地主要是通过蒸发降温来改善室外热环境，而乔木还具备遮阳、降温的作用。因此，从改善热环境的作用而言：乔木>灌木>草地。

乔木的生长形态如图 2-14 所示，有伞形、广卵形、圆头形、锥形、散形等。有的树形可以由人工修剪加以控制，特别是散形的树木。

一般而言，南方地区适宜种植遮阳的树木，其树冠呈伞形或圆柱形，主要品种有凤凰树、大叶榕、细叶榕、石栗等。它们的特点是覆盖空间大，而且高耸，对风的阻挡作用小。此外，攀缘植物如紫藤、牵牛花、爆竹花、葡萄藤、爬墙虎、珊瑚藤等能构成水平或垂直遮阳，对热环境改善也有一定作用。

根据绿色的功能，城市的绿化形态可分为分散型绿化、绿化带型绿化、通过建筑的高层化而开放地面空间并绿化等类型。

分散型绿化可以起到使整个城市热岛效应强度减弱的效果；绿化带型绿化可起到将大城市所形成的巨大的热岛效应分割成小块的作用。

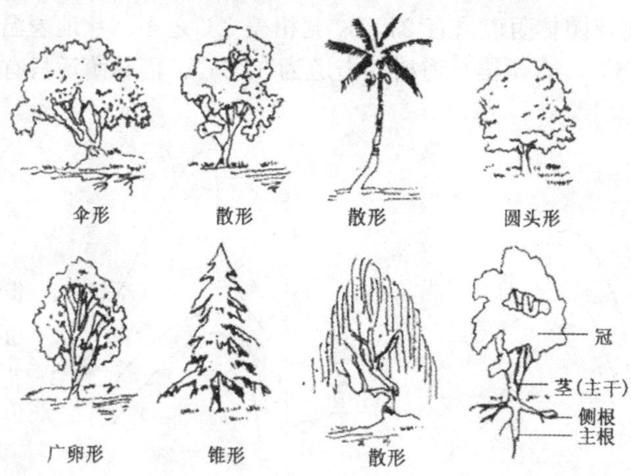

图 2-13　树木生长的形态

(1) 分散型绿化

绿化与提高人们的生活环境质量和增强城市景观，改善城市过密而产生的热环境是密不可分的。在绿化稀少、城市过密的环境中，增加绿地是最现实的措施。图 2-15 所示的分散型绿化，也可以认为是确保多数小范围的绿化空间的方法。随着建筑物的高层化，绿化的空间不仅是在平面(地表面)上的绿化，而且也应该考虑在垂直方向(立体的空间)的绿化。

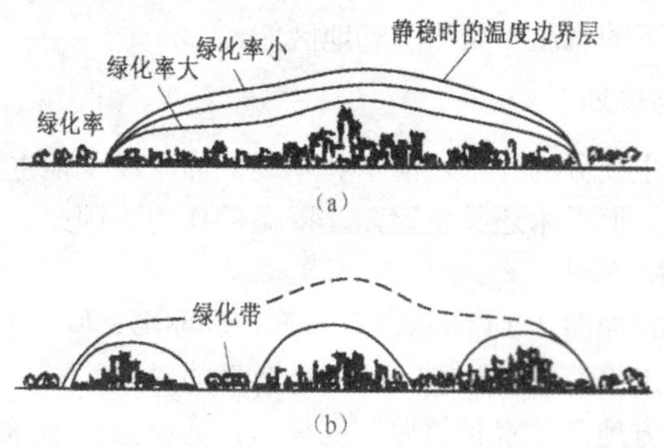

图 2-15　不同的绿化形态对城市热岛效应的影响

在地表面的绿化设计中，宜采用复合绿化，绿化布置采用乔木、灌木与草地相结合的方式，以提高空间利用效率，同时采用分散型绿化，并且探讨如何使分散型绿化成为连续型和网络型绿化。

由于城市高密度化和高层化发展，城市绿地越来越少，伴随着多层和高层住宅的大量涌现，现在实际中已经很难做到户户有庭院、家家设花园了。在这种情形下，为了尽量增加住宅区的绿化面积和满足城市居民对绿地的向往及对户外生活的渴望，建议在多层或高层住宅中利用阳台进行绿化，或者把阳台扩大组成小花园，同时主张发展屋顶花园(图 2-16)。

图 2-16 立体绿化

屋顶花园在鳞次栉比的城市建筑中，可使高层居住和工作的人们能避免来自太阳和低层部分屋面反射的眩光和辐射热；屋顶绿化可使屋面隔热，减少雨水的渗透；能增加住宅区的绿化面积，加强自然景观，改善居民户外生活的环境，保护生态平衡。屋顶花园在住宅区设计中有着特殊的作用，屋顶花园功能分析如图 2-17 所示。

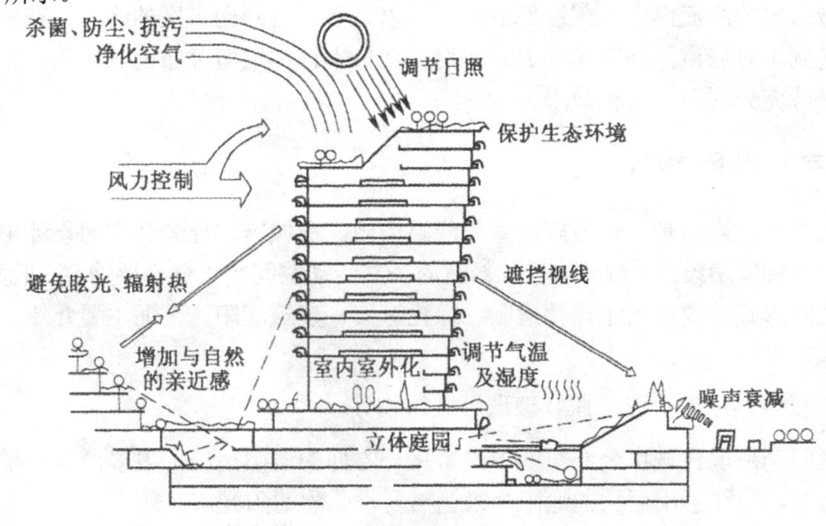

图 2-17 屋顶花园功能分析

(2) 绿化带型绿化

城市热岛效应的强度(市区与郊外的温度差)，一般来说城市的面积或人口规模越大其强度越大，建筑物密度越高其强度也越大。对连续而宽广的城市，应该用绿地适当地进行分隔或划分成区段，这样可以分割城市的热岛效应。对热岛效应的分割需要150～200m宽度的绿化带。这些绿地在夏季可作为具有“凉爽之地”效果的娱乐场所，对维持城市的环境质量也是不可或缺的(图2-18)。

图2-18 城市绿化带

城市内的河流，由于气温低的海风可以沿着河流刮向市区的缘故，在夏季的白天起到了对城市热岛效应的分割作用。在日本许多沿海分布的城市里，在城市规划中就充分利用了这种效果。

(三) 遮阳构件

在夏季，遮阳是一种较好的室外降温措施。在城市户外公共空间设计中，如何利用各种遮阳设施，提供安全、舒适的公共活动空间是十分必要的。一般而言，室外遮阳形式主要有人工构件遮阳、绿化遮阳、建筑遮阳。下面主要介绍人工遮阳构件。

1．遮阳伞(篷)、张拉膜、玻璃纤维织物等

遮阳伞是现代城市公共空间中最常见、方便的遮阳措施。很多商家在举行室外活动时，往往利用巨大的遮阳伞来遮挡夏季强烈的阳光。

随着经济发展，张拉膜等先进技术也逐渐运用到室外遮阳上来(图2-19)。利用张拉膜打造的构筑物既可以遮阳、避雨，又有很高的景观价值，所以经常被用来构筑场地的地标。

图 2-19　室外(张拉膜)遮阳

2．百叶遮阳

与遮阳伞、张拉膜相比，百叶遮阳优点很多：首先，百叶遮阳通风效果较好，大大降低了其表面温度，改善环境舒适度；其次，通过对百叶角度的合理设计，利用冬、夏太阳高度角的区别，获得更加合理利用太阳能的效果；再次，百叶遮阳光影富有变化，有很强的韵律感，能创造丰富的光影效果，如图 2-20 所示。

图 2-20　室外遮阳光影效果

3. 绿化遮阳构件

绿化与廊架结合是一种很好的遮阳构件，值得大量推广(图 2-21)。一方面其充分利用了绿色植物的蒸发降温和遮阳效果，大大降低了环境温度和辐射；另一方面绿色遮阳构件又有很高的景观价值。

图 2-21　葡萄藤廊架

第二节　绿色建筑的室内环境

一、建筑室内噪声及控制

建筑室内的噪声主要来自生产噪声、街道噪声和生活噪声。生产噪声来自附近的工矿企业、建筑工地。街道噪声的来源主要有交通车辆的喇叭声、发动机声、制动声等。住宅噪声的传声途径主要是经过空气和建筑物实体传播。经空气传播的通常称为空气传声，经建筑物实体传播的通常称为结构传声。

(一) 噪声的危害

人类社会工业革命的科技发展，使得噪声的发生范围越来越广，发生频率也越来越高，越来越多的地区暴露于严重的噪声污染之中，噪声正日益成为环境污染的一大公害。其危害主要表现在它对环境和人体健康方面的影响，诸如影响人们的睡眠质量，导致工作、学习受到影响，甚至会影响到人们的听觉器官，对人体健康造成危害。图 2-22 为不同城市的噪声污染指数。

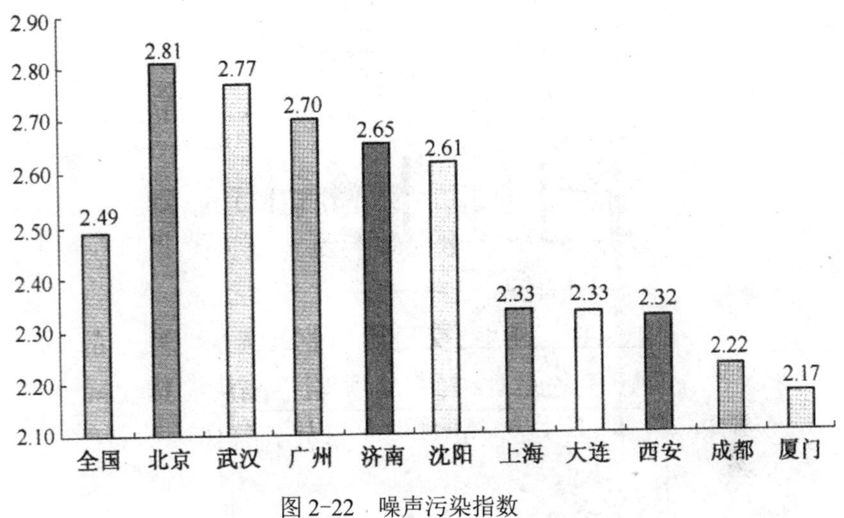

图 2-22　噪声污染指数

(二) 噪声的控制

绿色声环境的首要因素是对人耳听力无伤害，但在规模日益扩大的城市区域内，噪声源的数量和强度都在急剧增加，使市区内声环境恶化，不仅使人们失去了安静的户外活动空间，也给创造健康舒适的室内声环境带来了极大的困难。一般，可以通过以下几种方法进行减噪。

1. 噪声的传播控制

必须要指出的是，噪声控制并不等于噪声降低。在多数情况下，噪声控制是要降低噪声的声压级，但有时是增加噪声。通常可以利用电子设备产生的背景噪声来掩蔽令人讨厌的噪声，从而解决噪声控制的问题，这种人工噪声通常被比喻为“声学香料”或“声学除臭剂”，它可以有效地抑制突然干扰人们宁静气氛的声音。通风系统、均匀的交通流量或办公楼内正常活动所产生的噪声，都可以成为人工掩蔽噪声(图 2-23)。

在有的办公室内，利用通风系统产生的相对较高而又使人易于接受的背景噪声，对掩蔽打字机、电话、办公用机器或响亮的谈话声等不希望听到的办公噪声是很有好处的，同时有助于创造一种适宜的宁静环境。

在分组教学的教室里，几个学习小组发出的声音向各个方向扩散，因而在一定程度上彼此互相干扰抵消，也可以成为一种特别的掩蔽噪声。如果有条件，还可以适当地增加分布均匀的背景音乐，使其成为更有效的掩蔽噪声(图 2-24)。

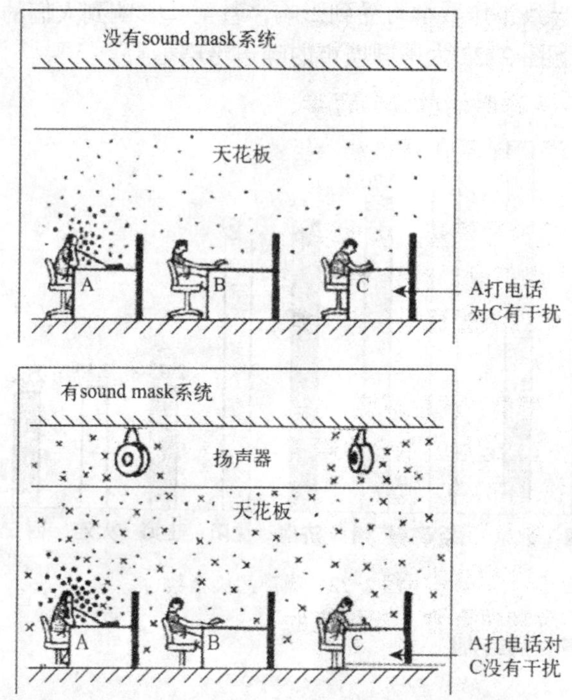

图 2-23　环境噪声的功效

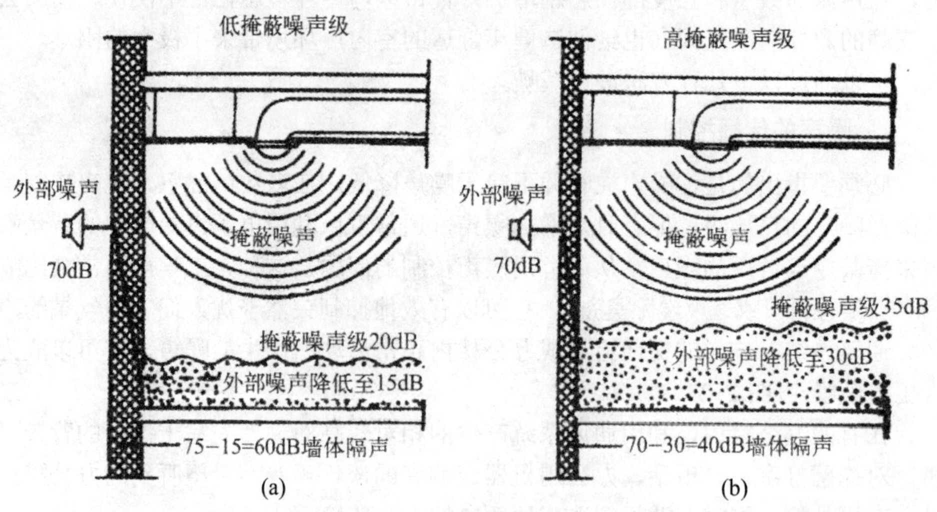

图 2-24　在允许范围内提高室内背景噪声，可减少降低外部噪声的费用

2．建筑隔声

许多情况下，可以把发声的物体或把需要安静的场所封闭在一个小的空间内，

使其与周围环境隔离，这种方法称为隔声。例如，可以把鼓风机、空压机、球磨机和发电机等设备放置于隔声良好的控制室或操作室内，使其与其他房间分隔开来，以使操作人员免受噪声的危害。此外，还可以采用隔声性能良好的隔声墙、隔声楼板和隔声门、窗等，使高噪声车间与周围的办公室及住宅区等隔开，以避免噪声对人们正常生活与休息的干扰。

建筑围护结构的隔声性能分成两类：一类是空气声隔声性能，用空气计权隔声量来衡量，某一构件的空气计权隔声量越大，该构件的空气隔声性能就越好；另一类是抗撞击性能，用计权标准化撞击声声压级来衡量，某一构件的计权标准化撞击声声压级值越小，该构件的抗撞击声性能就越好。图 2-25(a)、(b)为空气隔声和撞击声隔声示意图。

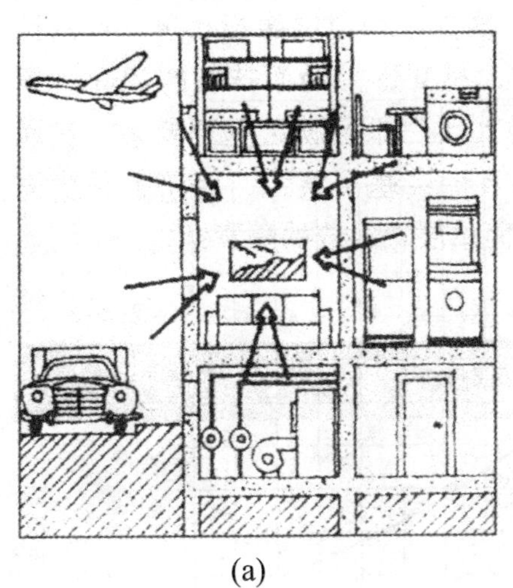

(a)

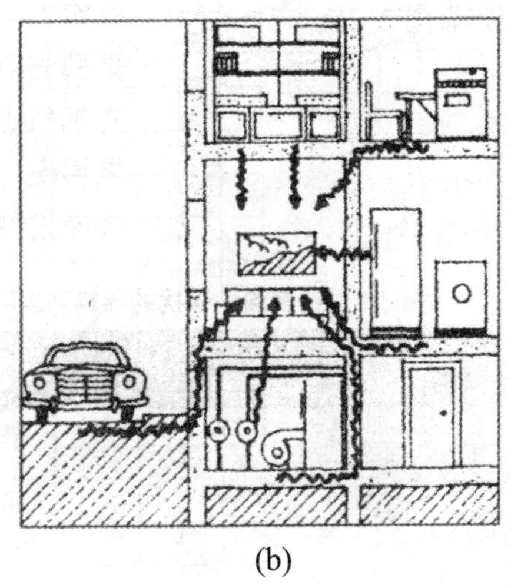

(b)

图 2-25 空气声和固体声的传播

(a) 空气声：经空气和围护结构传播；(b) 固体声：振动噪声

阻隔外界噪声传入室内，要依靠提高外墙和外窗的空气声隔声性能，由于我国建筑基本上都是混凝土之类的重质结构，重质外墙的空气声计权隔声量一般都比较大，所以外窗的空气声隔声性能是关注的焦点，尤其是沿街的外窗。以住宅为例，规范提出沿街的外窗的空气声计权隔声量不小于 30dB，单层玻璃的窗户很难满足这样的要求。

在一栋建筑内上下左右单元邻居间的声音干扰，除空气声传播的噪声外，还有撞击引起的噪声，最典型的撞击声噪声就是上层邻居走动所引起的楼板撞击声，规范中，对建筑的分户墙、走廊和房间之间的隔墙等提出了最小的空气计权隔声量要求，而且还提出了最大计权标准化撞击声声压级的要求，一般情况下，在建筑中(尤其是在居住建筑中)谈及室内声环境，最受人诟病的常常是楼板的抗撞击声性能差。

在噪声控制设计中，针对车间内某些独立的强声源(如风机、空压机、柴油机、电动机和变压器等动力设备以及制钉机、抛光机和球磨机等机械加工设备)，当其难以从声源本身降噪，而生产操作又允许将声源全部或局部封闭起来，隔声罩便是经常采用的一种手段。

在建筑声学设计中，建筑师可以根据现有的或预计会出现的外界噪声声压级、建筑物内部噪声源的情况以及室内允许噪声级，确定围护结构所需的隔声能力，并据以选择适合的建筑隔声构造，从而得到预期的隔声效果。

在实际中，我们通常把噪声对于语言通信的干扰作为对于建筑隔声的重要性的理解(图 2-26)。

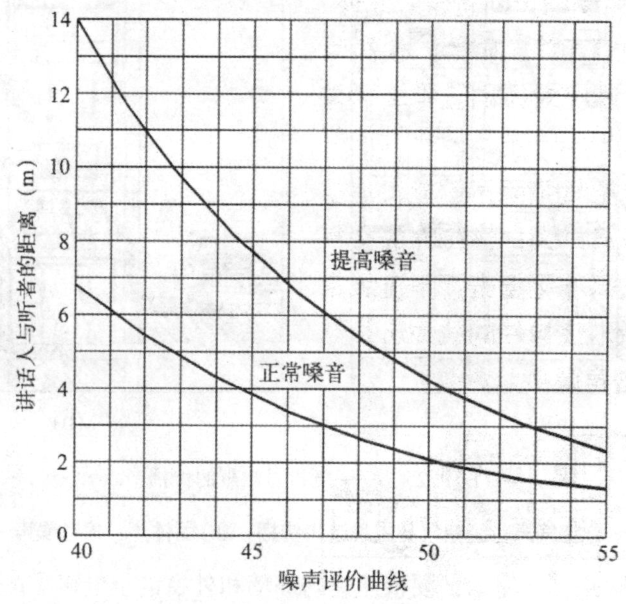

图 2-26　噪声对语言通信的干扰

(1) 简单层次组成的隔声结构

由图 2-26 可知，为在车间办公室内相距 3.5m 远的情况下不费力地谈话，从与办公室相邻的车间传入的干扰噪声，不应超过噪声评价数 45。根据车间里的噪声状况所做的计算列表 2-2，可知选用两面抹灰的 75mm 厚的加气混凝土墙，即可满足隔声要求。在通常情况下，我们会基于技术、经济条件优先选择这种由简单层次组成的隔声结构。

表 2-2 对语言通信干扰的计算列表

	倍频带中心频率 Hz					
	125	250	500	1k	2k	4k
车间噪声声压级	72	73	77	84	92	88
噪声评价数 45	61	54	48	45	43	40
要求的隔声量	11	19	29	39	49	48
两面抹灰的 75mm 厚的加气混凝土墙的隔声量	29	30	30	40	49	55

(2) 组合结构组成的隔声结构

但是在通常情况下，除了上述结构形式外，还有带有门、窗的墙或带有天窗的屋顶都是组合的围护结构，我们也可以通过声学计算的方法得出其声音透射的平均值。

(3) 不连续构造的隔声结构

前面所介绍的几种构造的围护部件隔声量，实际上受到限制，其平均隔声量大致在 50~55dB 之间。有些噪声控制问题的解决，要求有更大的噪声降低值，以阻隔全部或大部分的空气噪声、固体噪声和振动，这就需要综合运用前面所介绍的各种措施，设计在建筑结构上与主体建筑完全脱开的隔间，以便接受噪声和振动的那些表面与所听者周围的界面全部分开(图 2-27)。

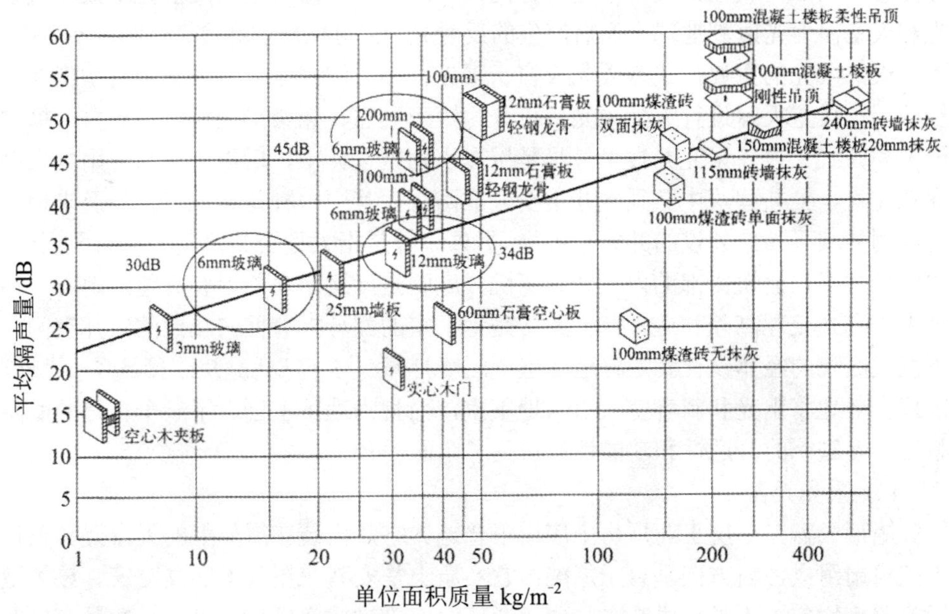

图 2-27 不同类型的隔声构件的隔声量

这类构造的关键是从声学上考虑的彻底的不连续。在断开的围护结构下不能有坚硬的材料作为声桥的连续。这种结构形式特别适合于发出强烈噪声的机械设备，例如地下室的柴油发电机等。

二、室内光环境

光环境是物理环境中的一个组成部分。对建筑物来说，光环境是由光照射于其内外空间所形成的环境。因此光环境形成一个系统，包括室外光环境和室内光环境。前者是在室外空间由光照射而形成的环境；后者是在室内空间由光照射而形成的环境。主要光源包括天然光和人工照明。室内光环境是指合理设置建筑功能空间窗户，充分利用自然采光，使主要功能空间照度、采光系数满足规范要求。

（一）天然采光

1. 技术简介

天然光主要是由太阳直射光、天空漫射光和地面反射光组成。其中太阳直射光是太阳光穿过大气层时部分透过大气层达到地面的光线。它形成的照度高，并具有一定的方向，在物体背后出现明显的阴影。天空漫射光是指太阳光中一部分碰到大气层中空气分子、灰尘、水蒸气等微粒产生多次反射而形成的光线。这部分光形成的照度较低，没有一定的方向，不能形成阴影。地面反射光是太阳直射光和天空漫射光射到地球表面后产生的反射光。它可以增加亮度，一般可不考虑。

天然采光的主要形式有采光天窗、采光井和下沉式庭院。采光天窗是指在建筑的屋顶设置天窗进行天然采光，可分为矩形天窗、锯齿形天窗、平天窗、横向天窗和井式天窗。采光井技术最早是用在小别墅设计中，后而才逐渐应用到大型商业建筑、公共建筑中。采光井主要分成两种，其中一种是指地下室外及半地下室两侧外墙采光口外设的井式结构物；另外一种是指大型公共建筑采用四面围合、中间呈井式在建筑内部的内天井。下沉式庭院是指运用在前后有高差的地方，通过人工方式处理高差和造景，使原本是地下室的部分拥有面向花园的敞开空间。下沉式庭院的经典设计就是将地下室一面墙打开，与下沉式庭院连接。这一设计，不仅有效地将阳光和新鲜空气引入地下室，而且为地下室创造了一个良好的庭院景观，使庭院的舒适性和功能性都得到了全面提升。

(1) 采光天窗

矩形天窗在单层工业厂房中应用很普遍。它是由装在屋架上的天窗架和天窗上的窗扇组成，窗方向垂直于屋架。它实质上是安装在屋顶上的高侧窗。该类型天窗照度均匀，不易形成眩光，便于通风，但采光效率较低。采光系数最高值在跨中，最低值在柱子处。

天窗宽度一般取建筑跨度的一半左右；天窗位置高度最好在跨度的0.35～0.7倍之间；天窗间距为天窗位置高度的4倍以内为宜，矩形天窗采光系数曲线如图2-28所示。

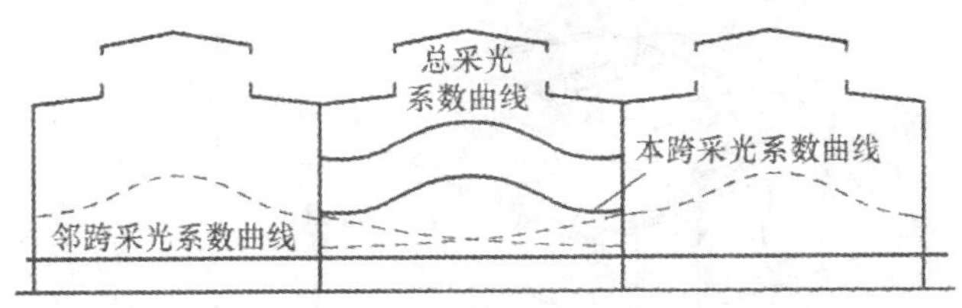

图 2-28　矩形天窗采光系数曲线

锯齿形天窗属于单面顶部采光。由于屋顶倾斜，可以充分利用顶棚的反射光，采光效率比矩形天窗高 15%～20%，且光线分布更均匀，可保证 7%的平均采光系数，能够满足精密工作车间的采光要求。

锯齿形天窗(图 2-29)的窗口朝向北面天空时，可避免直射阳光射入房间，常用于一些需要调节温度或湿度的车间，如纺织厂的纺纱、织布、印染等车间。为了使车间内照度均匀，天窗轴线间距应不小于窗下沿至工作面高度的 2 倍。

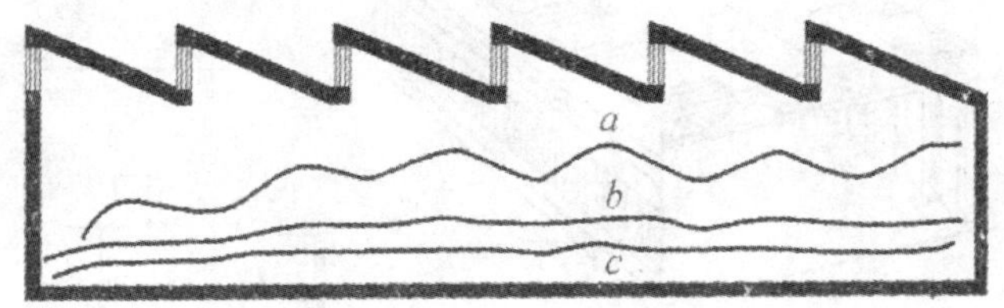

图 2-29　锯齿形天窗

平天窗是指在屋面直接开洞并铺上透光材料(如钢化玻璃、夹丝平板玻璃、玻璃钢、塑料等)。该类型天窗结构简化，施工方便，造价仅为矩形天窗的 21%～31%，但其采光效果比矩形天窗高 2～3 倍，更容易获得均匀的照度。

平天窗的设计与应用应充分考虑当地气候特点、污染程度及地域性，不同类型样式如图 2-30 所示。

横向天窗是指利用屋架上、下弦间的空间做成的采光口。该类型天窗的开口面积仅为矩形天窗的 62%，但采光效果差不多。横向天窗宜使用屋架杆件断面较小的钢屋架，减少挡光影响。比如梯形屋架比三角形屋架更有利于开窗，并获得更大的开窗面积。跨度大的空间更宜用横向天窗，见图 2-31。

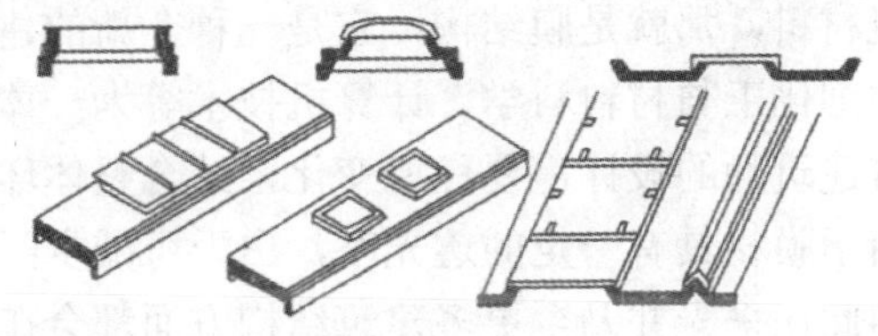

图 2-30　平天窗的不同作法

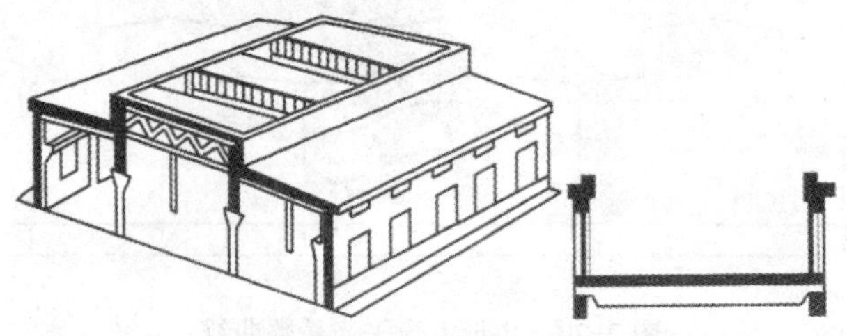

图 2-31　横向天窗透视图

井式天窗是指利用屋架上、下弦间的空间，将一些屋面板放在下弦杆件上形成井口，见图 2-32。该类型的天窗主要用于热车间，可起到通风作用。光线很少且难直接射入车间，都是经过井底板反射进入，因此采光系数一般在 1%以下。

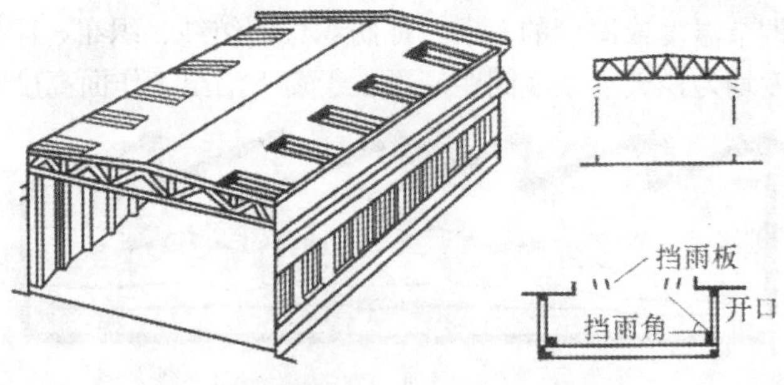

图 2-32　井式天窗

(2) 采光井

在给建筑设置采光井时，必须要注意以下几点：①在地下室采光井中，为保证地下室的防水和安全，因此在地下室部分要使用玻璃盖好，这样只能因采光而放弃了通风功能。②如果是没有顶盖的采光井一定要安排好排水，以免下大雨排水不畅造成阻塞，在各别墅现场可以看到一般是采光井两端各设一处排水。③在采光井尺寸上，各种建筑公司都不相同，但必须要满足建筑的采光要求。④最后还是要满足相应的防火规范。

在制造采光井的材料上，多数还是应用玻璃顶盖，因为玻璃具有较好的透明度且表面光滑平整、无缺陷，保证了建筑内部的采光要求，并具有美观性。这里介绍一种全新的建筑材料，那就是膜结构，它是一种全新的建筑结构形式，集建筑学、结构力学、精细化工与材料科学、计算机技术等为一体，具有很高技术含量。其曲面可以随着建筑师的设计需要任意变化，结合整体环境，建造出标志性的形象工程。而且由于膜材具有一定的透光率，白天可减少照明强度和时间，能很好地节约能源。因此在采光井乃至更多建筑结构方面都会在不久的将来有很好的应用，实景案例如图 2-33 所示。

图 2-33　采光井部实景图

(3) 下沉式庭院

在园林建筑设计领域，下沉式庭院的魅力是通过庭院与底层绿地存在的坡度差产生的。中国传统园林设计讲究曲径通幽的意趣，下沉式庭院的两大特点让这种意境油然而生。其一，空间质量完全改观。在面向景观(庭院)的部分采用大面积开窗、开门，达到内外通透，实现自然采光。其二，景观更好，窗外就是花园，可以轻松步出庭院。第三，功能性更强。这是一个真正既舒适又实用的空间，它不仅使传统地下室的设备间、佣人房等辅助区域功能得到释放，同时更为地下室增加了家庭娱乐、室外活动休闲等功能区。

下沉式庭院实景如图 2-34 所示。

图 2-34　下沉式庭院实景图

目前在绿色建筑设计过程中，常采用的技术措施：对于住宅建筑和公共建筑均可以根据建筑实际情况合理设计功能空间的窗户。对于有地下空间或大进深空间的建筑，可结合建筑形式采用采光天窗、采光井和下沉式庭院等技术。

2. 适用范围

采光天窗一般适用于进深大的建筑，当采取侧窗采光方式不能满足房间深处的采光要求时，宜在屋顶开设天窗采光。由于天窗安装位置和数量不受墙面限制，因此能在工作面上形成较高而均匀的照度，并且不易形成直接眩光。

采光井主要有两种，第一种采光井主要是解决建筑内部个别房间采光不好的问题，同时采光井还兼具通风和景观作用。第二种主要是将采光不足的房间布置于内天井的四周，通过天井解决采光、通风不足的问题。采光井一般用于商场、酒店和政府办公楼等建筑的地下区域的采光。

下沉式庭院可以理解为采光井的更高级别，其特点是在正负零的基础上下跃一层，同时，附带了很大面积的室外庭院。这样一来，地下一层借助外庭院的采光，就相当于地上一层，可用于各类建筑的地下区域的采光。

3. 设计要点

(1) 面积比例要求

设置采光天窗、采光井和下沉式庭院等能有效地改善室内自然采光效果。绿色建筑设计过程中对改善的面积比例有要求，比如地下空间平均采光系数不小于0.5%的面积与首层地下室面积的比例不小于5%才能得1分。因此在设计过程中，需要根据设计经验或借助模拟分析软件，确定采光设置的面积和个数是否满足要求。

(2) 荷载要求

采光天窗和采光井一般采用玻璃设计，其荷载组合值应按《建筑结构荷载规范》和《建筑抗震设计规范》规定的方法计算确定，并应承受可能出现的积水荷载、雪荷载、冰荷载及其他特殊荷载。玻璃面板应采用安全玻璃，宜采用夹层玻璃或夹层中空玻璃，玻璃原片可根据设计要求选用，且单片玻璃厚度不宜小于6mm，夹层玻璃原片不宜小于5mm。所有玻璃应进行磨边倒角处理。

(3) 排水要求

玻璃采光顶的坡度属于结构找坡，排水坡度不应小于3%，并满足设计要求，密封防水接缝的位移量不宜大于15%。排水沟及排水孔应有防异物堵塞措施。采光天窗的构造详图见图2-35。

下沉式庭院在设计时尤其需要关注其排水能力，否则一旦到了雨季从楼上排下的雨水很可能淤积在庭院中。因此，在对下沉式庭院进行装修前，应该先将楼上的排水管道放置于庭院之外，以便让雨水顺利排在庭院之外。另外很多人都会为下沉式庭院加顶，以获得相对封闭的、同时具有一定采光能力的下沉式庭院。此时应该做好顶部防水工作，否则在雨水较大的时期，庭院顶面很可能会出现渗漏现象，降低庭院的实用性。

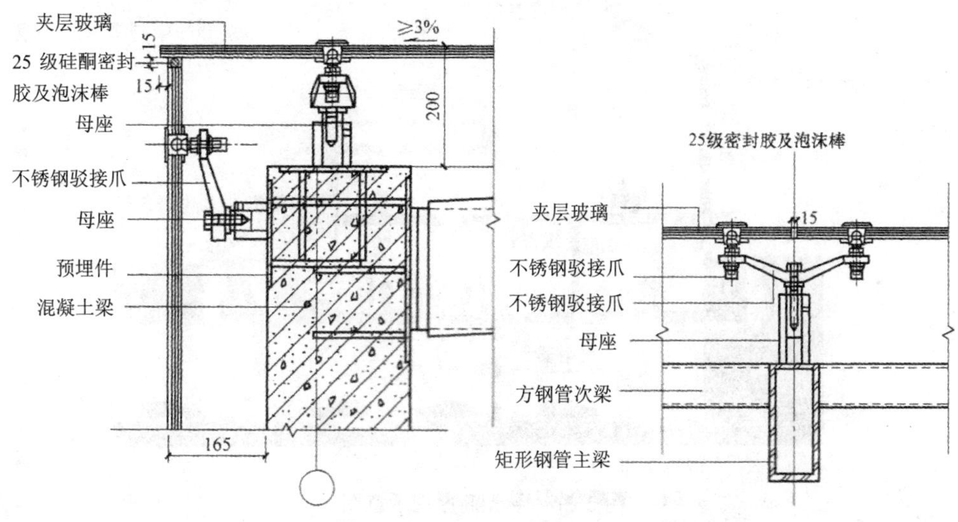

图 2-35　采光天窗构造详图

(二) 导光筒

1. 技术简介

导光筒，是绿色建筑咨询行业对光导照明系统的称呼。这种叫法，较之光导照明系统或者管道式日光照明都更加贴近生活，更加平易近人，更加的生动活泼，也更容易被人接受。

导光筒是利用高反射的光导管将阳光从室外引进到室内，可以穿越吊顶，穿越覆土层，并且可以拐弯，可以延长，绕开障碍，将阳光送到任何地方，是一种绿色、健康、环保、无能耗的照明产品。其原理是将特质导光材料制成的管道安置于阳光充足的平台或房顶，使其可以充分接触阳光，再将太阳光通过导光筒内壁反射进室内。系统照明光源取自自然光线，光线柔和、均匀、全频谱、无闪烁、无眩光、无污染，并通过采光罩表面的防紫外线涂层，滤除有害辐射，能最大限度地保护健康。

目前在绿色建筑设计过程中，对于有地下空间或大进深空间走廊的建筑，当无法采用采光井等形式时，可采用导光筒技术改善室内的自然采光效果，如图 2-36 所示。

导光筒系统设计主要由集光器、导光筒和漫射器三部分组成。这种系统利用室外的自然光线透过集光器导入系统内进行重新分配，再经特殊制作的导光管传输和强化后由系统底部的漫射装置把自然光均匀高效地照射到室内。

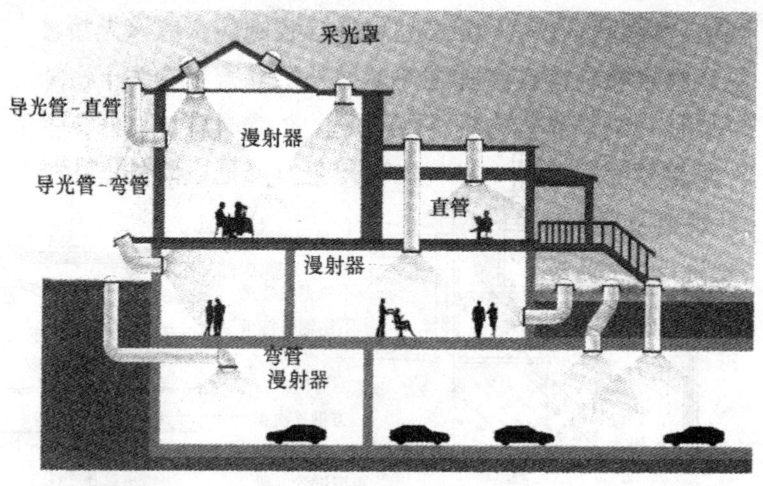

图 2-36　导光筒原理示意图

1) 集光器(图 2-37)：根据工作原理不同，集光器可分为被动式集光器和主动式集光器。前者多为半球形透明结构，内部也可设置棱镜等以提高效率。后者主要有定日镜等，可自动跟踪太阳以提高采集光线的效率。

图 2-37　集光器

2) 导光筒(图 2-38)：主要有四种类型：①金属反射型导光筒：在玻璃或塑料上镀一层高反射率的金属涂层，通过多次反射将光传送到需要的空间，适合于短距离的传输。这种导光筒虽然传输效率相对较低，但是由于其低廉的价格，而能够在一些对于效率要求不是非常高的场所得到广泛使用。②非金属反射型导光筒：实验表明，仅仅依靠非金属材料的部分反射，其效率非常低，但是这一点可以通过使用一种薄膜来克服，从而使得非金属反射型导光筒具有比较高的效率。但是这种装置造价非常高，目前很难得到大量推广。③透镜组型导光筒：主要是利用的光线的折射原理，它由一系列的光学透镜组成，这种导光筒需要很多价格昂贵的透镜，因此现在主要在一些光学仪器设备上使用。④棱镜型导光筒：主要是利用光线由密介质进入疏介质时出现的内部全反射的原理(与光导纤维同理)，但是由于导光筒为中空的管子，因此传统的管子不可能实现，但是当改变管壁形状后则克服了这个问题，制成了内部全反射式的导光筒。

图 2-38　导光筒

3) 漫射器(图 2-39)：对于照明而言，不是简单地将光线引入室内，而是需要将光线合理地在室内分布，因此漫射器就需要根据配光的要求的不同，合理地选择相应的材料制备而成，并对其光通空间分布做相应的测试，从而保证照明的质量。

图 2-39　漫射器

2．设计要点

采用导光筒可有效改善室内空间的自然采光效果，每个导光筒可以改善一定面积的采光，如索乐图 330DS(采光直径为 530mm)，每个导光筒的能改善的面积约 46m^2。在设计初期，宜根据需要改善的功能空间面积的大小，根据设计经验或软件模拟分析计算的方法确定大致需要设置几个导光筒，并合理布局导光筒的位置。地下空间采用导光筒时需满足：①导光筒布置位置不能占用消防通道和登高场地；②地下改善空间不能位于人防区域，并有效改善其他主要功能空间的采光效果；③构造设计满足防水、防尘和保温隔热等要求。

导光筒的安装节点图见图 2-40 和图 2-41。

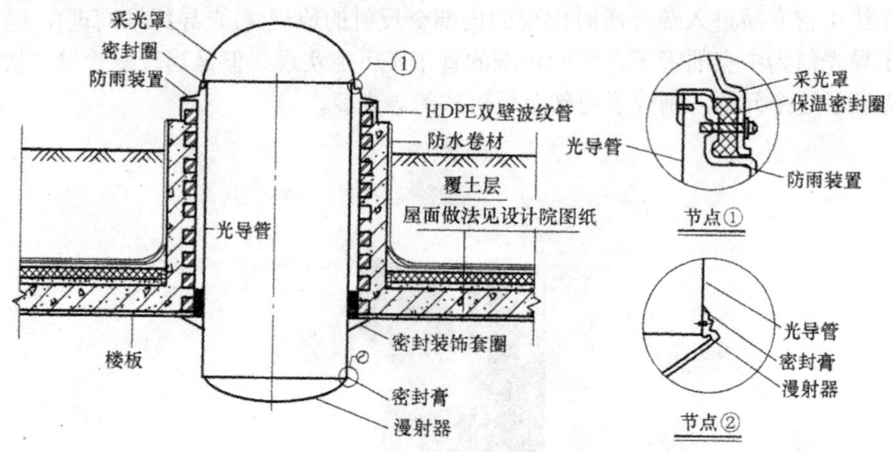

图 2-40　混凝土建筑安装及防水大样

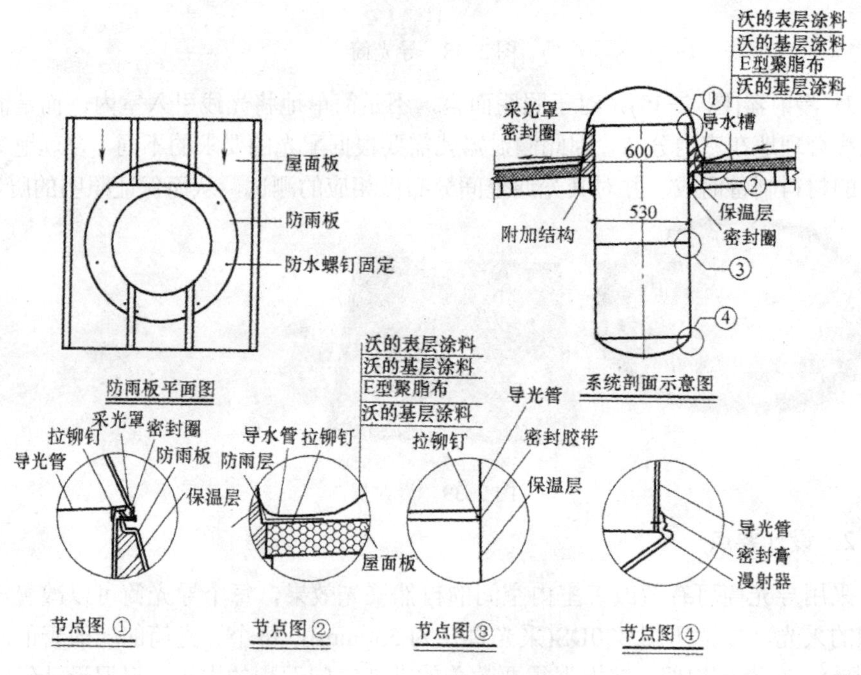

图 2-41　彩钢房面建筑安装及防水大样

三、室内空气质量

随着我国经济的发展和人们消费观念的变化，室内装修盛行，且装修支出越来越高，但天然有机装修材料(如天然原木)的使用越来越少。而大部分人造材料(如人造板材、地毯、壁纸、胶黏剂等)是室内挥发性有机化合物(VOC)的主要来源，尤其是空调的普遍使用，要求建筑围护结构及门、窗等有良好的密封性能，以达到节能的目的，而现行设计的空调系统多数新风量不足，在这种情况下容易造成室内空气质量的极度恶化。在这样的环境中，人们往往会出现头疼、头晕、过敏性疲劳和眼、鼻、喉刺痛等不适感，人体健康受到极大的影响。

(一)污染物的控制方法

“堵源”——建筑设计与施工特别是围护结构表层材料的选用中，采用 VOC 等有害气体释放量少的材料；

“节流”——切实保证空调或通风系统的正确设计、严格的运行管理和维护，使可能的污染源产污量降低到最低程度；

“稀释”——保证足够的新风量或通风换气量，稀释和排除室内气态污染物，这也是改善室内空气品质的基本方法；

“清除”——采用各种物理或化学方法如过滤、吸附、吸收、氧化还原等将空气中的有害物清除或分解掉。

(二)空气净化方法和原理

1. 空气过滤去除悬浮颗粒物

过滤器主要功能为处理空气中的颗粒污染。对空气过滤去除悬浮颗粒物最常见的误解是：过滤器像筛子一样，只有当悬浮在空气中的颗粒粒径比滤网的孔径大时才能被过滤掉。其实，过滤器和筛子的工作原理大相径庭(图 2-42)。

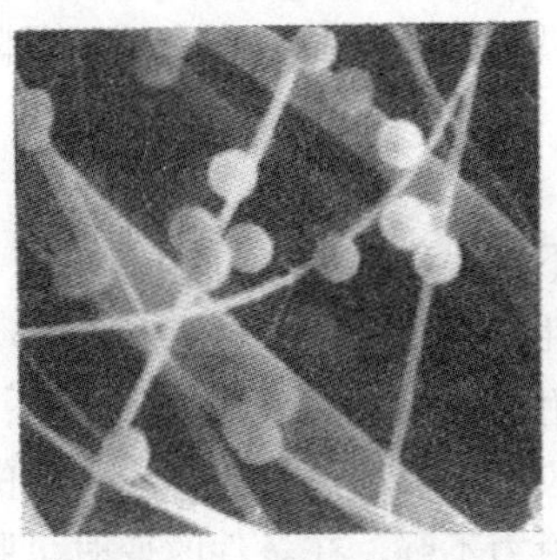

图 2-42　过滤器过滤照片

空气过滤器原理和步骤如下：

1) 扩散：由于扩散作用，$d<0.2\mu m$ 的粒子明显偏离其流线，与滤材相遇，被捕获。

2) 中途拦截：d>0.5 μm 的粒子扩散效应不明显，但可能因为尺寸较大而和过滤器纤维碰上。

3) 惯性碰撞：具有比较大惯性的、比较重(d >0.5 μm)的粒子通常难于绕过过滤器纤维而和纤维直接接触，从而被捕获。

4) 静电捕获：粒子或者过滤器纤维被有意带上电荷，这样静电力就可在捕获粒子中起重要作用。

5) 筛子过滤：直径大的粒子(图 2-43)。

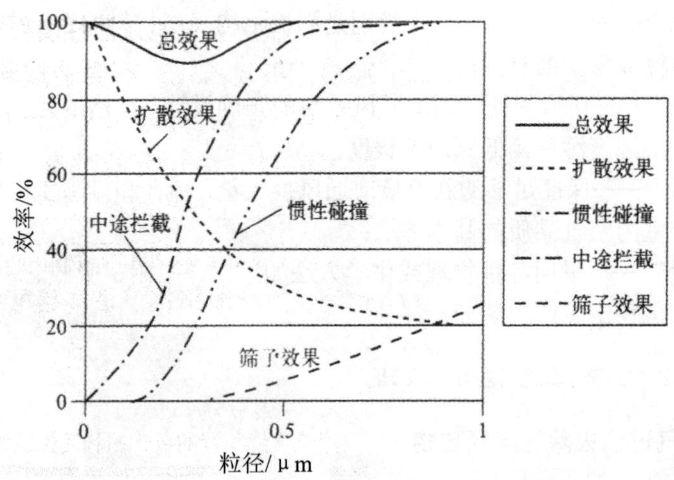

图 2-43　过滤器总效率和不同作用的效果和粒径的关系曲线

2. 吸附

吸附是由于吸附质和吸附剂之间的吸附力而使吸附质聚集到吸附剂表面的一种现象，分为两种。

(1) 物理吸附(常见)

吸附质和吸附剂之间不发生化学反应；

对所吸附的气体选择性不强；

吸附过程快，参与吸附的各相之间瞬间达到平衡；

吸附过程为低放热反应过程，放热量比相应气体的液化潜热稍大；

吸附剂与吸附质间吸附力不强，在条件改变时可脱附；

对分子量小的化合物作用不明显。

(2) 化学吸附

空气中的污染物在吸附剂表面发生化学反应；

对分子量小的化合物作用显著；

吸附对于室内 VOCs 和其他污染物是一种比较有效而又简单的消除技术；

物理吸附中，目前比较常用的吸附剂是活性炭。

固体材料吸附能力的大小取决于固体的比表面积(即 1g 固体的表面积)，比表面积越大，吸附能力越强(图 2-44)。

图 2-44　化学吸附剂

活性炭纤维——20 世纪 60 年代发展起来的一种活性炭新品种，含大量微孔，其体积占了总孔体积的 90%左右，因此有较大的比表面积。与粒状活性炭相比，活性炭纤维吸附容量大，吸附或脱附速度快，再生容易，不易粉化，不会造成粉尘二次污染。对无机气体如 SO_2、H_2S、NO_x 等和有机气体如(VOCs)都有很强的吸附能力，特别适用于吸附去除 10^{-9}～$10^{-6}g/m^3$ 量级的有机气体，在室内空气净化方面有广阔的应用前景。

普通活性炭对分子量小的化合物(如氨、硫化氢和甲醛)吸附效果较差，故一般采用浸渍高锰酸钾的氧化铝作为吸附剂进行化学吸附(表 2-3)。

表 2-3　浸渍高锰酸钾的氧化铝和活性炭对一些空气污染物吸附效果比较表

吸附量/%	NO_2	NO	SO_2	甲醛	HS	甲苯
浸渍高锰酸钾的氧化铝	1.56	2.85	8.07	4.12	11.1	1.27
活性炭	9.15	0.71	5.35	1.55	2.59	20.96

(三)紫外灯杀菌

紫外辐照杀菌是常用的空气中杀菌方法，在医院已被广泛使用。紫外光谱分为 UVA(320~400nm)、UVB(280~320nm)和 UVC(100~280nm)，波长短的 UVC 杀菌能力较强。185nm 以下的辐射会产生臭氧。

一般紫外灯安置在房间上部，不直接照射入，空气受热源加热向上运动缓慢进入紫外辐照区，受辐照后的空气再下降到房间的人员活动区，在这一过程中，细菌和病毒会不断被降低活性，直至灭杀。

紫外灯杀菌需要一定的作用时间，一般细菌在受到紫外灯发出的辐射数分钟后才死亡。

(四)静电吸附

静电吸附利用高压电流电离空气而吸附空气中的有害气体(图 2-45、图 2-46)。

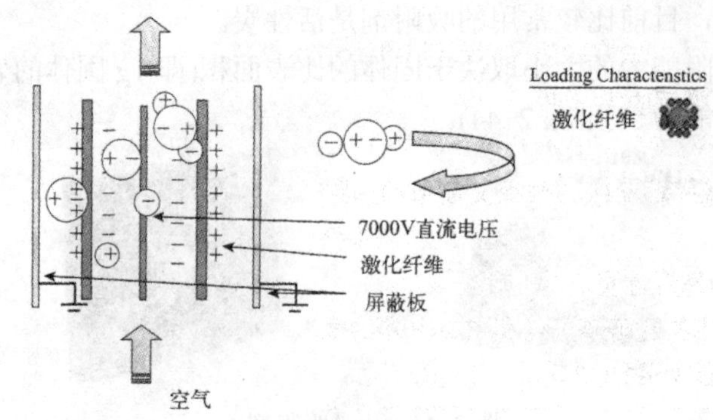

图 2-45　静电吸附(双级)

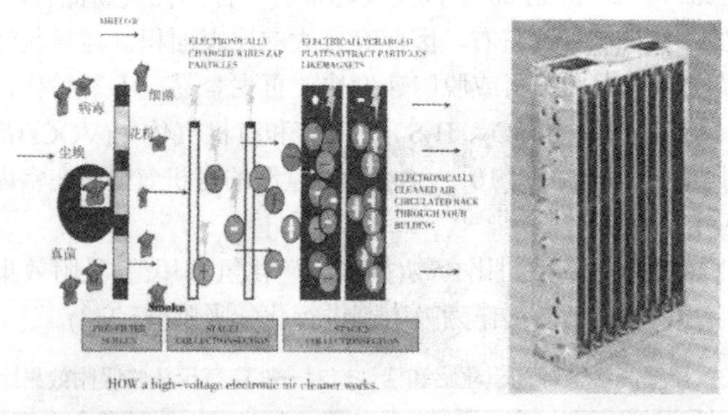

图 2-46　高压电空气净化器

(五) 光催化降解

TiO_2 是一种 N 型半导体，有很强的氧化性和还原性。在光化学反应中，以 TiO_2 作催化剂，在太阳光尤其是紫外线的照射下，使得 TiO_2 固体表面生成空穴和电子，空穴使 H_2O 氧化，电子使空气中的 O_2 还原，在此过程中，生成 OH 基团。OH 基团的氧化能力很强，可使有机物被氧化、分解，最终分解为 CO_2 和 H_2O(图 2-47)。

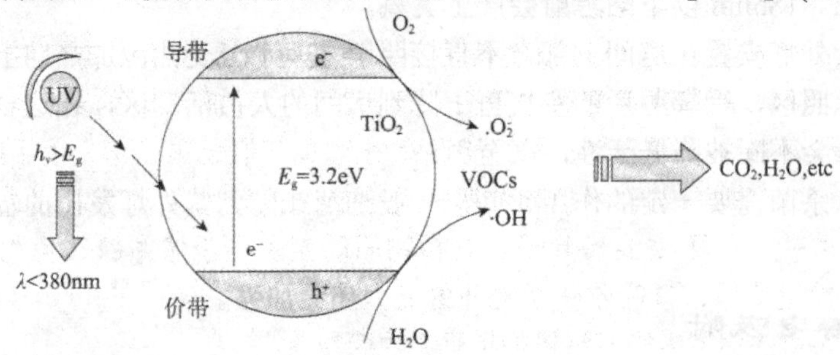

图 2-47　光催化降解过程示意图

（六）等离子体放电催化

利用高能电子轰击反应器中的气体分子(NO_x，SO_x，O_2和H_2O等)；经过激活、分解和电离等过程产生氧化能力很强的自由基(OH等)、原子氧(O)和臭氧(O_3)等，这些强氧化物质可迅速氧化掉 NO_x 和 SO_2，在 H_2O 分子作用下生成 HNO_3 和 H_2SO_4(图 2-48)。

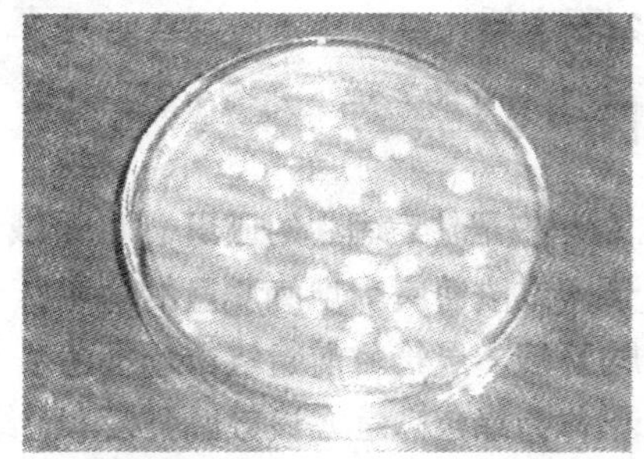

稀释比为 1:1000 情况下未经放电处理的细菌生产迹象

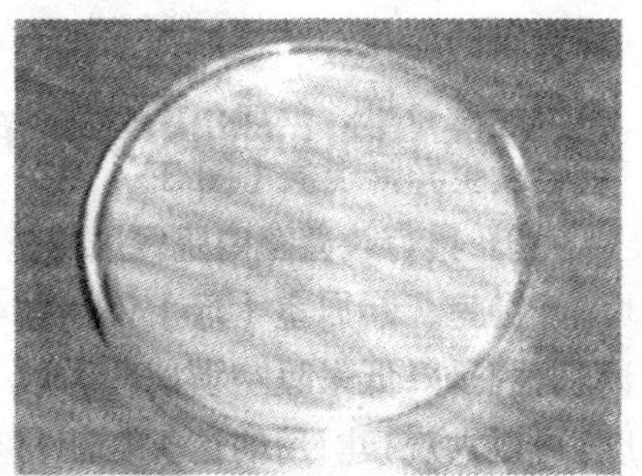

稀释比为 1:1000 情况下经(8kV)放电处理的细菌生产迹象

图 2-48　等离子体放电催化消除微生物污染

光催化和等离子放电催化的优点如下：

广谱：可消除空气中的多种污染物如 VOCs、无机有害物以及微生物等；

安全：催化剂无毒、无腐蚀，主要最终产物为CO_2、水等无害气体；

稳定：无需再生，可连续工作；

节能：反应所需能耗低。

（七）臭氧杀菌消毒

臭氧为一种刺激性气体，是已知的最强的氧化剂之一，其强氧化性、高效的消毒作用使其在室内空气净化方面有着积极的贡献。

臭氧的主要应用在于灭菌消毒，它可即刻氧化细胞壁，直至穿透细胞壁与其体内的不饱和键化合而杀死细菌，这种强的灭菌能力来源于其高的还原电位(表 2-4)。

表 2-4　常见的灭菌消毒物质的还原电位表

名称	分子式	标准电极电位	名称	分子式	标准电极电位
臭氧	O_3	2.07	一氧化氯	ClO_2	1.50
过氧化氢	H_2O_2	1.78	氯气	Cl_2	1.36
高锰酸离子	MnO_2	1.67			

第三节　绿色建筑的土地利用

在地球表面上，为人类可能提供的生存空间已经有限，在我国则已接近极限状态，节约现有土地、开拓新的生存空间刻不容缓。

一、我国土地使用制度及利用现状

土地是城市赖以生存的最重要的资源之一。城市土地利用问题一直是城市规划领域理论和实践的重要问题。从 1954 年开始无偿使用土地到 20 世纪 90 年代全面认识土地在城市开发中的基础地位，经历了一个漫长的曲折过程。原有土地使用制度阻碍了城市建设资金的良性循环，造成了土地的巨大浪费。到 20 世纪 80 年代初，随着国家经济体制改革和市场开放战略的实施，土地的价值逐渐得到认识，并在 1980 年冬全国城市规划工作会议上，第一次由规划工作者提出要实现土地有偿使用(即允许土地使用权进入市场)的建议。1989 年修改的宪法允许土地所有权有偿转让。土地有偿有期限使用制度是指在土地国有条件下，当土地所有权与使用权发生分离时，土地使用者为获得一定时期土地使用权必须向土地所有者支付一定费用的一种土地使用制度。实行这一土地使用制度，有利于强化国家对土地的管理；有利于合理利用城市土地，实现城市土地的优化配置；有利于形成城市维护、建设资金的良性循环。

我国大规模的建筑开发已经对城市结构和城市形态产生了巨大的影响。据专家对北京等 31 个人口超过 100 万的城市用地规模进行卫星遥感资料测算，这 31 个城市主城区占地面积已由 1986 年的 3 266.7km^2 扩大到 1996 年的 4 906.1km^2，增长了 50.1%。城市用地增长与人口增长率之比称为用地增长弹性系数。20 世纪 80 年代专家提出这一系数的合理值为 1.12，但上述这 31 个特大城市的用地增长弹性系数达到 2.29，城市用地增长明显高于人口增长。在引起城市规模扩大的因素中，目前城市边缘住宅区的大规模建设引起大量耕地转变为居住用地是相当重要的原因。现阶段大城市边缘大规模的城市住宅建设是以较低的容积率、高于国家标准很多的人均用地指标为前提。良好的居住环境建立在牺牲国家对城市规模的控制和浪费有限耕地的基础上，这样的发展观与科学发展观背道而驰。

二、绿色建筑的节地途径

城市的发展与我国土地资源的总体供求矛盾越来越尖锐。土地危机的解决方法主要是：应控制城市用地增量，提高现有各项城市功能用地的集约度；协调城市发展与土地资源、环境的关系，强化高效利用土地的观念，以逐步达到城市土地的持续发展。

村镇建设应合理用地、节约用地。各项建筑相对集中，允许利用原有的基地作为建设用地。新建、扩建工程及住宅应当尽量不占用耕地和林地，保护生态环境，加强绿化和村镇环境卫生建设。

珍惜和合理利用土地是我国的一项基本国策。国务院有关文件指出，各级人民政府要全面规划，切实保护、合理开发和利用土地资源；国家建设和乡(镇)村建设用地必须全面规划、合理布局；要节约用地，尽量利用荒地、劣地、坡地，不占或少占耕地。

节地，从建筑的角度上讲，是建房活动中最大限度少占地表面积，并使绿化面积少损失、不损失。节约建筑用地，并不是不用地，不搞建设项目，而是要提高土地利用率。在城市中，节地的途径主要是：①适当建造多层、高层建筑，以提高建筑容积率，同时降低建筑密度；②利用地下空间，增加城市容量，改善城市环境；③城市居住区，提高住宅用地的集约度，为今后的持续发展留有余地，增加绿地面积，改善住区的生态环境，充分利用周边的配套公共建筑设施，合理规划用地；④在城镇、乡村建设中，提倡因地制宜，因形就势，多利用零散地、坡地建房，充分利用地方材料，保护自然环境，使建筑与自然环境互生共融，增加绿化面积；⑤开发节地建筑材料，如利用工业废渣生产的新型墙体材料，既廉价又节能、节地，是今后绿色建筑材料的发展方向。

在当今社会，人们越来越深刻地认识到作为人类生存环境基础的土地是不可再生的资源，特别是对于人口众多的我国，人均可利用的土地资源非常少，如果再不珍惜土地，将会严重影响我们当代和子孙后代的基本生存条件。

三、合理的建筑密度

在城市规划与建筑设计时，一项评价建筑用地经济性的重要指标是建筑密度，建筑密度是建筑物的占地面积与总的建设用地面积之比的百分数，也就是建筑物的首层建筑面积占总的建设用地面积的百分比。一般一个建设项目的总建设用地要合理划分为建筑占地、绿化占地、道路广场占地和其他占地。

建筑密度的合理选定与节约土地关系十分密切，先举一个简单的例子：假设要在一座城市的一个特定的区域建设 30000m^2住宅，根据城市规划的总体要求，这一区域的建筑高度有限制，只能在地上部分建 10 层的住宅，而且地上各层的建筑外轮廓线和建筑面积要相同。两位建筑师分别做出了各自的设计方案：甲建筑师的方案建筑密度为 30%，这样推算，建筑的占地面积为 3000m^2，建设总用地面积就需要 10000m^2；乙建筑师的方案建筑密度为 40%，也照理推算，建筑的占地面积是 3000m^2，建设总用地面积就需要 7500m^2。这样，乙建筑师的方案就比甲建筑师的方案在满足设计要求的前提下节约建设用地 2500m^2。

从上面的举例中可以看到，同等条件下设计方案的建筑密度较高者更节约土地，并非建筑密度越大越好，应控制在合理的范围内。

前面谈到，在城市规划与建筑设计时，除建筑密度是影响建设用地面积的重要指标外，绿化占地、道路广场占地也是影响建设用地面积的重要因素。绿化占地面积与总的建设用地面积的百分比称为绿地率。在城市规划的基本条件要求中，一般都给出对绿地率的具体指标数据，大约为 30%，而现在提倡绿色建筑，建筑环境更应给予重视，所以绿色建筑设计的绿地率应大于 30%。由此，在建筑设计时可以进行调整的是建筑占地和道路广场占地之间的关系，道路广场占地主要是为了满足总的建设用地内的机动车辆和行人的交通组织，以及机动车辆和自行车的停放需要，只要合理地减少道路广场占地面积，就有可能合理地增加建筑密度。

建设地下停车场是目前建筑师常用的方法，虽然建设成本略有增加，车辆的行驶距离也略有增加，但可以大幅度地减少道路广场占地面积，而且为积极倡导采用的人车分流设计手法提供了基础条件。还有一种方法在对首层建筑面积不是十分苛求的办公楼和住宅楼可以采用，那就是建筑的首层部分架空，将这部分面积供道路设计使用，也可以作为绿化用地使用，由于这种方法可以使建筑的外部造型产生变化，绿化环境的空间渗透也会出现奇妙的效果，不失为节约用地的一个好办法。

四、建筑地下空间利用

想必人们对地下空间都不陌生，北京、上海、天津、南京、广州等大城市的地下铁路，高层建筑下面的地下停车场，明清帝王陵墓中存放石棺的地宫，大量存在的地下人防设施等，在杭州的保俶山下，通过长长的地下通道，人们会发现竟然有一座可以集会和放映电影的设备先进的大礼堂。

我国地下空间的历史可以追溯到秦汉时期，当时帝王的陵墓建筑中有较多的地下空间。我国古代一般为土葬，帝王们生前过着奢华的生活，死后也要把一些日常生活的用品带入地下陪葬，这些陪葬品要布置在安置棺柩的墓室旁，这就需要地下部分有一定的空间。陪葬品埋在地下，保密性较强，因为西汉以前的很多陵墓地上并没有建筑，所以盗墓与挖掘没有目标，寻找起来十分困难。后来的帝王陵墓逐渐增加了地上部分的建筑规模，地下部分就显得不那么重要了，但入土为安的传统观念使得地下墓室的形制一直流传到封建社会的最后一个朝代——清朝。

在日常工作中，人们也很早就发现了地下空间的重要性，史书记载早在西汉时期，随着连年的战乱，用于军事的地下防御工事应运而生。在普通老百姓的家中，躲避和隐藏的地下空间也开始出现。后来，人们又发现地下空间有着独特的内部温度、湿度条件，可以用来储藏一些反季节的生鲜蔬菜和其他食品，在 20 世纪中后期，我国华北、东北地区还有大量的地下储藏空间。

在国外，因为文化传统、宗教信仰和生活习俗的不同，地下空间基本上用于防御、储藏。由于地质条件的限制，古代欧洲的地下空间以半地下的居多，便于采光和自然通风，或以堆土的方式使其成为完全的地下空间。在当今社会，欧洲的一些传统别墅的地下空间还完美地发挥着酒窖的储藏功能。

有着悠久历史的地下空间，在目前建筑技术日益发展的条件下，基本上可以实现地上建筑的功能要求，在开发和使用地下空间的同时，我们在完成着另一个重要的功能——节约土地。

随着我国城市化进程的加快，土地资源的减少成为必然。合理开发利用地下空间，是城市节约土地的有效手段之一。可以将部分城市交通，如地下铁路交通和跨江、跨海隧道，尽可能转入地下，把其他公共设施，如停车库、设备机房、商场、休闲娱乐场所等，尽可能建在地下，这样，可以实现土地资源的多重利用，提高土地的使用效率。

土地资源的多重利用还可以相对减少城市化发展占用的土地面积，有效控制城市的无限制扩展，有助于实现“紧凑型”的城市规划结构。这种城市减少了城市居民的出行距离和机动交通源，相对降低了人们对机动交通特别是私人轿车的依赖程度，同时可以增加市民步行和骑自行车出行的比例，这将使城市的交通能耗和交通污染大幅降低，实现城市节能和环保的要求。

但在利用地下空间时，应结合建设场地的水文地质情况，处理好地下空间的出、入口与地上建筑的关系，解决好地下空间的通风、防火和防地下水渗漏等问题，同时应采用适当的建筑技术实现节能的要求。

今后，当人们享受着城市地下铁路带来的快捷交通的时候，其实也正在为城市的节约土地和创造美好的环境做出贡献。

五、既有建筑的利用和改造

随着人类社会的发展，任何事物都会发生从新到旧的转变，这是一种自然规律，是不以人们的意志而改变的。建筑作为大千世界中的个体事物，也逃脱不了从新到旧的这一过程。在任何一座拥有历史的城市中，都会存在着许多旧的建筑。

旧的建筑一般分为两部分：一小部分是在建筑的使用过程中，这里曾经发生过重大历史事件或有重要历史人物在此居住、生活过，这些建筑通常作为历史遗址保护起来，供人们瞻仰、参观；而绝大部分是随着使用寿命的终结，被人为拆毁。

近年来，我国房地产投资规模高速增长，但由于城市的可供开发的土地资源有限，便出现了大量拆除旧建筑的现象。一座设计使用年限为50年的建筑，如果仅使用二三十年就被人为拆除，这种建筑短命现象无疑会造成巨大的资源浪费和严重的环境污染，也违背了绿色建筑的基本理念。

造成建筑不到使用年限就被拆除的原因是多种多样的，主要有三个方面的原因：一是由于城市的发展使得城市规划发生改变，土地的使用性质也会发生改变，如原来的工业区规划变更为商业区或住宅区，现存的工业建筑就会被大规模拆除；还有就是受房地产开发的利益驱动，为扩大容积率，增加建筑面积，致使处于合理使用年限的建筑遭受提前拆除的厄运。二是由于原有建筑的功能或品质不能适应当今社会人们的要求，如20世纪七八十年代兴建的大批住宅的功能布局已不能满足现代生活的基本要求，因而遭到人们观念上的遗弃。三是由于建筑质量的问题，如按照国家和地方现行标准、规范衡量，旧建筑在抗震、防火、节能等方面达不到要求，或因为设计、施工和使用不当出现了质量问题。

对于因城市规划的改变，使得用地性质改变的区域，面临旧建筑的拆除时，首先应对旧建筑的处置进行充分的论证，研究改造后的功能可行性，不到建筑使用寿命的应考虑通过综合改造而继续使用。北京酒仙桥工业区有许多20世纪五六十年代建造的电子工厂，其不少生产车间的设计颇具“包豪斯风格”，工厂转产搬迁后，一些有思想的艺术家看中了生产车间建筑朴素的形象和高大空间带来的空间灵活性，逐渐将其改造成为赫赫有名的“798艺术创业园区”，这也符合城市规划的功能要求。

在国外，这样的成功范例也不罕见，如法国巴黎塞纳河畔的奥赛艺术博物馆就是在原有废弃的火车站的旧建筑的基础上改建成的，在外形和室内的改建中增加了现代气息，由于其内部功能的合理性，已渐渐成为和艺术圣殿卢佛尔宫齐名的艺术博物馆。再如，澳大利亚悉尼的动力科技馆是在原有工业区的供热厂的旧厂房的基础上改扩建成的，高大的厂房给综合布展创造了条件，科技馆内的许多大型展品就放置在旧厂房中，特别有意义的是，在改扩建时重点保留了一个已有近百年历史且尚可运行的蒸汽机作为一件特殊的科技展品，吸引着各国游客前来参观。

如果旧建筑的性能不能满足新的要求，那么建筑的改造将会更具挑战性。建筑的长寿命和不断变化的功能需求是矛盾的，新建筑在建筑设计时就应考虑建筑全寿命周期内改造的可能性，建筑平面布局的确定、建筑结构体系的选择、设备和材料的选用等都要为将来改造留有余地，适用性能的增强在某种程度上可以延长建筑的寿命。而旧建筑要综合考虑技术和经济的可能性。

充分利用尚可使用的旧建筑，是节约土地的重要措施之一，这里提到的旧建筑是指建筑质量能保证使用安全或通过少量改造后能保证使用安全的旧建筑。对旧建筑的利用，可以根据其现存条件保留或改变其原有的功能性质。

旧建筑的改造利用还可以保留和延续城市的历史文脉，如果一座城市随处见到的都是新的建筑，就会使外来的游客感觉到城市发展史的断层，也会使城市的环境缺少了文化的底蕴。

六、废弃地的利用

城市的发展有着各自的多样性和独特性，可以说没有一座城市是按照严格意义上的城市规划发展而成的。在古代，虽然城市的规模较小，但人们只能规划控制城郭以内的地方，城郭之外，也就是护城河外的地区，规划就不控制了。在近现代，国外的城市规划师曾尝试建设“规划城市”，较早的是法国的现代主义建筑大师勒·柯布西耶(Le Corbusier)在印度的昌迪加尔做了一个小规模的城市中心区规划，其中部分建筑是完全按照建筑师的设想兴建的，后来柯布西耶去世了，没有人能真正理解大师的设计本意，这个规划只好放弃了，城市的发展规划就由其他人完成了。后来的澳大利亚首都堪培拉，由于悉尼和墨尔本两大城市的首都之争，国会决议在两个城市的中间选址定都，这就是堪培拉的由来。澳大利亚政府邀请了美国建筑师格里芬担当规划任务，格里芬也不负众望，做出了城市结构清晰、功能布局合理的山水城市规划。许多年来。澳大利亚政府一直严格依据这一规划建设自己的首都，但近年来，随着城市常住人口的增加和旅游者的大批到来，政府的城市规划部门不得不重新修改原有的美丽蓝图。

城市发展过程中的废弃地的产生就是最好的例证，也是城市规划变化中不可避免的。以北京的城市规划为例，前次的城市规划的发展方向是向城市北部和东部发展，而新的城市规划修编后，以吴良镛院士提出的“两轴两带多中心”为基本构架，这使得北京城市的南部和西部得到了迅速的发展，同时也带来一些问题，如存在废弃地的问题。在发展前期，这些地区由于没有发展规划，且土地价格低廉，是作为主要发展区的建设服务区使用的，一些砖厂、沙石场等建筑材料生产企业和垃圾填埋厂的市政服务设施遍布于此，造成了土地资源的严重破坏。随着城市的发展，这些原来的建设服务区变成建设热点地区，废弃地如果不用，一是浪费土地资源，二是会对周围的城市环境产生影响。所以，从节约土地的角度出发，城市的废弃地一定要加以利用。

废弃地的利用要解决一些技术难题，如砖厂、沙石场遗留下来的多是深深的大坑，土壤资源已缺失，加上雨水的浸泡，场地会失去原有的地基承载能力，遇到这种情况，我们只能采用回填土加桩基的方法，使原有废弃地的地基承载能力满足建筑设计的要求；对于垃圾填埋厂址，首先要利用科技手段将垃圾中对人们身体有害的物质清除掉，再利用上述方法提高地基的承载能力，如果有害物质不易清除，也可以用换土的办法保证废弃地的利用。

2000 年在澳大利亚悉尼成功地举办了第 27 届夏季奥林匹克运动会，至今当人们参观悉尼近郊的那富于动感和充满科技内涵的运动场馆和奥运村时，仍会被“更高、更快、更强”的奥林匹克体育精神所感染。但谁能想到，这组建筑的建设用地曾经是滩涂和垃圾场组成的城市废弃地。当时在运动场馆和奥运村选址时，许多人反对在这里兴建重要的体育建筑，悉尼市政府却坚持建在这里，以带动海湾这一侧的城市建设与开发，建设者利用先进的生物技术，解决了遗留垃圾问题，利用全新的设计理念和工程技术化解了在滩涂上建造大型建筑所面临的难题，为成功举办奥运会提供了基本保障。

因此，要视城市废弃地为宝贵的土地资源，科学地利用废弃地是比多重利用土地更有效的节地手段，也更能体现绿色建筑的内涵。

七、公共设施集约化利用

居住区公共服务设施应按规划配建，合理采用综合建筑并与周边地区共享。公共服务设施的配置应满足居民需求，与周边相关城市设施协调互补，有条件时应考虑将相关项目合理集中设置。

根据《城市居住区规划设计规范》的相关规定，居住区配套公共服务设施(也称配套公建)应包括教育、医疗卫生、文化、体育、商业服务、金融邮电、社区服务、市政公用和行政管理 9 类设施，住区配套公共服务设施，是满足居民基本的物质与精神生活所需的设施，也是保证居民居住生活品质的不可缺少的重要组成部分。为此，该规范提出相应要求，其主要的意义在于：

1) 配套公共服务设施相关项目建综合楼集中设置，既可节约土地，也能为居民提供选择和使用的便利，并提高设施的使用率。

(2) 中学、门诊所、商业设施和会所等配套公共设施，可打破住区范围，与周边地区共同使用。这样既节约用地，又方便使用，还节省投资。

绿色建筑用地应尽量选择具备良好市政基础设施(如供水、供电、供气、道路等)，以及周边有完善城市交通系统的土地，从而减少这些方面的建设投入。

为了减少快速增长的机动交通对城市大气环境造成的污染以及过多的能源与资源消耗，优先发展公共交通是重要的解决方案之一。倡导以步行、公交为主的出行模式，在公共建筑的规划设计阶段应重视其入口的设置方位，接近公交站点。为便于居民选择公共交通工具出行，在规划中应重视居住区主要出、入口的设置方位及城市交通网络的有机联系。居住区出、入口的设置应方便居民充分利用公共交通网络。

第四节　交通设施与公共服务

交通设施与公共服务部分关注场地内的交通组织、自行车停车、集约停车及公共设施配套，目的是确保场地内居民出行安全、生活便捷。场地开发过程中合理进行场地外与场地内部的交通组织规划协调，方便居民进出；其次，规划布局自行车停车场、机械式停车库和立体停车楼以满足停车需求，并集约利用土地资源；最后，根据周边的公共服务设施配置情况，进行针对性的设施补充与完善，以提供充足的服务配套。

一、交通组织

（一）技术简介

交通组织是指为解决交通问题所采取的各种软措施的总和，此处所指交通组织是城市道路、公交站点、轨道站点等到建筑物或场地出入口之间涉及的交通类型及组织(图 2-49)，具体包括四点内容：一是城市道路系统、公交站点及轨道站点等的布局位置及服务覆盖范围；二是道路系统、公交站点及轨道站点等到场地入口之间的衔接方式，包括步行道路、人行天桥、地下通道等；三是场地出入口的位置、样式、方向等；最后是场地出入口与建筑入口之间的交通形式布设及安排等。

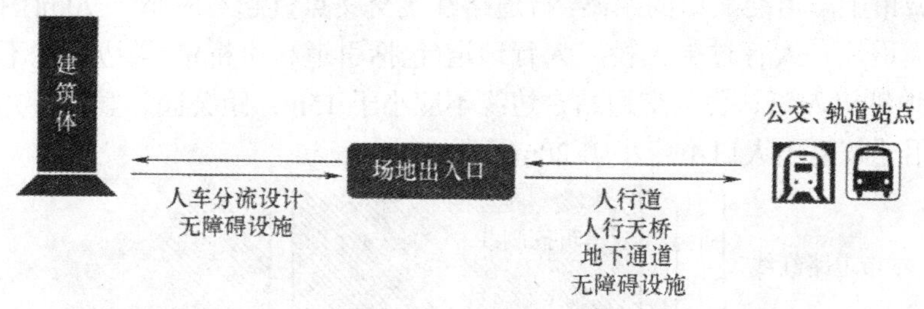

图 2-49　交通组织过程

（二）设计要点

1．公交、轨道站点布局

根据《国务院关于城市优先发展公共交通的指导意见》，为推动城市交通绿色化发展，要求“大城市要基本实现中心城区公共交通站点 500m 全覆盖，公共交通占机动车出行比例达到 60%左右。”

城市控制性详细规划和交通专项规划对交通站点进行规划布局时应按照指导意见及相关规范要求，合理布设公交站点位置确保相应的服务半径。

公交站点规划时宜根据《城市道路交通规划设计规范》(GB50220—95)、《城市道路公共交通站、场、厂工程设计规范》(CJJ/T15—2011)、《深圳市公交中途站设置规范》(SZDB/Z12—2008)等标准合理设置公交站点形式及服务设施(图 2-50)，最大化安全、便利服务居民。

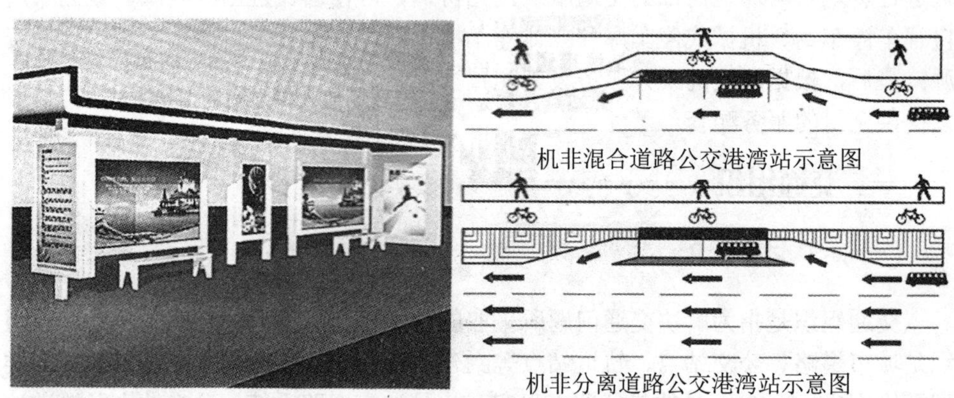

图 2-50　公交站服务设施及港湾式公交站

2．场地对外交通设计

《民用建筑设计通则》GB 50352～2005 要求场地出入口位置符合下列要求：与大中城市主干道交叉口的距离，自道路红线交叉点量起不应小于 70m(图 2-51)；与人行横道线、人行过街天桥、人行地道(包括引道、引桥)的最边缘线不应小于 5m；距地铁出入口、公共交通站台边缘不应小于 15m；距公园、学校、儿童及残疾人使用建筑的出人口不应小于 20m。

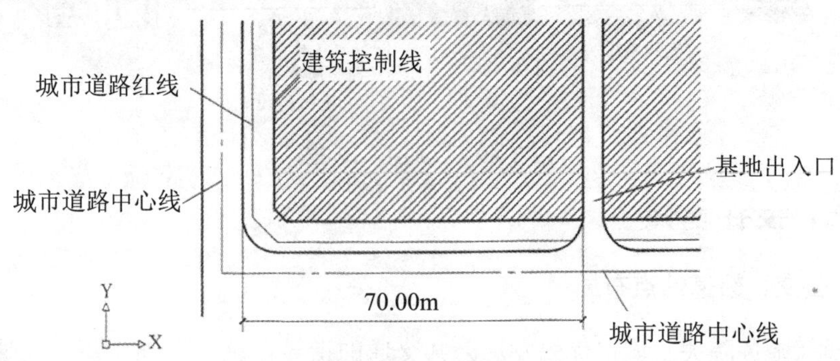

图 2-51　出入口与城市主干道交叉口距离图

根据《城市居住区规划设计规范》(GB 50180—93)2002 年版第 5.0.3 条要求，对住宅建筑的规划布置主要从五个方面作了原则性规定。其中面街布置的住宅，主要考虑居民，特别是儿童的出入安全和不干扰城市交通，规定其出入口不得直接开向城市道路或居住区级道路，即住宅出入口与城市道路之间要求有一定的缓冲或分隔，当临街住宅有若干出入口时，可通过宅前小路集中开设出入口。

场地出入口在满足各标准、规范指标要求的同时，出入口设计应不影响城市道路系统，保障居民人身安全。场地应有两个及两个以上不同方向通向城市道路的出口，且至少有一面直接连接城市道路，以减少人员疏散时对城市正常交通的影响。

3．人车分流设计

《民用建筑设计通则》(GB 50352—2005)第 5.2.2 条要求：单车道路宽度不应小于 4m，双车道路不应小于 7m；人行道路宽度不应小于 1.50m；利用道路边设停车位时，不应影响有效通行宽度；车行道路改变方向时，应满足车辆最小转弯半径要求；消防车道路应按消防车最小转弯半径要求设置。

进入场地后人行道路与车行道路在空间上分离，设置步行路与车行路两个独立的路网系统；车行路应分级明确，可采取围绕场地外围的布置方式，并以枝状尽端路或环状尽端路的形式伸入到各住户院落、住宅单元或办公楼等的背面入口。

在车行路附近或尽端处应设置适当数量的机动车停车位，在尽端型车行路的尽端应设回车场地；步行路应该贯穿于场地内部各主要功能区，将绿地、公共服务设施串联起来，并伸入到各住宅院落、住宅单元或办公楼等的正面入口，起到连接住宅院落、办公楼等的作用。

人车分流设计需考虑场地用地面积的大小，合理设计车行道和人行道的用地比；场地内车行道和人行道设计需优先考虑安全需求，其次为居民出入便利性。

4．无障碍设施设计

新建民用建筑场地内及相关的设计应按照《无障碍设计规范》(GB 50763—2012)，落实其控制性条文，且包括 3.7.3(3、5)、4.4.5、6.2.4(5)、6.2.7(4)、8.1.4 等条文。

(1) 缘石坡道

人行道的各种路口必须设缘石坡道，缘石坡道下口调出车行道的地面不得大于 20mm；且缘石坡道设计时应在人行道范围内进行，并与人行横道相对应，设置的坡面应平整且不光滑(图 2-52)。

扇形单面坡缘石坡道不应小于 1.5m，设在道路转角处单面坡缘石坡道上口宽度不宜小于 2m(图 2-53)。

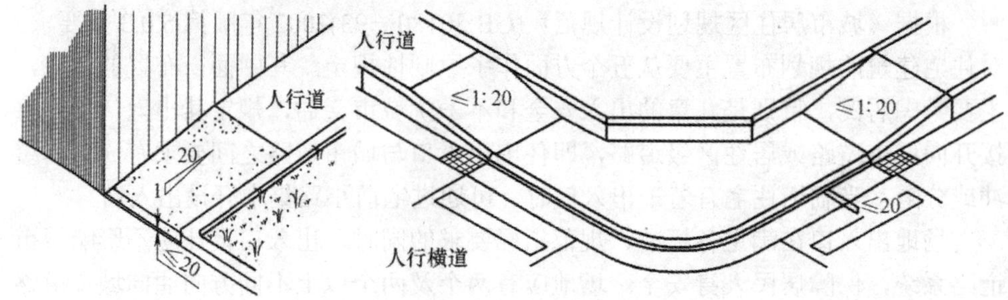

图 2-52　缘石坡道设计比

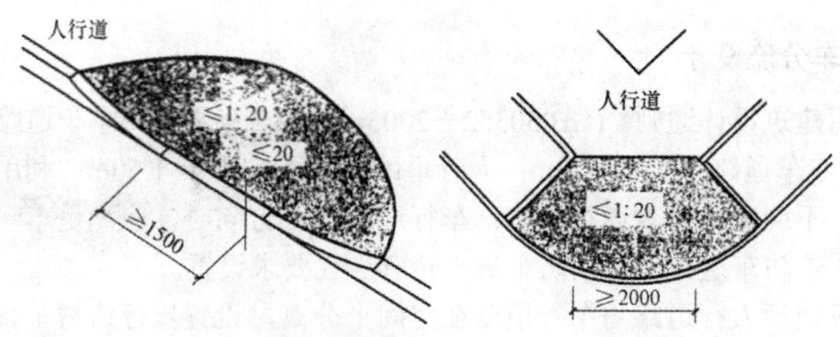

图 2-53　扇形单面和转角处单面坡缘石坡道

(2) 盲道

盲道应连续、便利，在具体设计时人道外侧应有围墙、花台或绿地带 0.25～0.5m 处，行进盲道的宽度宜为 0.3～0.6m，且根据道路宽度选择低限和高限(图 2-54)。

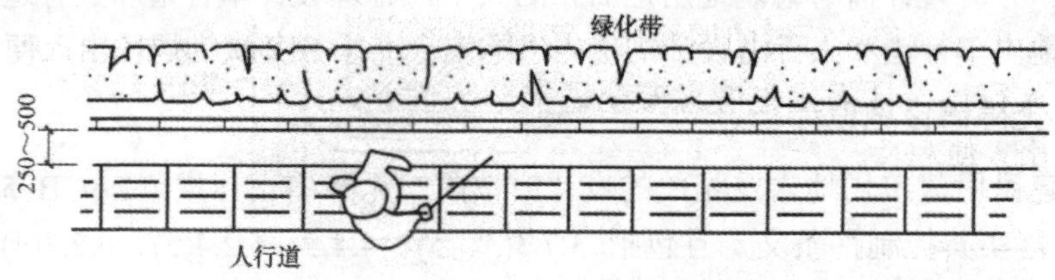

图 2-54　缘花台的行进盲道

行进盲道的起点和终点处设提示盲道，其长度应大于行进盲道的宽度；人行道中有台阶、坡道和障碍物等，以及距人行横道入口、地下铁道入口等 0.25～0.5m 处应设提示盲道，提示盲道长度与各入口的宽度应相对应。

盲道的设计位置和走向应方便视残者安全行走和顺利到达，且中途不得有电线杆、拉线、树木等障碍物；其次，盲道表面触感部分以下的厚度应与人行道砖一致，并避开井盖铺设(图 2-55)。

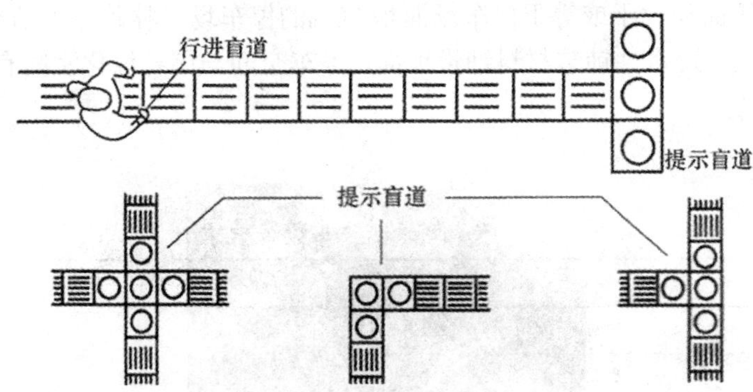

图 2-55　提示盲道布局及样式

城市主要道路和居住区的公交车站，应设提示盲道和盲文站牌。在公交候车站铺设提示盲道主要使视残者能方便知晓候车站的位置，因此要求提示盲道有一定的长度和宽度，使视残者容易发现候车站的准确位置。在人行道上未设置盲道时，从候车站的提示盲道到人行道的外侧引一条直行盲道，使视残者更容易抵达候车站位置。

公交车站需在候车站牌一侧设提示盲道，并配置相应的休息设施以满足残疾人的候车需求(图 2-56)，同时盲文站牌的位置、高度、形式与内容应方便视力残疾者的使用。

(3) 建筑入口

建筑入口为无障碍时，入口室外的地面坡度不应大于 1:50(图 2-57)。

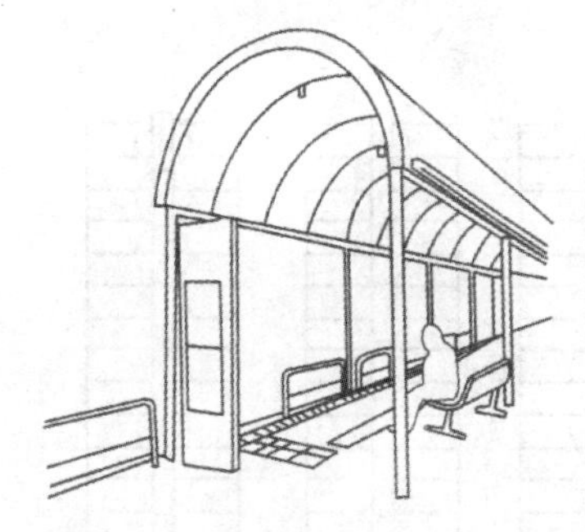

图 2-56　候车站提示盲道位置

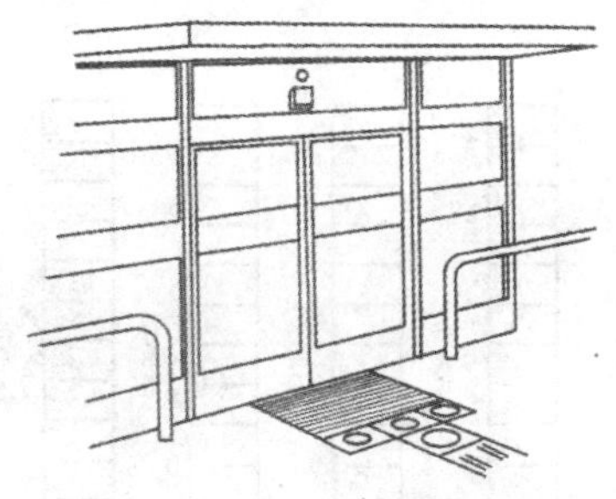

图 2-57　无台阶的建筑人口

二、林荫停车场

(一) 技术简介

林荫停车场是指停车位间种植有乔木或通过其他永久式绿色方式进行遮阴，

满足绿化遮阴面积大于或等于停车场面积30%的停车场。林荫停车场一般对停车区域采用透气、透水性铺装材料铺设地面，停车空间与园林绿化空间有机结合(图2-58)。

图 2-58　林荫停车场

(二) 设计要点

1. 林荫停车场形式

《林荫停车场绿化标准》(DB 13(J)/T 131—2011)中规定了林荫停车场的建设形式，主要有树阵式、乔灌式、棚架式和综合式，有关指标和形式可如下：

1) 树阵式：停车场通过栽植乔木来形成林荫，乔木以树列的形式栽植于各列停车位或两列停车位之间(图 2-59)，乔木间的距离应以留出供树冠生长成荫的空间为准。

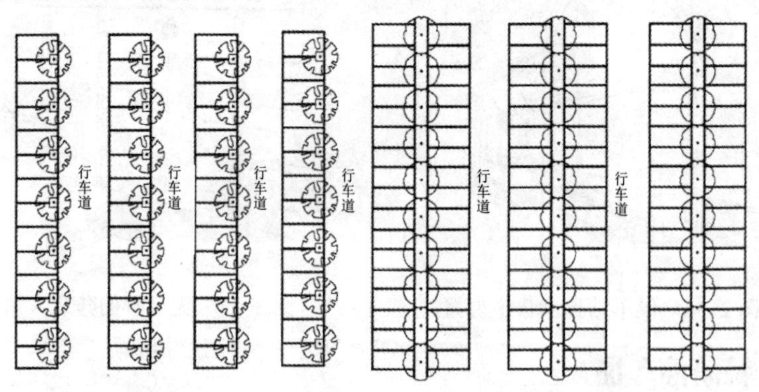

图 2-59　树阵式林荫停车场平面示意图

2) 乔灌式：停车场通过在停车位间设置绿化隔离带，在隔离带内栽植乔木形成林荫，并配植花灌木等其他植物与乔木共同形成良好的景观效果(图 2-60)。

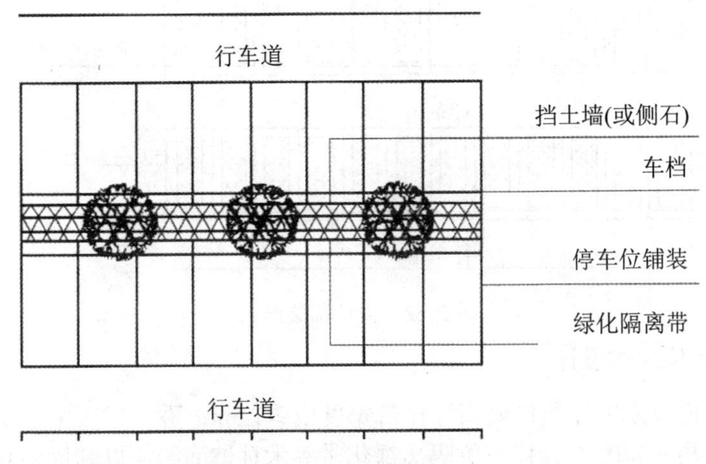

图 2-60　乔灌式林荫停车场平面示意图

3) 棚架式：停车场通过在停车位上方搭建棚架，棚架内或周围设置栽植槽以栽植藤本植物来形成林荫(图 2-61)。

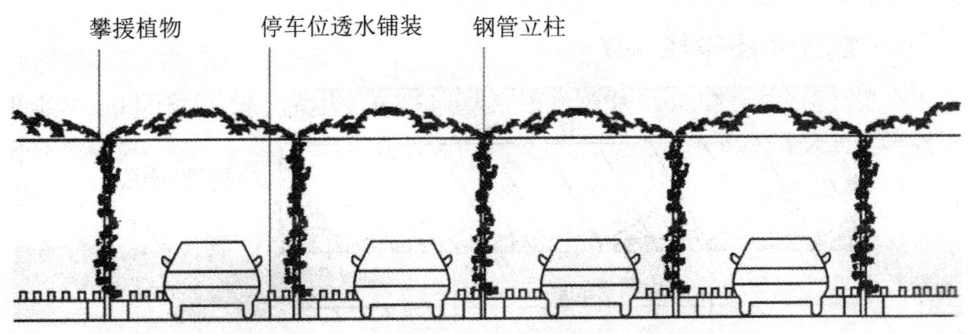

图 2-61　棚架式停车场平面示意图

4) 综合式：由树阵式、乔灌式、棚架式三种形式组合形成的林荫停车场。

2．植物选择

宜选用适应性强、养护管理便利、园林绿化效果好的植物，其中乔木宜冠大荫浓、树干通直；所选乔木的规格应控制在胸径 12cm 以内。

3．地面铺装

林荫停车场的地面铺装宜采用嵌草铺装或透水铺装(图 2-62)。

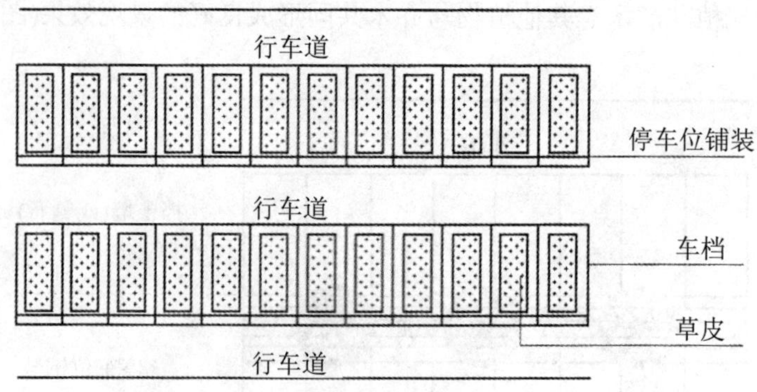

图 2-62　嵌草铺装形式

4. 停车位尺寸设计

停车场内设立的停车位隔离绿化带宽度应≥1.5m；乔木树干中心至绿化带或树池边缘距离应≥0.75m；停车位隔离绿化带乔木种植间距应以其树种壮年期冠幅为准，以不小于 4.0m 为宜，具体指标可依据停车位综合考虑。

5. 种植株行距

乔木种植株行距及种植规模应依据所选树种的生长特性及停车位综合考虑，应保证乔木种植株距≤6m。

6. 遮阴乔木枝下净空高度

小型汽车应大于 2.5m，中型汽车应大于 3.5m，大型汽车应大于 4.0m，自行车停车场应大于 2.2m。

7. 停车方式

林荫停车场有不同的停车方式(平行式、斜列式(图 2-63)、垂直式)，停车场设计参数详见《停车场规划设计规范(试行)》。

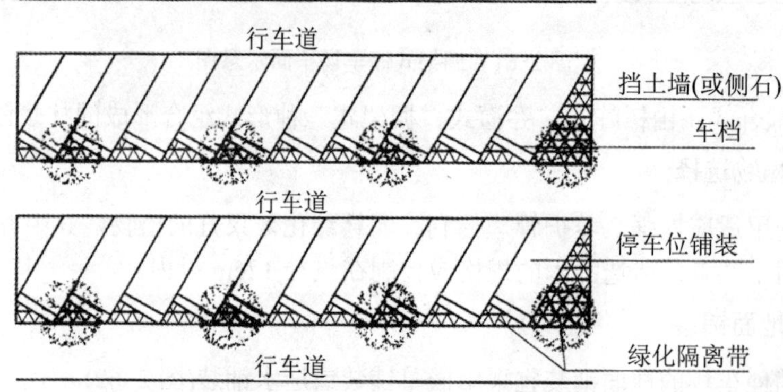

图 2-63　停车位斜列式林荫停车场平面示意图

第三章　绿色建筑节约材料技术

建筑是由建筑材料构成的，就建筑材料而言，在生产、使用过程中，一方面消耗大量的能源，产生大量的粉尘和有害气体，污染大气和环境；另一方面，使用中会挥发出有害气体，对长期居住的人来说，会对健康产生影响。鼓励和倡导生产、使用绿色建材和绿色建筑设备，对保护环境，改善人民的居住质量，做到可持续的经济发展是至关重要的。

第一节　绿色建筑材料

一、绿色建筑材料概述

绿色建材，指健康型、环保型、安全型的建筑材料，在国际上也称为“健康建材”或“环保建材”，绿色建材不是指单独的建材产品，而是对建材“健康、环保、安全”品性的评价。它注重建材对人体健康和环保所造成的影响及安全防火性能。在国外，绿色建材早已在建筑、装饰施工中广泛应用，在国内它只作为一个概念刚开始为大众所认识。绿色建材是采用清洁生产技术，使用工业或城市固态废弃物生产的建筑材料，它具有消磁、消声、调光、调温、隔热、防火、抗静电的性能，并具有调节人体机能的功能。

绿色建材是材料科学的概念，绿色建材属于生态环境材料，其定义应该与生态环境材料的定义相同。对生态环境材料的定义，虽有不同的看法，但主要方面取得了共识，例如，“生态环境材料是具有满意的使用性能和优良的环境协调性的材料。所谓优良的环境协调性是指在原料的采取制备、产品的生产制造、服役使用、废弃后的处置和循环再生利用的全过程中对资源和能源消耗少，对生态和环境污染小，循环再生利用率高”。由于对使用性能的要求与传统材料并无二致，生态环境材料定义区别于传统材料的主要是其环境协调性。应该指出的是，上述定义仍有不确定性，如“消耗少、污染小、利用率高”的要求没有确定的标准。关于定义的其他不同要求还有“舒适性”“能够改善环境”“有利于人体健康”“利用废弃物”等。但是，这些附加的特征要求将更加局限生态环境材料的范畴。因此，从目前的发展水平来说，具有满意使用性能的任何材料，只要同时具有优异于传统材料的环境协调性，就应该视为生态环境材料，绿色建材同理。对于传统材料而言，只要经过改造后具有满意的使用性能和优良的环境协调性，就应该视为生态环境材料。

然而，对人体健康的直接影响仅是绿色建材内涵的一个方面，而作为绿色建材的发展战略，应从原料采集、产品的制造、应用过程和使用后的再生循环利用等四个方面进行全面系统的考察，方能界定是否称得上绿色建材。众所周知，环境问题已成为人类发展必须面对的严峻课题。人类不断开采地球上的资源后，地球上的资源必然越来越少，为了人类文明的延续，也为了地球生物的生存，人类必须改变观念，改变对待自然的态度，由一味向自然索取转变为珍惜资源，爱护环境，与自然和谐相处。人类在积极地寻找新资源的同时，目前最紧迫的应是考虑合理配置地球上的现有资源和再生循环利用问题，走既能满足当代社会需求又不致危害未来社会发展的道路，做到发展与环境的统一，眼前与长远的结合。

绿色建材是生态环境材料在建筑材料领域的延伸，从广义上讲，绿色建材不是一种单独的建材产品，而是对建材“健康、环保、安全”等属性的一种要求，对原料加工、生产、施工、使用及废弃物处理等环节贯彻环保意识并实施环保技术，保证社会经济的可持续发展，如图 3-1 所示。

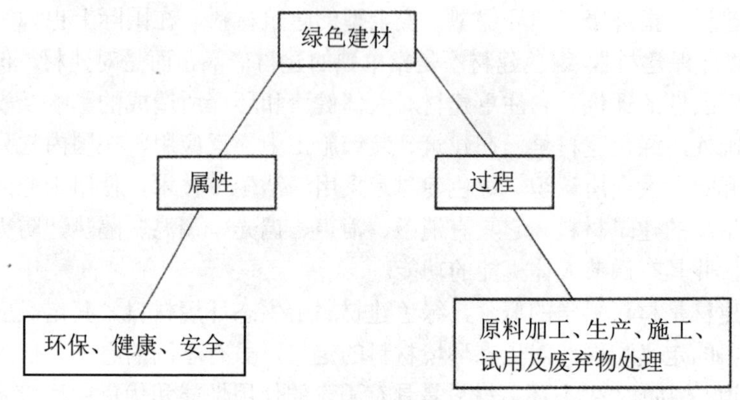

图 3-1　绿色建材的概念示意图

在现阶段，绿色建材的含义应包括以下几个方面：

1) 以相对最低的资源和能源消耗、环境污染为代价生产的高性能传统建筑材料，如用现代先进工艺和技术生产的高质量水泥。

2) 能大幅度地减少建筑能耗(包括生产和使用过程中的能耗)的建材制品，如具有轻质、高强、防水、保温、隔热、隔声等功能的新型墙体材料。

3) 具有更高的使用效率和优异的材料性能，从而能降低材料的消耗，如高性能水泥混凝土、轻质高强混凝土。

4) 具有改善居室生态环境和保健功能的建筑材料，如抗菌、除臭、调温、调湿、屏蔽有害射线的多功能玻璃、陶瓷、涂料。

5) 能大量利用工业废弃物的建筑材料，如净化污水、固化有毒有害工业废渣的水泥材料，或经资源化和高性能化后的矿渣、粉煤灰、硅灰、沸石等水泥组分材料。

绿色建材不是单独的建材品种，而是对建材“健康、环保、安全”属性的评价，包括对生产原料、生产过程、施工过程、使用过程和废弃物处置五大环节的分项评价和综合评价。绿色建材代表了21世纪建筑材料的发展方向，是符合世界发展趋势和人类要求的建筑材料，必然在未来的建材行业中占主导地位，成为今后建筑材料发展的必然趋势。

二、绿色建材的特点与分类

绿色建材是相对于传统建材而言的一类新型建筑材料，它不仅指新型环境协调型材料，也应包括经环境协调化后的传统材料(包括结构材料和功能材料)。其区别于传统建材的基本特征可以归纳为以下五个方面：

1) 其生产所用原料尽可能少用天然资源，大量使用尾矿、废渣、垃圾、废液等废弃物。

2) 采用低能耗制造工艺和对环境无污染的生产技术。

3) 在产品配制或生产过程中，不得使用对人体和环境有害的污染物质，如甲醛、卤化物溶剂或芳香族碳氢化合物；产品中不得含有汞及其化合物；不得用铅、镉、铬等金属及其化合物的颜料和添加剂。

4) 产品的设计是以改善生产环境、提高生活质量为宗旨，即产品不仅不损害人体健康，而且应有益于人体健康，产品具有多种功能，如抗菌、灭菌、防霉、除臭、隔热、阻燃、防火、调温、调湿、消磁、防射线、抗静电等。

5) 产品可循环或回收再利用，无污染环境的废弃物。

根据绿色建材的特点，可以大致分为5类：节省能源和资源型；环保利废型；特殊环境型；安全舒适型；保健功能型。其中后两种类型与家居装修关系尤为密切。

所谓安全舒适型是指具有轻质、高强、防火、防水、保温、隔热、隔声、调温、调光、无毒、无害等性能的建材产品。这类产品纠正了传统建材仅重视建筑结构和装饰性能，而忽视安全舒适功能的倾向，因而此类建材非常适用于室内装饰装修。

所谓保健功能型是指具有保护和促进人类健康功能的建材产品，如具有消毒、防臭、灭菌、防霉、抗静电、防辐射、吸附二氧化碳等对人体有害的气体等功能。这类产品是室内装饰装修材料中的新秀，也是值得今后大力开发、生产和推广使用的新型建材产品。

在家居装修中居室环境质量最重要的两个方面就是居室空气环境质量和噪声指标，尤其是居室空气环境质量，直接关系到人们的身体健康和生命安全。如今，因家居装修中使用未获认证的溶剂型塑料和建筑黏合剂导致室内居民出现咳嗽、胸闷等呼吸道刺激症状和敏感性体质居民的脑电图发生改变，甚至引起致死；因使用石棉制品引起的致癌；因使用含有超过限量的放射性物质制品(如放射性为 B 类的天然石材产品，某些含铀等放射性元素高的花岗石装饰板，某些会散发出氡气的砖制品和混凝土制品)而引起的肺癌发病率提高，以及其他病症的产生，已普遍受到消费者的关注。据调查资料显示，大约有 85%的消费者愿意多支付 10%的钱购买已取得环境标志认证的绿色建材产品，尤其是当政府机构建立完善的环境标志制度以后，这一购买倾向表现得更为明显，绿色建材将成为家居装修的必然选择。

第二节　建筑节材技术

一、有利于建筑节材的新材料、新技术

(一) 采用高强建筑钢筋

我国城镇建筑主要是采用钢筋混凝土建造的，钢筋用量很大。一般来说，在相同承载力下，强度越高的钢筋，其在钢筋混凝土中的配筋率越小。相比于 HRB335 钢筋，以 HRB400 为代表的钢筋具有强度高、韧性好和焊接性能优良等特点，应用于建筑结构中具有明显的技术经济性能优势。经测算，用 HRB400 钢筋代替 HRB335 钢筋，可节省 10%~14%的钢材，用 HRB400 钢筋代换 $\phi 12$ 以下的小直径 HPB235 钢筋，则可节省 40%以上的钢材；同时，使用 HRB400 钢筋还可改善钢筋混凝土结构的抗震性能。可见，HRB400 等高强钢筋的推广应用，可以明显节约钢材资源。我国建筑钢筋的主流长期以来一直是 HRB335 钢筋，高强钢筋用量在建设行业钢筋总体用量中所占比率仍然很低，例如，每年 HRB400 钢筋用量不到钢筋总用量的 10%。美国、英国、日本、德国、俄罗斯以及东南亚国家已很少使用 HRB335 钢筋，即使使用也只是做配筋，主筋均采用 400mPa、500mPa 级钢筋，甚至 700mPa 级钢筋也有较多应用；有的国家甚至早已淘汰了 HRB335 钢筋。我国还没有在建筑业中大量应用高强钢筋，特别是还没有在高层建筑、大跨度桥梁和桥墩上广泛使用，其原因是：①钢材市场中 HRB400 等高强钢筋供应量不足，满足不了建筑工地配送使用条件；②HRB400 等高强钢筋使用了微合金技术，使得目前其成本较 HRB335 钢筋高，利润空间较低，大多数钢厂不愿生产高强钢筋，由此产生的产量低进一步加剧了高强钢筋的高价格。

（二）采用强度更高的水泥及混凝土

我国城镇建筑主要是采用钢筋混凝土建造的，所以我国每年混凝土用量巨大。混凝土主要是用来承受荷载的，其强度越高，同样截面积承受的重量就越大；反过来说，承受相同的重量，强度越高的混凝土，它的横截面积就可以做得越小，即混凝土柱、梁等建筑构件可以做得越细。所以，建筑工程中采用强度高的混凝土可以节省混凝土材料。美国等发达国家的混凝土以 C40、C50 为主(C70、C80及以上的混凝土应用也很常见)；42.5 级、52.5 级及其以上的水泥可占到水泥总量的 90%以上。目前，在我国混凝土约有 24%是 C25 以下，65%是 C30～C40，即有将近 90%的混凝土属于 C40 及其以下的中低强度等级，C45～1355 仅占 8.5%；我国目前 65%的水泥是 32.5 级，42.5 级及其以上的水泥产量仅占水泥总量的 35%。经分析计算可知，配制 C30～C40 混凝土，采用 42.5 级水泥比采用 32.5 级水泥每立方米混凝土可少用水泥约 80kg。所以，我国由于水泥产品高强度等级的少，低强度等级的多，结构不合理，每年都造成大量的水泥浪费。其实我国目前新型干法水泥生产线完全能满足生产高强度等级水泥的要求，造成上述状况的重要原因之一是，建筑结构设计标准中仍习惯采用低强度等级混凝土(主要以低强度等级水泥配制)的肥梁胖柱，使我国对高强度等级水泥的需求量不高。所以，水泥产品结构的改善涉及建筑结构设计工作的改革，要从建筑结构设计标准和使用部门着手，改善水泥产品的需求结构。

（三）采用商品混凝土和商品砂浆

商品混凝土是指由水泥、砂石、水以及根据需要掺入的外加剂和掺合料等组分按一定比例在集中搅拌站(厂)经计量、拌制后，采用专用运输车，在规定时间内，以商品形式出售，并运送到使用地点的混凝土拌合物。商品混凝土也称预拌混凝土。20 世纪 80 年代初，发达国家商品混凝土的应用量已经达到混凝土总量的 60%～80%。目前，美国商品混凝土占其混凝土总产量约 84%，瑞典为 83%，而我国目前商品混凝土用量仅占混凝土总量的 30%左右。我国商品混凝土整体应用比例的低下，也导致大量自然资源浪费：因为相比于商品混凝土的生产方式，现场搅拌混凝土要多损耗水泥 10%～15%，多消耗砂石 5%～7%。商品混凝土的性能稳定性也比现场搅拌好得多，这对于保证混凝土工程的质量十分重要。

商品砂浆是指由专业生产厂生产的砂浆拌合物。商品砂浆也称为预拌砂浆，包括湿拌砂浆和干混砂浆两大类。湿拌砂浆是指水泥、砂、保水增稠材料、外加剂和水以及根据需要掺入的矿物掺合料等组分按一定比例在搅拌站经计量、拌制后，采用搅拌运输车运至使用地点，放入专用容器储存，并在规定时间内使用完毕的砂浆拌合物。干混砂浆是指经干燥筛分处理的砂与水泥、保水增稠材料以及根据需要掺入的外加剂、矿物掺合料等组分按一定比例在专业生产厂混合而成的固态混合物，在使用地点按规定比例加水或配套液体拌合使用。

相比于现场搅拌砂浆，采用商品砂浆可明显减少砂浆用量：对于多层砌筑结构，若使用现场搅拌砂浆，则每平方米建筑面积需使用砌筑砂浆量为 $0.20m^3$，而使用商品砂浆则仅需要 $0.13m^3$，可节约 35%的砂浆量；对于高层建筑，若使用现场搅拌砂浆，则每平方米建筑面积需使用抹灰砂浆量为 $0.09m^3$，而使用商品砂浆则仅需要 $0.038m^3$，可节约抹灰砂浆用量 58%。

商品砂浆最早可以追溯到 19 世纪奥地利开始应用的干混砂浆，20 世纪 50 年代以后欧洲的干混砂浆迅速发展。目前，在欧美国家中每 100 万人口的城市就有两个干混砂浆生产厂，规模一般为 30×10^4～50×10^4t/a：德国是世界干混砂浆最发达的国家之一，每年商品砂浆用量高达 1 100×10^4t，平均人口只有 20 万的城市就至少有一个商品砂浆工厂，品种达上百种。欧美等发达国家商品砂浆占其砂浆总量的比例很高，欧洲大约 85%的建筑砂浆属于干混砂浆；2001 年欧洲干混砂浆的总消耗量就达 7 000×10^4t。

亚洲经济强国韩国，通过近 20 年的发展，其干混砂浆市场逐步走向成熟和稳定，目前地面和装饰用普通型干混砂浆加起来有约 300×10^4t 的市场，到 2010 年干混砂浆已占整个市场的 80%以上份额。

新加坡在 1984 年建立起第一个干混砂浆生产厂，生产墙面抹灰砂浆，年产量不足 1×10^4t，其他产品主要依靠进口。近年来，政府规定所有砂浆必须“干粉化”，因而生产规模迅速扩大。新加坡尽管面积很小，但它是世界上第一个禁止施工现场搅拌的国家，截至 2000 年，新加坡已拥有 130×10^4t/a 干混砂浆的生产能力，目前已达到 150×10^4～180×10^4t/a。

相比于上述国家和地区，我国目前的建筑工程量巨大，世界上几乎 50%的水泥消耗在我国，但是我国商品砂浆年用量就显得很少。2005 年刚刚达到 407×10^4t，不足建筑砂浆总量的 2%。近年来，我国每年城镇建筑需消耗砂浆有 3.5×10^8t 之多。仅北京市每年至少需要建筑砂浆 $218\times10^4m^3$，折合 328×10^4t，北京市商品砂浆市场容量预计在 1 000×10^4t 左右，上海地区商品砂浆每年的使用量也在 1 000×10^4t～1 200×10^4t。如果全国更大范围内推广应用商品砂浆，则节约的砂浆量相当可观。使用商品砂浆不仅可节省材料，而且商品砂浆的性能也比现场搅拌砂浆更稳定、质量更好，更有利于保证建筑工程的质量。

（四）采用散装水泥

散装水泥是相对于传统的袋装水泥而言的，是指水泥从工厂生产出来之后不用任何小包装直接通过专用设备或容器从工厂运输到中转站或用户手中。20 多年来，我国一直是世界第一水泥生产大国，但却是散装水泥使用小国。2005 年我国水泥总产量为 10.64×10^8t，但是散装水泥供应量为 3.8×10^8t，散装率只有 36%左右，与世界工业化发达国家水泥散装率 90%以上的比例相差很大。袋装水泥需要消耗大量的包装材料，且由于包装破损和袋内残留等造成的损耗率较高，所以水泥生产和应用的高袋装率、低散装率给我国造成了极大的资源浪费。如果以 2004 年全国袋装水泥约 6.4×10^8t 计算，全年袋装水泥消耗包装牛皮纸约 380 多万吨，折合优质木材 2110 多万立方米，相当于全国当年木材总采伐量的 1/3，即相当于大兴安岭 10 年的木材采伐量。还有，由于包装纸袋破损和包装袋内残留水泥造成的损耗为 3%～5%(而散装水泥由于装卸、储运采用密封无尘作业，水泥残留可控制在 0.5%以下)，仅此一项，2004 年损失近 2000×10^4t 水泥，价值人民币 50 多亿元。此外，每万吨袋装水泥的包装纸大约要消耗水 1.5×10^4t，电 7.2 万度(1 度=1kW・h)，煤炭 78t，同时还要消耗氢氧化钠(俗称烧碱、火碱、苛性钠)22t，棉纱 4t。依此计算，2004 年全国在袋装水泥包装上消耗掉的水就多达 10×10^8t，用电 46 多亿度，耗煤 499×10^4t，消耗氢氧化钠 140×10^4t，棉纱 26×10^4t。2005 年我国袋装水泥量仍高达 6.8×10^8t，上述浪费相当惊人。

(五) 采用专业化加工配送的商品钢筋

专业化加工配送的商品钢筋是指在工厂中把盘条或直条钢线材用专业机械设备制成钢筋网、钢筋笼等钢筋成品，直接销售到建筑工地，从而实现建筑钢筋加工的工厂化、标准化及建筑钢筋加工配送的商品化和专业化。由于能同时为多个工地配送商品钢筋，钢筋可进行综合套裁，废料率约为 2%，而工地现场加工的钢筋废料率约为 10%。

在现代建筑工程中，钢筋混凝土结构得到了非常广泛的应用，钢筋作为一种特殊的建筑材料起着极其重要的作用。2002 年，我国建筑用钢材总量超过 8900×10^4t，接近我国钢产量的 50%，是我国冶金行业的最大用户，其中螺纹钢消费量就占到钢材总量的 20%左右。但是建筑用钢筋规格形状复杂，钢厂生产的钢筋原料往往不能直接在工程上使用，一般需要根据建筑设计图纸的要求经过一定工艺过程的加工。现行混凝土结构建筑工程施工主要分为混凝土、钢筋和模板三个部分。商品混凝土配送和专业模板技术近几年发展很快，而钢筋加工部分发展很慢，钢筋加工生产远落后于另外两个部分。我国建筑用钢筋长期以来依靠人力进行加工，随着一些国产简单加工设备的出现，钢筋加工才变为半机械化加工方式，加工地点主要在施工工地：这种施工工地现场加工的传统方式，不仅劳动强度大，加工质量和进度难以保证，而且材料浪费严重，往往是大材小用、长材短用，加工成本高，安全隐患多，占地多，噪声大。所以，提高建筑用钢筋的工厂化加工程度，实现钢筋的商品化专业配送，是建筑行业的一个必然发展方向。

欧美一些国家从 20 世纪 80 年代中期到 90 年代初期，逐渐普及了商品钢筋。许多国家以立法的形式规定：钢筋必须经过专业加工厂的预制才允许进入建筑工地。目前欧美等发达国家 90%以上的钢筋实行专业化钢筋加工配送。

二、建筑工业化程度

建筑工业化发展模式的好处之一就是节约材料。建筑工业化生产与传统施工相比较，减少了建材浪费，同时可减少施工的粉尘、噪声污染：中国台湾的研究数据表明，现场施工钢筋混凝土，每平方米楼板面积会产生 1.8kg 的粉尘和 0.14kg 的固体废弃物，在日后拆除阶段则产生 1.23kg 的固体废弃物。据统计，正常的工业化生产可减少工地现场废弃物 30%，减少施工空气污染 10%，减少 5%的建材使用量，对环境保护意义重大。

以预制混凝土构配件为典型模式的建筑工业化是发达国家现代建筑业发展的先进经验。目前，世界上很多发达国家预制混凝土构件在其混凝土施工中所占的比例仍然很大，在日本几乎所有的预应力混凝土房屋都是由预制构件采用后张预应力技术组装建造的。早在 20 世纪 60 年代末，日本就提出了住宅产业化的概念。经过近 50 年的发展，日本的工业化住宅建造技术已经相当成熟，拥有国内新住宅约 5%的市场份额，而且正在稳步扩大。日本积水化学工业株式会社住宅事业部拥有目前日本最先进的住宅工厂和研究机构。该企业设在崎玉县的一座住宅工厂，平均每 48min 就可制造出一栋 2～3 层的独户式住宅，然后运往现场进行吊装。一天之内，一座外观漂亮而且设施完善的楼房就在原地建成了。这种工业化住宅采用钢骨架或木骨架，配以复合墙体和楼板，在生产线上组装成盒子结构。门窗、楼梯间、卫生间、壁橱以及成套厨房设备均同时安装在盒子结构内，连坡屋顶也是在工厂里分段制作好的，因此大大减少了现场工作量。积水住宅工厂的自动化程度很高，下料、切割、拼装、焊接等工序都是在生产线上自动完成的，而喷刷涂料等工序则由工业机器人负责操作，材料浪费被降低到最低程度。

当前，我国混凝土行业在产品结构上发展很不平衡，突出表现为预制混凝土与现浇混凝土的比例很不合理。20 世纪 80 年代末，我国预制混凝土产量与现浇混凝土产量之比为 1:1，而 2005 年，预制混凝土产量与现浇混凝土相比仅为 1:10。

近年来，我国推广大开间灵活隔断居住建筑，若在结构设计上采用预制混凝土构件如大跨度预应力空心板，则可降低楼盖高度、减轻自重、降低结构造价、节约材料，经济效益显著。借鉴国际成熟经验，推进建筑工业化，不失为治本之策。推广工业化结构体系和通用部品体系，提高建筑物的工厂预制程度，基本实现施工现场的作业组装装配，能使建筑物寿命在“工厂预制”环节得到保证，并大幅度提高生产效率，还可节约可观的能源和材料。根据发达国家的经验，建筑工业化的一般节材率可达20%左右、节水率达60%以上，如果与国际先进水准看齐，比照当前我国住宅建造和使用的物耗水平，至少还有节能30%～50%、节水15%～20%的潜力。

三、清水混凝土技术

清水混凝土极具装饰效果，所以又称装饰混凝土。它浇筑的是高质量的混凝土，而且在拆除浇筑模板后，不再进行任何外部抹灰等工程。它不同于普通混凝土，表面非常光滑，棱角分明，无任何外墙装饰，只是在表面涂一层或两层透明的保护剂，显得十分天然、庄重。采用清水混凝土作为装饰面，不仅美观大方，而且节省了附加装饰所需的大量材料，堪称建筑节材技术的典范。

清水混凝土也可预制成外挂板，而且可以制成彩色饰面。清水混凝土外挂板采用埋件与主体栓接或焊接，安装方式较为简单，方便快捷。清水混凝土外挂板或彩色混凝土外挂板将建筑物的外墙板预制装饰完美地结合在一起，使大量的高空作业移至工厂完成，能充分利用工业化和机械化的优势。

四、结构选型和结构体系节材

在土木工程的建筑物和构筑物中，结构永远是最重要、最基础的组成部分。无论是古代人为自己或家庭建造简单的掩蔽物，还是现代人建造可以容纳成百上千人在那里生产、贸易、娱乐的大空间以及各种工程构筑物，都必须采用一定的建筑材料，建造成具有足够抵抗能力的空间骨架，抵御自然界可能发生的各种作用力，为人类生产和生活服务，这种空间骨架称为结构。

（一）房屋都是由基本构件有序组成的

每一栋独立的房屋都是由各种不同的构件有规律有序组成的，这些构件从其承受外力和所起作用上看，大体可以分成结构构件和非结构构件两种类别。

1．结构构件

起支撑作用的受力构件，如板、梁、墙、柱。这些受力构件的有序结合可以组成不同的结构受力体系，如框架、剪力墙、框架－剪力墙等，用来承担各种不同的垂直、水平荷载以及产生各种作用。

2．非结构构件

对房屋主体不起支撑作用的自承重构件，如轻隔墙、幕墙、吊顶、内装饰构件等。这些构件也可以自成体系和自承重，但一般条件下均视其为外荷载作用在主体结构上。

上述构件的合理选择和使用对于节约材料至关重要，因为在不同的结构类型、结构体系里有着不同的特质和性能。所以在房屋节材工作中需要特别做好结构类型和结构体系的选择。

(二) 不同材料组成的结构类型

建筑结构的类型主要以其所采用的材料作为依据，在我国主要有以下几种结构类型。

1. 砌体结构

其材料主要有砖砌块、石体砌块、陶粒砌块以及各种工业废料所制作的砌块等。

建筑结构中所采用的砖一般指黏土砖。黏土砖以黏土为主要原料，经泥料处理、成型、干燥和焙烧而成。黏土砖按其生产工艺不同可分为机制砖和手工砖；按其构造不同又可分为实心砖、多孔砖、空心砖。砖块不能直接用于形成墙体或其他构件，必须将砖和砂浆砌筑成整体的砖砌体，才能形成墙体或其他结构。砖砌体是我国目前应用最广的一种建筑材料。

与砖类似，石材也必须用砂浆砌筑成石砌体，才能形成石砌体或石结构。石材较易就地取材，在产石地区采用石砌体比较经济，应用较为广泛。

砌体结构的优点是：能够就地取材、价格比较低廉、施工比较简便，在我国有着悠久的历史和经验。缺点是：结构强度比较低，自重大、比较笨重，建造的建筑空间和高度都受到一定的限制。其中采用最多的黏土砖还要耗费大量的农田。应当指出：我国近代所采用的各种轻质高强的空心砌块，正在逐步改进原有砌体结构的不足，在扩大其应用上发挥了十分重要的作用。

2. 木结构

其材料主要有各种天然和人造的木质材料。这种结构的优点是：结构简便，自重较轻，建筑造型和可塑性较大，在我国有着传统的应用优势。缺点是：需要耗费大量宝贵的天然木材，材料强度也比较低，防火性能较差，一般条件下，建造的建筑空间和高度都受到很大限制，在我国应用的比率也比较低。

3. 钢筋混凝土结构

其材料主要有砂、石、水泥、钢材和各种添加剂。通常讲的“混凝土”一词，是指用水泥作胶凝材料，以砂、石子作骨料与水按一定比例混合，经搅拌、成型、养护而得的水泥混凝土，在混凝土中配置钢筋形成钢筋混凝土构件。

这种结构的优点是：材料中主要成分可以就地取材，混合材料中级配合理，结构整体强度和延展性都比较高，其创造的建筑空间和高度都比较大，也比较灵活，造价适中，施工也比较简便，是当前我国建筑领域采用的主导建筑类型。缺点是：结构自重相对砌体结构虽然有所改进，但还是相对偏大，结构自身的回收率也比较低。

4．钢结构

其材料主要为各种性能和形状的钢材。这种结构的优点是：结构轻质高强，能够创造很大的建筑空间和高度，整体结构也有很高的强度和延伸性。在现有技术经济环境下，符合大规模工业化生产的需要，施工快捷方便，结构自身的回收率也很高，这种体系在世界和我国都是发展的方向。缺点是：在当前条件下造价相对比较高，工业化施工水平也有比较高的要求，在大面积推广的道路上，还有一段路程要走。

以上四种结构类型的综合比较见表 3-1。

结构选型是由多种因素确定的，如建筑功能、结构的安全度、施工的条件、技术经济指标等，但应充分考虑节约建筑自身的材料，并使其循环利用。要做到这一点，在选择结构类型时需要考虑如下一些基本原则：

1) 优先选择“轻质高强”的建筑材料。

2) 优先选择在建筑生命周期中自身可回收率比较高的材料。

3) 因地制宜优先采用技术比较先进的钢结构和钢筋混凝土结构。

表 3-1　四种结构类型性能比较

结构类型	自重	承载能力	造价	施工	回收率
砌体结构	重	较低	较低	简便	很低
木结构	轻	低	较高	较简便	较低
结构类型	自重	承载能力	造价	施工	回收率
钢筋混凝土结构	较重	较高	较高	较复杂	较低
钢结构	较轻	高	高	较复杂	高

(三) 支撑整个房屋的结构体系

结构体系是指支撑整个建筑的受力系统。这个系统是由一些受力性能不同的结构基本构件有序组成的，如板、梁、墙、柱。这些基本构件可以采用同一类或不同类别(称组合结构)的材料，但同一类型构件在受力性能上都发挥着同样的作用。

1．抗侧力体系

抗侧力体系是指在垂直和水平荷载作用下主体结构的受力系统=以受力系统

为准则来区别，结构体系主要有以下三种基本类型：

(1) 框架结构

由梁、柱组成的框架来承担垂直和水平荷载。框架结构的优点是建筑平面布置灵活，可以做成较大空间的会议室、餐厅、车间、营业室、教室等。需要时，可用隔断分隔成小房间，或拆除隔断改成大房间．因而使用灵活。外墙用非承重构件，可使立面设计灵活多变，如果采用轻质隔墙和外墙，就可大大降低房屋自重，节省材料。

但框架结构承载能力相对比较低，建造高度受一定限制：在我国目前的情况下，框架结构建造高度不宜太高，以 15~20 层为宜。

(2) 剪力墙结构

由各种类型的墙体作为基本构件来承担垂直和水平荷载，墙体同时也作为维护及房间分隔构件。一般情况下，剪力墙间距为 38m，适用于要求较小开间的建筑。当采用大模板等先进施工方法时，施工速度很快，可节省砌筑隔断等工程量。剪力墙结构在住宅及旅馆等建筑中得到广泛应用。

剪力墙结构优点是承载力高、整体性好，施工简便，能建得比较高，这种剪力墙结构适合于建造较高的高层建筑。

但剪力墙结构的缺点和局限性也是很明显的，主要是剪力墙间距不能太大，平面布置不灵活，不能满足公共建筑的使用要求，主要材料还是较重的混凝土，结构自重偏大，回收率很低。为了克服上述缺点，减轻自重，并尽量扩大剪力墙结构的使用范围，应当改进楼板做法，加大剪力墙间距，做成大开间剪力墙结构，或将底层或下部几层部分剪力墙取消，形成部分框架剪力墙以扩大使用空间。在我国，这种底层大空间剪力墙结构已得到了推广应用，底部多层大空间的剪力墙结构也正在实践和研究中逐步发展。

(3) 框架-剪力墙结构

在框架结构中设置部分剪力墙，使框架和剪力墙两者结合起来，取长补短，共同承担垂直载荷和水平载荷，就组成了框架-剪力墙结构体系。如果把剪力墙布置成筒体，又可称为框架-筒体结构体系。筒体的承载能力、侧向刚度和抗扭能力都较单片剪力墙大大提高。在结构上，这是提高材料利用率的一种途径。在建筑布置上，则往往利用筒体作电梯间、楼梯间和竖向管道的通道，也是十分合理的。这种结构体系可用来建造较高的高层建筑，目前在我国得到广泛应用。

框架-剪力墙结构可以吸收两种结构的优点，克服其缺点，根据具体条件，不同构件还可以选择不同材料，工程中应用灵活，各项指标都比较适中，应用比较广泛。比如，它适用于采用钢筋混凝土内筒和钢框架组成的组合结构。内筒可采用滑模施工，外围的钢柱断面小，开间大、跨度大，架设安装方便，充分利用了混凝土和钢两种材料的优点，节省材料，因而开拓了这种体系广泛应用的前景。

通常，当建筑高度不大时，如 10～20 层，可利用单片剪力墙作为基本单元。我国较早期的框架-剪力墙结构都属于这种类型。当采用剪力墙筒体作为基本单元时，建造高度可增大到 30～40 层。

这三种结构基本体系都有广泛的应用，结合不同材料的选择，其综合比较见表 3-2。

表 3-2　三种结构体系性能比较

<table>
<tr><th colspan="2">结构体系</th><th>自重</th><th>承载能力</th><th>造价</th><th>施工</th><th>回收率</th></tr>
<tr><td rowspan="2">剪力墙结构</td><td>砌体结构</td><td>重</td><td>低</td><td>低</td><td>简便</td><td>低</td></tr>
<tr><td>钢筋混凝土结构</td><td>较重</td><td>高</td><td>较低</td><td>较简便</td><td>低</td></tr>
<tr><td rowspan="2">框架结构</td><td>钢结构</td><td>轻</td><td>高</td><td>高</td><td>较简便</td><td>高</td></tr>
<tr><td>钢筋混凝土结构</td><td>较轻</td><td>较高</td><td>较高</td><td>较复杂</td><td>低</td></tr>
<tr><td rowspan="2">框架-剪力墙结构</td><td>钢筋混凝土结构</td><td>一般</td><td>较高</td><td>较高</td><td>较复杂</td><td>低</td></tr>
<tr><td>钢-混凝土组合结构</td><td>较轻</td><td>高</td><td>高</td><td>较复杂</td><td>较高</td></tr>
</table>

综上所述，不同的结构体系其性能差异较大，要根据具体条件综合确定。但从节约材料的角度出发，应选取强度高、自重轻、回收率高的结构体系，要优化各种结构体系，扬长避短。

2．平面楼盖

平面楼盖主要是把垂直载荷和水平载荷传递到抗侧力结构上，其主要类型按截面形式、施工技术等可以分成以下几个基本类型：

1) 实心楼板：包括肋形楼板和无梁平板。这是我国采用的常规楼板结构类型，比较简便，跨度适中，但其用材多、自重大。

2) 空心楼板：包括预制和现浇空心楼板。预制空心楼板的工业化程度高，但跨度较小。现浇空心楼板施工相对比较复杂，但其自重轻、跨度较大。

3) 预应力空心楼板：采用预应力技术的预制和现浇空心楼板。与同类非预应力楼板相比，自重更轻、跨度更大。

由于采用了预应力技术和空心技术，楼板结构变得更轻、跨度更大，其节约材料的效果相当显著。六种楼板的综合比较见表 3-3。

表 3-3　六种楼板的综合比较

类型	自重	适用跨度/m	施工	适用范围
肋形实心楼板	较重	4～8	一般	一般民用和公共建筑
无梁实心平板	较重	6～9	较简便	车库、仓储等大荷载建筑
预制空心楼板	较轻	4～6	较复杂	一般民用和公共建筑
现浇空心楼板	轻	6～12	较简便	大开间民用和公共建筑
预应力实心楼板	较轻	9～12	较复杂	大开间民用和公共建筑
预应力空心楼板	很轻	12～18	较复杂	大跨度无梁公共建筑

3. 基础

在主体结构中，楼板将载荷传递至抗侧力结构，抗侧力结构再传递至基础，通过基础传递至地基。房屋基础起到了承上启下的关键作用。房屋基础按其受力特征和截面形式主要分为独立柱基和条形基础、筏板基础、箱形基础、桩基础。

1) 独立柱基和条形基础：由灰土、砌体、混凝土等材料组成，主要应用于上部载荷较小的中低层房屋。其施工简便、造价低廉，但承载能力和抗变形能力都很有限。

2) 筏板基础：由钢筋混凝土基础梁板组成。承载能力和防水能力都比较高，可以在地下部分形成较大的开阔空间，在高层建筑中应用较多。

3) 箱形基础：由钢筋混凝土墙板组成。基础整体性很好，承载能力强、变形较小，防水性能也很好，在高层建筑和荷载分布不均、地基比较复杂的工程中应用较多。由于要求地下部分墙体较多，故建筑功能上受到限制。

4) 桩基础：条形、筏板、箱形基础的载荷通过支撑在其下面的桩传至地基的受力机制。桩由灰土、砂石、钢筋混凝土、钢材等各种材料组成。这种基础承载能力很高，基础变形很小，可广泛应用于高层、超高层、大跨度建筑中，还可用于地基复杂、荷载悬殊的特殊条件下的工程。但其成本较高，施工较复杂。

总之，在房屋建造和使用的全过程中，结合具体条件合理确定房屋的结构类型和体系是节约材料的最重要环节之一，应该慎重选择。在确定房屋的结构类型和体系时，要充分考虑技术进步和科技发展的影响，优先选择轻质、高强、多功能的优质类型和体系。每栋房屋的具体环境和条件非常重要，节材工作要遵循因地制宜、就地取材、精心比较的原则来实施。

五、建筑装修节材

我国普遍存在商品房二次装修浪费了大量材料的现象，有很多弊端。为此，应该大力发展一次装修到位。

商品房装修一次到位是指房屋交钥匙前，所有功能空间的固定面全部铺装或粉刷完成，厨房和卫生间的基本设备全部安装完成，也称全装修住宅。

一次性装修到位不仅有助于节约，而且可减少污染和重复装修带来的扰邻纠纷，更重要的是有助于保持房屋寿命。一次性整体装修可选择菜单模式(也称模块化设计模式)，由房地产开发商、装修公司、购房者商议，根据不同户型推出几种装修菜单供住户选择。考虑到住户个性需求，一些可以展示个性的地方，如厅的吊顶、玄关、影视墙等可以空着，由住户发挥。从国外以及国内部分商品房项目的实践看来，模块化设计是发展方向——业主只需从模块中选出中意的客厅、餐厅、卧室、厨房等模块，设计师即刻就能进行自由组合，然后综合色彩、材质、软装饰等环节，统一整体风格，降低设计成本。

家庭装修以木工、油漆工为主，而将木工、油漆工的大部分项目在工厂做好，运到现场完成安装组合，这种做法目前在发达城市称为家庭装修工厂化。

传统的家装模式分为两种：

1) 根据事先设计好的方案连同所需家具一同在现场进行施工，这样只能使家具与居室内其他细木工制品(如门套、暖气罩、踢脚等)配色成套，但这种手工操作的方式避免不了噪声、污染以及各种因质量和工期问题给消费者带来的烦恼，刺耳的铁锤、电锯声，满室飞舞的尘埃和锯末，不仅影响施工现场的环境，关键是一些材料(如大芯板、多层板等)和各种的油漆、黏结剂所散发出的刺鼻气味，直接影响消费者的身心健康，况且手工制作的木制品极易出现变形、油漆流迹、起鼓等质量问题。

2) 很多消费者在经过简单的基础装修后，根据自己的意愿和设计师的建议到家具城购买家具，而采用这种方式购买的家具经常不能令人满意，会出现颜色不匹配、款式不协调、尺寸不合适等一系列问题，使家具与整个空间装饰风格不能形成有机的统一，既破坏了装修的特点，又没起到家具应有的装饰作用。有鉴于此，一些装饰公司通过不断地探索与实践，推出了“家具、装修一体化”装修方式，很受欢迎。装饰公司把家装工程中所有的细木工制作(包括门、门套、木制窗、家具、暖气罩、踢脚等)全部搬到了工厂，用高档环保的密度纤维板代替低档复合板材，运用先进的热压处理，采用严格的淋漆打磨工艺，使生产出来的木制品和家具在光泽度、精确度、颜色、质量等方面达到了理想的效果。另外“一体化”生产在环保方面也可放心，用户在装修完毕后可以马上入住，免去了因装修过程中所遗留、散发的化学物质对人体造成的损害。在时间方面，现场开工的同时，工厂进行同期生产(木工制品)，待现场的基础工程一完工，木制品就可以进入现场进行拼装，打破了传统的瓦工、木工、油漆工的施工顺序，大大节省了施工周期，为消费者装修节省了更多的时间和精力。此外，家庭装修工厂化基本上达到了无零头料，损耗率控制在2%以内，相比现场施工7%～8%的材料损耗率，降低了6个百分点，这样也能使装修费用降低10%以上。

六、利用当地建材资源

我国各地区资源状况很不一样，所以各地区使用的建筑材料品种不能要求千篇一律，否则会给很多地方带来很大困扰，例如很多地区使用的建筑材料需要从外地长途运输，增加了建筑成本，浪费了能源．也浪费了当地资源。所以应该实现建材本地化，就地取材，利用本地化建材建造相应的建筑，即建筑应该和本地化建材相适应。

例如，生土建筑是一种充分利用当地材料资源的建筑形式，中国传统建筑中最大量存在的生土建筑是窑洞。在我国陕西、甘肃、山西、河南等黄土高原及相邻地区，有相当一批居民曾经或至今依然居住在依山开挖或在平地开凿的窑洞建筑中。窑洞的形式为长方形平面与圆拱形屋顶，有时可以并列若干窑洞屋，中间连以较小的窑洞式通道。另外一种较为典型的传统风格的生土建筑是福建永定地区的多层客家土楼。这些建筑的一个重要特点是冬暖夏凉，因而可以节约能源，此外也能节约建筑材料，不会造成环境的污染与破坏。

第三节　废弃物利用与建筑节材

此处所谓“再生房屋”，意思是建造房屋采用的建筑材料中含有一定量的废弃物。可以用于生产建筑材料的废弃物很多，主要有建筑垃圾、工业废渣、农业废弃植物秸秆等。

一、建筑垃圾再生利用

建筑垃圾大多为固体废弃物，一般是在建设过程中或旧建筑物维修、拆除过程中产生的。

过去我国绝大部分建筑垃圾未经任何处理，便被施工单位运往郊外或乡村，露天堆放或填埋，造成不容忽视的后果。

1) 恶化生态环境。例如：碱性的混凝土废渣使大片土壤失去活性，植物无法生长；使地下水、地表水水质恶化，危害水生生物的生存和水资源的利用。

2) 建筑垃圾堆场占用了大量的土地甚至耕地。据估计，每堆积 10 000t 废弃混凝土约需占用 0.067 公顷的土地。在我国，建筑垃圾堆场占地进一步加剧了我国人多地少的矛盾。随着我国经济的发展、城市建设规模的扩大以及人居条件的改善，建筑垃圾的产生量将越来越大，如不及时有效处理和利用，建筑垃圾侵占土地的问题会变得愈加严重。

3) 影响市容和环境卫生。建筑垃圾堆场一般位于城郊，堆放的建筑垃圾不可避免地会产生粉尘、灰砂飞扬，不仅严重影响堆场附近居民的生活环境，粉尘、灰砂随风飘落到城区还将影响市容环境。

可见，大量的建筑垃圾若仅仅采取向堆场排放的简单处置方法，则产生的危害直接威胁着人类生存环境和生态环境，在很大程度上制约着社会可持续发展战略的实施。为此，世界各国积极采取各种措施来解决建筑垃圾危害问题，努力实现建筑垃圾“减量化、无害化、资源化”，其中，资源化利用将是处理建筑垃圾的有效途径。基于这一思想，世界各国都力求将建筑垃圾变为可再生资源加以循环利用。例如，自 20 世纪 40 年代以来，不少国家已经用废弃混凝土来填海造陆，或者用于铺垫路基、建筑工程基础回填等。由拆迁产生的建筑垃圾其中无机物占 95%左右，有机物和土壤占 5%。经过一系列科学的工艺加工，能生产出 80%左右的砖沫和砂浆沫、15%左右的混凝土再生骨料。砖沫和砂浆沫可以用于制作非承重轻质砖，混凝土再生骨料可用于制作承重砖等。如此操作，建筑垃圾就可以无止境地循环利用下去。但是，过去的建筑垃圾利用技术水平较低，利用领域很窄，不仅建筑垃圾利用率不高，而且浪费了大量品质较好的建筑垃圾。所以，建筑垃圾资源化利用新技术已成为世界各国共同关注的热点问题和前沿课题。例如，国内外已经开始探索利用废旧建筑塑料、废旧防水卷材、废弃混凝土、废弃砖瓦、再生水、废弃植物纤维及工业废渣、城市垃圾等生产的再生建材建造房子。

一边是城市与日俱增的建筑垃圾无处安身，影响市容；另一边是黏土烧砖大量地破坏耕地，污染环境。国内外已经尝试用建筑垃圾造建材，使其得到循环利用，同时解决了双重难题。

在建筑垃圾综合利用方面，日本、美国、德国等工业发达国家的许多先进经验和处理方法很值得我们借鉴。

发达国家已经或正在积极探索将垃圾变为一种新资源，一直发展成一个新兴的大产业。据美国新兴预测委员会和日本科技厅等有关专家做出的预测：在未来 30 年间，全球在能源、资源、农业、食品、信息技术、制造业和医药领域，将出现 10 大新兴技术。其中有关垃圾处理的新兴技术列在第二位。

世界上首次大量利用建筑垃圾的国家是德国。循环利用建筑垃圾不仅降低了现场清理费用，而且大大缓解了建材供需矛盾。德国现在有 200 家企业的 450 个工厂(场)在循环再生建筑垃圾，年营业额 20 多亿马克，建筑垃圾利用情况见表 3-4。

表 3-4　德国建筑垃圾的再生利用率

单位：%

年份 垃圾类别	1987 年	1989 年	1991 年(当年目标)	1993 年	1998 年
碎旧建筑材料	20	17	39(60)	62	—
建筑工地垃圾	0	0	0(40)	27	72
道路开挖	69	55	83(90)	87	100

1997 年，丹麦建筑垃圾排放量约为 340×10^4t，约占各种垃圾总量的 25%。自采用废弃物税收以来，建筑垃圾循环利用的比例明显增加，见表 3-5。如今约有 90%的建筑垃圾得到了循环利用。在短短的几年里，丹麦建立了一个以技术方法、科学和组织结构，以及管理工具密切结合的联合系统，确保了对主要废弃物流动

的控制和对大部分建筑垃圾的循环利用。

表 3-5 丹麦建筑垃圾的循环利用率

单位：%

年份	1990 年	1991 年	1992 年	1993 年	1994 年	1995 年	1996 年	1997 年	1998 年	1999 年
循环利用率	25	50	75	77	84	85	89	92	90	90

日本由于国土面积小，资源相对匮乏，因此，将废弃混凝土视为“建筑副产品”，十分重视将其作为可再生资源而重新开发利用。早在 1977 年日本政府制定了《再生骨料和再生混凝土使用规范》，并相继在各地建立了以处理废弃混凝土为主的再生加工厂，生产再生水泥和再生骨料，其生产规模最大的每小时可加工生产 100t 产品。日本对于废弃混凝土的主导方针是：①尽可能不从施工现场排出废弃混凝土等建筑垃圾；②废弃混凝土等建筑垃圾要尽可能重新利用；③对于重新利用有困难的则应予以无害化处理。东京都在 1988 年对废弃混凝土等建筑垃圾的重新利用率就已达到了 56%；1996 年阪神大地震使日本许多高速公路和桥梁受损、大厦倒塌，产生的废弃混凝土有 1500×10^4t 之多，几乎全部应用于震后重建工程；据建设省统计，1995 年全日本废弃混凝土再资源化率已达到 65%，2000 年则已高达 96%。表 3-6 列出了日本在 1995 年建筑废弃物排出量及其成分比例。

表 3-6 日本在 1995 年建设废弃物排出量及其成分比例

建设废弃物及其成分	排出量/mt	所占比例%	土木工程废弃物		建筑工程废弃物	
			排出量/mt	再生率/%	排出量/mt	再生率/%
总排出量	—	—	61.6	68	37.6	42
沥青混凝土块	36	37	34.5	82	1.2	62
建设混合废弃物	10	10	1.6	8	7.9	11
废木料	6	6	0.6	69	5.7	37
建设污泥	10	37	7.0	14	2.7	14

自 20 世纪 80 年代以来，我国建筑垃圾的排放量快速增长，其组成也发生了质的变化，可循环利用的组分比例不断提高。据统计，我国每年仅施工建设所产生和排出的建筑垃圾超过亿吨，全国建筑垃圾总排放量达数亿吨。如今建筑垃圾基本上未经任何处理，便被施工单位运往郊外或乡村露天堆放或简单填埋，耗用大量土地和运输费用。随着我国耕地和环境保护等有关法律、法规的颁布和实施，循环利用建筑垃圾已成为建筑施工企业和环保部门必须组织实施的产业。

我国从 2003 年 7 月 1 日起已在 170 多个城市全面禁止生产实心黏土砖，作为建筑垃圾主要存放场所的砖坑锐减。另外，大量有再生价值的材料也因填埋而浪费。问题是建筑垃圾的循环利用在我国没有引起足够的重视，往往将它归于只能用于路基等低级要求的低档材料，更没有将建筑垃圾循环再生作为一个产业来发展。尽管如此，近年来我国在建筑垃圾再生利用方面(含装备)的研究工作已逐渐展开，并取得进展。

(一) 废弃混凝土

废弃混凝土是建筑业排出量最大的废弃物。近二三十年来，世界范围内城市化进程加快，对原有的建筑物拆除、改造的工程量日益增加，废弃混凝土排放量随之猛增。1990 年日本产生了 2500×10^4t 废弃混凝土，1995 年前此数值增大到每年 7100×10^4t，2001 年前则每年高达 11000×10^4t；美国每年废弃混凝土量约为 6000×10^4t；俄罗斯 1997 年仅莫斯科就有 42×10^4t 废弃混凝土产生；欧盟国家废弃混凝土量从 1980 年的 5500×10^4t 增加到目前的 16200×10^4t 左右。在我国，据有关资料介绍，经对砖混结构、全现浇结构和框架结构等建筑的施工材料损耗的粗略统计，目前我国在每 10000m^2 建筑的施工过程中，仅建筑废渣就会产生 500~600t，若按此测算，我国每年仅施工建设所产生和排出的建筑废渣就有 4000×10^4t。目前，我国建筑垃圾的数量已占到城市垃圾总量的 30%~40%。仅上海每年产生的废弃混凝土就有 2000×10^4t 之多，此外还有建筑施工中产生的大量废弃混凝土。据 1996 年在英国召开的混凝土会议的资料报道，全世界从 1991～2000 年的 10 年间，废弃混凝土总量已超过 10×10^8t。

荷兰是最早开展再生混凝土研究和应用的国家之一。在 20 世纪 80 年代，荷兰就制定了有关利用再生骨料制备素混凝土、钢筋混凝土和预应力混凝土的规范。该规范规定了利用再生骨料生产上述混凝土的明确技术要求，并指出，如果再生骨料在骨料中的质量百分比不超过 20%，那么，混凝土的生产就完全按照天然骨料混凝土的设计和制备方法进行。

韩国一家装修公司已成功开发从废弃混凝土中分离水泥，并使这种水泥能再生利用的技术。首先把废弃混凝土中的水泥与石子、钢筋等分离开来，然后在 700℃的高温下对水泥进行加热处理，并添加特殊的物质，就能生产出再生水泥。据称每 100t 废弃混凝土就能够获得 30t 左右的再生水泥，这种再生水泥的强度与普通水泥几乎一样，有些甚至更好。这种再生水泥的生产成本仅为普通水泥的 50%，而且在生产过程中不产生二氧化碳，利于环保。韩国平均每天产生 5 万多吨废弃混凝土，而且水泥的原料石灰石资源也正在枯竭，因此，这项技术不仅有利于解决建设中的废弃物问题，还能解决天然石资源短缺问题。

(二) 废旧建筑塑料

全世界建筑工业消耗的塑料每年约 1000 多万吨，占世界塑料总产量的 1/4，在应用塑料中居首位。在我国，2000 年建筑塑料生产总量已超过 630×10^4t，当年产生的废建筑塑料约为250×10^4t，其中填埋占93%、焚烧占2%、回收率仅占5%，与发达国家相比较，建筑塑料废弃物的资源化率极低。据中国塑料加工工业协会的专家统计，“十五”期间，我国各种建筑塑料管、塑料门窗的全国平均市场占有率分别达到45%和20%，消耗各种塑料管及门窗型材约150×10^4t，再加上高分子防水材料、装饰装修材料、保温材料及其他建筑用塑料制品，总消耗量约为400×10^4t。然而，如此大量地使用有机合成材料，对环境、人类健康、资源、能源都会造成极大的压力。如何才能把这些压力降到最低，是人们必须要考虑的。

对于废弃塑料(包括废旧建筑塑料)，世界各国都已经进行了不同程度的回收再利用。美国一直是世界塑料生产第一大国，每年产生的塑料废弃物也居世界首位。2000年美国生产塑料超过3500×10^4t，塑料废弃物超过1700×10^4t(约占塑料年产量的48%，相当于1.5×10^8t钢的体积)。20世纪80年代末，美国的塑料废弃物回收利用率为9%，2000年塑料废弃物回收利用率已达到45%。美国在将废旧塑料进行热分解提取化工原料等方面进行了大量工作并取得了一些成果，并且已经开始尝试将塑料产品设计为易于重复循环利用的分子结构形式。例如，美国麻省理工学院利用硬度较高的聚苯乙烯和另一种比较柔软的塑料的混合物研制开发出一种可以在室温及标准制造压力下进行循环利用和再成型的新型塑料，这种塑料经过处理，能软化成一种可以被模塑成各种形状的透明塑料，并在重复利用10次后，其韧性和强度保持不变。另外，美国各州为解决塑料废弃物问题，使用了立法这样的强制措施。

日本是世界塑料生产的第二大国，1997年产量已达到950×10^4t，其中塑料废弃物排放量相当于生产量的46%，一度成为该国严重的环境问题。日本是能源和资源短缺的国家，所以对废旧塑料的回收利用一直保持积极态度，近年来，日本在废弃塑料回收利用方面已经取得显著的进步。英国在废弃塑料回收利用方面也具有许多先进的技术。例如，英国一家公司研制出一种将聚苯乙烯废料变为人造木材的方法：先将85%的废聚苯乙烯压碎、混合并加热，然后加入4%作为加固剂的滑石粉及9种添加剂，加工制成仿木材的制品。其外观、强度及使用性能等方面均可与松木媲美，此材料已用于住宅建设之中。

意大利是目前欧洲回收利用废旧塑料工作做得最好的国家。意大利的废旧塑料约占城市固体废弃物的4%，其回收率可达28%。意大利还研制出从城市固体垃圾中分离废旧塑料的机械装置。意大利对废旧塑料回收一般是将塑料碎片收集，并用干法将分离后的废旧聚乙烯制品粉碎后，用磁筛除去铁等金属杂质，经清洗、脱水、干燥后，通过螺杆挤出机进行造粒。这种回收料加入新料，可保证其具有足够的力学性能。

（三）废旧防水卷材

我国20世纪90年代防水卷材的生产量大约为3000×10^4m^2/a左右，进入21

世纪防水卷材的生产量逐步增加到 5000×10^4～$8000\times10^4 m^2/a$。塑料(PVC、PE、PU等)高分子防水卷材占有相当的市场占有率，发展势头强劲。由此看来，我国防水卷材的用量越来越大。但是，由于技术和市场价格承受水平等的制约，目前我国多数防水卷材产品耐久性质量不高，例如 SBS 改性沥青防水卷材使用寿命大概5～8 年，PVC 防水卷材使用寿命约为 5 年。由于防水卷材用量巨大，使用寿命偏低，所以在相当长一段时间内，我国会产生越来越多的废旧防水卷材，如果不进行合理回收，会对环境产生严重危害。由于防水卷材都是有机材料制成的，其可再利用价值较大，但是在我国，由于缺乏先进技术和设备，目前国内基本没有对废旧的防水卷材进行回收，这不仅是对废旧防水卷材资源的极大浪费，还对环境产生了严重污染。所以，开发防水卷材的回收利用技术十分重要而且非常必要。

(四) 废旧玻璃

国外积极采用其他废弃物来生产建筑材料，如利用废玻璃。英国、丹麦、瑞典、瑞士等工业发达国家自 20 世纪 70 年代就开始回收碎玻璃，在玻璃工厂和城市居民点及社会公共场所设置了碎玻璃回收集装箱；英国于 1977 年年底建立了玻璃再生中心，以提高碎玻璃的利用率；在德国的城市居民区、公园、商店、工厂、酒吧和其他地点，共设置了 5 000 多个回收集装箱；俄罗斯的莫斯科设置 2 000个回收集装箱，用来回收近 500 个企业、机关和商业网点的碎玻璃；瑞士在其 1 140个大小城镇进行定期回收碎玻璃的工作。30 多年来，西欧各国实施玻璃回收计划成效显著(表 3-7)，西欧各国 2001 年瓶罐玻璃产量 $1840\times10^4 t$，回收玻璃约达 $837.5\times10^4 t$，西欧各国回收的碎玻璃可使该地区熔制玻璃制品所需原料节省 46%。

据报道，瑞士以碎玻璃为原料、天然气为燃料，用回转窑生产质量和技术要求较低的泡沫玻璃颗粒，作为性能优越的隔热、防潮、防火、永久性的高强轻质骨料，用于建筑业。

表 3-7　2001 年西欧国家玻璃的回收量

国家	回收量/t	回收率/%	国家	回收量/t	回收率/%
奥地利	200 000	83	挪威	44 000	88
比利时	279 000	88	葡萄牙	122 000	34
丹麦	125 000	65	西班牙	506 000	33
芬兰	46 000	91	瑞典	144 000	84
法国	1 950 000	55	瑞士	294 000	92
德国	2 666 000	87	土耳其	73 000	24
希腊	44 900	27	英国	736 000	34
爱尔兰	46 000	40	总量	8 375 000	—
意大利	1 100 000	55			

美国把碎玻璃应用于混凝土中，许多研究表明含有 35%玻璃砖石的混凝土，

已达到或超出美国材料测试协会颁布的抗压强度、线收缩、吸水性和含水量的最低标准。虽然早期的试验表明某些高碱水泥能侵蚀玻璃骨料，但是已有许多方法可以解决该问题。美国矿山局进行试验测试后认为，用发泡的玻璃骨料替代玻璃碎片效果更佳。用掺有发泡剂的玻璃粉，加热到玻璃熔化点，直至冷却之前，气泡由加热的混合物中逸出，在硬的球体上产生多孔结构，用控制泡孔形成量的方法，可制成密度接近固态玻璃并能浮在水中的轻质骨料。标准的混凝土每立方英尺重 140 磅(1 磅=0.453592kg)，用轻质骨料替代混凝土中的砂或石子，混凝土的容重能减少 50%而不降低它的强度或其他所要求的性能。

日本环境商务风险投资单位下属的常总木质纤维板公司，成功开发出一种混有碎玻璃的廉价涂料，已应用于道路、建筑物、居室墙壁、门用涂料等方面。使用这种混有碎玻璃涂料的物体，如受到汽车灯光或阳光照射就能产生漫反射，具有防止事故发生和装饰效果好的双重效果。其生产方法是将回收的废弃空玻璃瓶破碎、磨去棱角加工成安全的边缘，成为与天然砂粒几乎相同形状的碎玻璃，然后与数量相等的涂料混合均匀而制成。

美国西加尔陶瓷材料公司在 20 世纪 80 年代就研制成功了用碎玻璃生产的大小为 $2cm^2$、厚 4mm 的五颜六色贴面材料，颇受顾客欢迎。工艺过程是：先将碎玻璃压碎，碾成直径 1mm 的粉粒，然后将粉粒同所需色彩的有机颜料混合，置入模型冷压成要求的形状，再将坯料放入加热炉，加热到使坯料表层的每一颗粉粒软化，直至颗粒之间相互熔接在一起，由于只需使坯料表层的玻璃粉粒软化，因而加热温度仅需 750℃即可。该产品是建筑物极好的贴面材料，也可用于装饰品和某些设备，该工艺过程简单、耗能少、生产成本低。

芬兰英诺拉西公司采用独特的技术利用回收碎玻璃生产饰面砖，饰面砖成品中回收碎玻璃含量约为 95%。生产过程中，碎玻璃原料无需提纯或着色，掺 5%必要的添加物与碎玻璃混合之后，经压模、成型，再送入温度为 900℃的炉内焙烧 12h，烧结成为成品。该玻璃饰面砖的颜色多种多样，杂色碎玻璃生产的面砖为灰绿色，碎玻璃分色处理后生产的面砖为白色，两种碎玻璃原料均可与各种陶瓷色料混合配用，产生需要的颜色。该产品具有很好的抗化学腐蚀性，且其耐磨性能及抗折强度均与天然石材相当；外形美观的绿色建材再生玻璃饰面砖具有多种性能，不仅适于外墙饰面，也可用于室内装饰、壁炉装饰、园艺以及其他环境的装饰。

我国国内某科研所在实验室研制了黏土-锯屑-玻璃系统的泡沫玻璃：其方法是利用混合树木锯屑和白黏土、玻璃粉(回收的碎玻璃)压制成型。干燥后进入推板式隧道窑烧结，由于木屑被完全烧掉形成大量空隙，而形成具有一定机械强度和隔热性能的玻璃制品。其特点在于：所用原料价格低廉，不需要模具，大大降低投资，同时它在烧结时不软化、不变形、外形美观，具有较好的装饰效果。

以碎玻璃为主要原料生产的墙地面装饰板材以及道路和广场用砖，是一种环保型绿色建材，称为玻晶砖。它具有仿玉或仿石两种质感：这种新材料的性能优于粉煤灰水泥砌块、水磨石、陶瓷砖，与烧结法微晶玻璃(也称徽晶石或玉晶石)相当。它的莫氏硬度可达 6 左右，远高于水磨石，因而它的使用寿命比水磨石或石塑板要长得多；它的抗折强度为 40~50mPa．远大于陶瓷砖；由于它的孔隙率比花岗岩小得多，因而更易清洁，而且色差小，无放射性，较好地解决了困扰花岗岩乃至陶瓷砖作外墙或地面装饰时的“吸脏”难题；由于利用废物能耗低、工艺流程短和投资小，所以生产成本较低。

我国国内某研究所成功研制了用碎玻璃粉制造的人工彩色釉砂，使彩釉砂具有玻璃质的色泽，质地柔和，耐候性好。测试结果表明，使用碎玻璃料的工艺路线是一种很有前途的生产方法。彩釉砂品种有玉绿、湖蓝、酱红、棕色、淡黄、象牙黄、海碧蓝、西赤、咖啡、草青、橘黄等 30 多种，并可根据要求制配颜色。粒度规格也可根据要求生产。彩釉砂可直接用作建筑物的外墙装饰，也可作外墙涂料的着色骨料，预制成图案装饰板材或彩色沥青油毡的防火装饰材料。

二、工农业废弃物与建筑材料

（一）粉煤灰

粉煤灰是火力发电厂排出的一种工业废渣。20 世纪 90 年代初，我国大小电厂年排灰量已达到 7000×10^4t 以上，到 1995 年增加到 9000×10^4t 以上，到 2000 年，年排灰量已达到约 1.6×10^8t。大量的粉煤灰如果任其排放到灰场，不仅严重污染环境，还占用了大面积的土地。因此，无论从节约能源、资源再利用，还是从保护地球环境来说，粉煤灰的再利用都是很迫切的。一些发达国家如美国、英国、德国、日本等都把粉煤灰再利用技术作为一项国策，我国也越来越重视粉煤灰综合利用技术和产业发展。

粉煤灰是一种人工火山灰质材料。粉煤灰的化学组成主要是硅质和硅铝质材料，其中氧化硅、氧化铝及氧化铁等的总含量一般为 85%左右，其他的如氧化钙、氧化镁和氧化硫的含量一般较低。粉煤灰的矿物组成主要是晶体矿物和玻璃体，在经历了高温分解、烧结、熔融及冷却等过程后，玻璃体结构在粉煤灰中占据了主要地位，晶体矿物则以石英、莫来石等为主。这种矿物组成使得粉煤灰具有独特的性质。就粉煤灰的颗粒特性来看，主要由玻璃微珠、多孔玻璃体及碳粒组成，其粒径为 0.001～0.1mm。粉煤灰的上述性质决定了它十分适用于建筑材料的生产，例如作为水泥掺合料、混凝土掺合料，生产墙板材料、加气混凝土、陶粒、粉煤灰烧结砖、蒸压粉煤灰砖等。

（二）矿渣

冶金工业产生的矿渣有很多种，如钢铁矿渣、铜矿渣、铅矿渣、锡矿渣等，其中钢铁矿渣排放量占绝大多数，故此处矿渣专指钢铁矿渣。矿渣是冶炼钢铁时，由铁矿石、焦炭、废钢及石灰石等造渣剂通过高温反应排出的副产品。我国是钢铁生产大国，2000 年钢产量约为 11000×10^4t，生铁产量约为 10700×10^4t，产生钢渣和铁矿渣约 6200×10^4t。矿渣在产生过程中经过了适宜的热处理、冷却固化、加工处理后，其化学成分、物理性质等都与天然资源相似，可应用于许多领域。钢铁矿渣因其潜在水硬性高、产量大、成本低，尤其可以用于多种建筑材料生产中。钢铁矿渣已经成为水泥生产中首选的混合材料，它还可以代替黏土、砂、石等材料生产砖、砌块以及矿棉、微晶玻璃等多种建筑材料。将矿渣用作建筑材料生产的原料，不仅避免了矿渣对环境的污染，而且节约了大量天然资源，符合循环经济发展要求。

近年来，国际上采用先进粉磨技术将矿渣单独磨细至比表面积达 $400m^2/kg$ 以上，用作水泥混合料可提高掺入比例达 70%以上而不降低水泥强度，用作混凝土掺合料可等量取代 20%～50%的水泥，能配制成高性能混凝土，起到节能降耗、降低成本、保护环境和提高矿渣利用附加值的作用。

在我国，利用矿渣的成功事例也有很多：青岛钢厂利用钢渣磁选线，把每年产生的 50×10^4t 钢渣全部变成了钢渣水泥、钢渣砖等建材产品；太原钢铁厂下属的东山水泥厂，利用矿渣生产的水泥每年达 30×10^4t。

（三）硅灰

硅灰又称微硅粉，是在冶炼硅铁和工业硅时，通过烟道排出的硅蒸汽氧化后，经收尘器收集得到的具有活性的、粉末状的二氧化硅(SiO_2)。硅灰含有 85%～95%以上玻璃态的活性 SiO_2，硅灰平均粒径为 0.1～0.15μm，为水泥平均粒径的几百分之一。比表面积为 $15\sim27m^2/g$，具有极强的表面活性。硅灰主要应用于水泥或混凝土掺合料，以改善水泥或混凝土的性能，配制具有超高强(C70 以上)、耐磨、耐冲刷、耐腐蚀、抗渗透、抗冻、早强的特种混凝土。由于采用硅灰配制的混凝土很容易达到高强度、高耐久性，所以使混凝土建筑构件承载断面得以减小，混凝土建筑的使用寿命得以延长，容易实现建筑节材的目的。

（四）稻壳灰

我国是世界上主要的水稻生产国，稻壳是大米生产过程中的副产品。我国每年稻壳产量约 5400×10^4t。由于合成饲料的发展，原来可用作饲料的稻壳失去了市场，大量的稻壳只能采用简单焚烧的方法处理，排放的烟尘污染环境。事实上，稻壳经过燃烧形成的稻壳灰，其性质与硅灰相似，含有大量活性 SiO_2，具有高活性、高细度，非常适合于生产多种建筑材料。例如，日本将稻壳灰与水泥、树脂混匀，经快速模压制得砖块，具有防火、防水及隔热性能，质量轻，且不易碎裂。美国以65%磨细的稻壳灰与30%熟石灰、5%氯化钙混合，使用时再与水泥、砂、水按一定比例拌和，即得到一种性能相对稳定的混凝土砂浆，固化后强度高，防水、防渗性能良好，用于仓库、地下室极为合适。稻壳煅烧成活性高的黑色炭粉后，与石灰化学反应便可生成黑色稻壳灰水泥，它防潮、不结块，使用时再配上抗老化性能良好的罩光剂，能赋予建筑物柔和典雅的光泽。印度是多雨水的国家，为避免屋顶渗漏，某科研所用稻壳灰对沥青改性，新材料可耐80℃高温，防水性能优异，有效使用寿命达20年以上，现已批量生产。巴西某公司依据稻壳灰熔点高、热传导率极低的特性，将其放入球磨机内研磨后，与耐火黏土、有机溶剂混合制造耐火砖取得成功，这种砖适用于易燃、易爆品仓库。

（五）煤矸石

我国是世界上产煤大国之一，能源结构以煤为主。煤矸石是夹在煤层中的岩石，是采煤和洗煤过程中排出的固体废弃物。煤矸石是我国排放量最大的工业废渣之一，每年的排放量相当于当年煤炭产量的10%左右，达到 1×10^8t 以上。据统计，全国目前有煤矸石山1500多座，累计堆存量40多亿吨，占地20万亩以上；有237座煤矸石山曾经发生过自燃，目前仍有134座煤矸石山在自燃，煤矸石自燃放出大量的有害气体，严重污染大气环境。

已有研究证明，煤矸石煅烧后的灰渣成分一般为 SiO_2(40%～65%)、Al_2O_3(15%～35%)、CaO(1%～7%)、MgO(1%～4%)、Fe_2O_3(2%～9%)等。分析其化学成分可知，煅烧煤矸石或自燃煤矸石可作为混凝土掺合料使用：一是能降低水泥用量，降低能源消耗；二是能大量利用工业废渣，降低对环境的污染；三是能改善水泥混凝土的性能，增加水泥混凝土的抗炭化和抗硫酸盐侵蚀等能力。煤矸石经过适当处理后还可以作为其他建筑材料的原材料。

煤矸石的堆存，不仅浪费了宝贵的资源，而且严重污染大气及生态环境，危害人们的身体健康，占用大片土地。我国目前对煤矸石的利用技术相对落后，导致煤矸石利用率不高。2000年，我国煤矸石的综合利用率为43%，还不到排放量的1/2，其中有一定技术含量的利用率则更低。煤矸石综合利用是节约资源、保护环境、实现可持续发展的重要措施。因此，如何扩大煤矸石利用成为摆在人们面前的严峻问题。

(六) 淤泥

我国地域辽阔，江河湖泊众多，每年清淤会产生大量的淤泥。我国沿海地区还有大量的淤积海泥，并呈逐年上升趋势，已对海洋环境和沿海地区的生态平衡造成一定影响。据有关部门调查，目前我国仅湖泊、河道拥有的淤泥，每年的采集量至少可达 7000×10^4t，加上城市下水道的污泥，每年的总集量可达 1×10^8t 以上。如此大量的淤泥(尤其是含有很多有害物质的城市下水道污泥)随意堆放势必对自然环境造成污染，而且堆放会占用大量耕地，还有赔偿青苗费、土地平整费等，大大提高了河道疏浚的成本。所以，加强对各种淤泥的综合利用技术开发，已成为一项迫切任务。大多数淤泥当中含有很多硅质材料和钙质材料，品质合格的淤泥适合用作多种建筑材料的原料。例如，江河湖泊的淤泥其矿物成分一般是以高岭土为主，其次是石英、长石及铁质，有机含量较少，淤泥的颗粒大多数在 80μm 以下，含有一定量的粗屑垃圾及细砂。就淤泥的成分来看，它完全可以作为建筑材料的原材料。按目前的工艺技术，品质合格的淤泥至少可以应用在三种建材产品中，替代水泥企业生产的辅助原料，如页岩、砂岩、黏土等；用于开发人造轻集料(淤泥陶粒)及制品；用以取代黏土开发高档次的新型墙体材料。例如，在我国的江浙等地，淤泥不再是负担而是变成了资源，制砖企业用它来制造砖瓦。2004 年，仅浙江某县就有 6 家规模较大的淤泥制砖企业，这 6 家企业 2004 年共利用淤泥超过 $24\times10^4m^3$，淤泥制砖总量 8356 万块，节约土地 176.61 亩。近几年来，该县已累计利用河道淤泥制砖近 $50\times10^4m^3$。山东青岛某新型建材公司研制开发了利用淤积海泥为原料生产超轻质陶粒的技术，所生产的超轻质陶粒规格为 5～20mm，堆积密度等级为 300～700kg/m^3，筒压强度为 1～5mPa。该产品已用来生产轻骨料混凝土及轻质保温墙板。

建材行业参与开发利用淤泥资源，还具有良好的综合效益。仅以利用江河湖泊的淤泥来看，既能疏浚整治河道，加大河道蓄水量和过水量，恢复和提高其引排能力和防洪标准，又能减轻农民负担与河道工程投入对地方财政的压力，为加快河道疏浚步伐和实现水利建设良性循环开辟切实有效的途径；既能帮助建材企业提供新的原料来源，又能节约其他宝贵自然资源；既能有效地消除淤泥堆存造成的环境污染，减轻环境承受负担，又能有效节约和保护耕地资源。对淤积海泥的利用还能在相当大的海域范围消除赤潮污染和航道阻塞现象，有利于海湾生态环境保护和发展海洋经济。

(七) 农作物秸秆

我国是一个农业大国，农作物秸秆资源十分丰富，稻草、小麦秸秆和玉米秸秆为三大农作物秸秆。据统计，我国每年农作物秸秆达到 7×10^8t 以上，约占全世界秸秆总量的 30%左右。秸秆是巨大的可再生资源，其根本出路在于工业化利用。

我国农村的农作物秸秆虽然十分丰富，但是利用率和利用质量不高，目前我国有相当部分的秸秆资源没有得到合理开发利用，秸秆综合利用率很低，经过技术处理后利用的仅约占 2.6%。农作物秸秆是一种十分宝贵的生物可再生资源，不恰当的处置不仅造成资源浪费，而且污染环境，毁坏树木和耕地，甚至引发交通、火灾等重大安全事故。例如，20 世纪 90 年代以来，我国部分粮食主产区出现了较为严重的焚烧秸秆污染，虽然各地区秸秆焚烧的严重程度不同，但每到夏秋收获之际，浓烟滚滚，不仅大气环境受到了严重污染，也造成了多发事故，对高速公路、铁路的交通安全及民航航班的起降安全等构成极大威胁。2003 年，温家宝总理在《西安周边大量焚烧玉米秸秆漫天浓烟威胁飞行安全》一文上批示："此事强调多年，仍未得到解决，看来关键是要给秸秆找出路。"因此，如何做好农作物秸秆的转化工作已成为亟待解决的问题。废弃植物纤维由于具有很多良好的性能，在建筑材料中应用具有一定的性能潜力。例如，可以开发研究绿色环保型植物纤维增强水泥基建筑材料及制品，变废为宝，不仅有利于消化吸收大量的农作物秸秆等废弃植物纤维，减轻环境污染，而且为建筑材料生产提供了廉价的原材料来源，减少了建筑材料生产对矿产等宝贵天然资源的蚕食，促进循环经济发展。

德国在农作物秸秆用于建筑材料方面获得了诸多发明新成果，值得借鉴：

1) 用秸秆为填充料，以膨润土或膨润类黏土为基料，以水玻璃作黏结剂按适当配比配料。生产工艺是将秸秆切割成一定尺寸，与其他原料混合，喂入挤压机，连续挤压成一定宽度和厚度的坯板，然后按一定长度切割，在自然环境或热风下干燥，再机械加工成可供建筑安装的板材。该板材适用于建筑物内外墙，其特色是轻质高强，适应各种气候变化。

2) 用秸秆为基料，以硅酸盐水溶液和水玻璃作黏结剂，按需要添加淀粉或有机纤维素成型助剂，外掺亚黏土配料。将该配合料混合，均化处理，注模，在一定压力和温度下热压干燥一定时间，可生产出具有良好隔热隔声性能的轻质高强建筑板材。

3) 用聚异氰酸酯有机黏结剂与秸秆配料，外掺用作防火剂的水玻璃、抗静电剂和杀菌剂，经模压工艺成型，由此制成的建筑板材具有轻质、低导热性、防静电、阻燃、抗菌的功能。

4) 将短切秸秆浸泡在硼砂溶液中处理，取出放干，再在氢氧化钙悬浮液中处理，取出放干。经这样处理的秸秆可作为保温隔热、隔声、防火的优质芯材，生产轻质夹芯复合墙板。

5) 用秸秆的屑与亚黏土配料生产出超轻质建筑砖。

2007年，我国烟台万华集团的控股子公司——万华生态板业股份有限公司开始正式推广零甲醛秸秆生态板技术。零甲醛秸秆生态板被称为零境界健康板，是以各种秸秆为基础原料，使用MDI生态胶黏剂，采用先进工艺制成的各种板材，从源头上杜绝了甲醛污染。该产品已经获得了由中国环境保护产业协会颁发的“绿色之星”认证。该秸秆板材采用绿色环保新技术，将环保理念、人造板及下游轻工产品以及上游原材料相结合，建立一个符合循环经济要求的全新产业。

我国建材行业采用工农业废弃物作产品原料已经具有良好的开端和基础。2005年建材工业综合利用各种工业固体废弃物超过 4×10^8t，占全国工业固体废弃物利用总量的40%以上。其中水泥行业工业废弃物综合利用量超过 2×10^8t，墙体材料行业利用各类工业固体废弃物近 2×10^8t。建材工业已被国家确定为发展循环经济的试点行业，北京水泥厂、内蒙古乌兰水泥有限公司、吉林亚泰集团股份有限公司被确定为第一批循环经济试点企业。全行业节能、环保意识普遍增强并取得良好成效，建材工业已成为利废的主要工业部门之一。如城市生活垃圾和有害工业废弃物的处置在北京水泥厂得到突破，混凝土生产中矿渣、粉煤灰等工业废渣的利用量超过 $3\ 000\times10^4$t。据测算，目前建材全行业年利用固体废弃物总量已超过 4×10^8t。

黏土实心砖总量由“十五”初期的6000亿块/年下降到4800亿块/年；烧结空心制品、掺废渣(不含煤矸石、粉煤灰)30%以上的各种废渣砖、煤矸石砖、粉煤灰砖、灰砂砖分别由200亿块/年、800亿块/年、50亿块/年、30亿块/年、50亿块/年增加到1 600亿块/年、1 400亿块/年、80亿块/年、50亿块/年、90亿块/年；烧结瓦由700亿片/年下降到近500亿片/年(平瓦470亿片/年、板瓦10亿片/年、琉璃瓦10亿片/年)；各种水泥彩色瓦发展较快，总量由“十五”初期的几亿片增加到20亿片/年。各种新型墙材产品总量增加，砖瓦产品结构正发生着质的变化，“十五”期间累计节土 2.63×10^8t，节约能源 3200×10^4t 标煤，利用废渣 2.5×10^8t，取得了较好的社会效益和经济效益。

第四节　绿色建筑材料的评价体系

现有的绿色建材的评价指标体系分为两类：第一类为单因子评价体系，一般用于卫生类，包括放射性强度和甲醛含量等。在这类指标中，有一项不合格就不符合绿色建材的标准。第二类为复合类评价指标，包括挥发物总含量、人体感觉试验、耐燃等级和综合利用指标。在这类指标中，如果有一项指标不达标，并不一定排除出绿色建材范围。大量研究表明，与人体健康直接相关的室内空气污染主要来自于室内墙面、地面装饰材料，以及门窗、家具等制作材料等。这些材料中 VOC、苯、甲醛、重金属等的含量及放射性强度均会造成人体健康的损害，损害程度不仅与这些有害物质含量有关，而且与其散发特性即散发时间有关。因此，绿色建材测试与评价指标应综合考虑建材中各种有害物质含量及散发特性，并选择科学的测试方法，确定明确的可量化的评价指标。

根据绿色建材的定义和特点，绿色建材需要满足四个目标，即基本目标、环保目标、健康目标和安全目标。基本目标包括功能、质量、寿命和经济性；环保目标要求从环境角度考核建材生产、运输、废弃等各环节对环境的影响；健康目标考虑到建材作为一类特殊材料与人类生活密切相关，使用过程中必须对人类健康无毒无害；安全目标包括耐燃性和燃烧释放气体的安全性。围绕这四个目标制定绿色建材的评价指标，可概括为产品质量指标、环境负荷指标、人体健康指标和安全指标。量化这些指标并分析其对不同类建材的权重，利用 ISO 14000 系列标准规范的评价方法做出绿色度的评价。

在绿色建筑评价体系研究中选择了多个不同用途、不同结构的单体建筑进行实例计算。建筑有住宅楼、办公楼、体育场馆、公共建筑等，结构形式有钢结构、混凝土框架结构、砖混结构、剪力墙结构等。通过对这些建筑所用建筑材料在生产过程中消耗的资源量、能源量和 CO_2 排放量(以单位建筑面积消耗数量表示)进行统计、计算和分析，得出评分标准，用以评价不同建筑体系所用建筑材料的资源消耗、能源消耗和 CO_2 排放的水平，供初步设计阶段选择环境负荷小的建筑体系。

一、资源消耗

目的：降低建筑材料生产过程中天然和矿产资源的消耗，保护生态环境。

要求：计算建筑所用建筑材料生产过程中资源的消耗量。鼓励选择节约资源的建筑体系和建筑材料。

指标与评分：计算单体建筑单位建筑面积所用建筑材料生产过程中消耗的天然及矿产资源量 C(t/m^2)，以此评分。

$$C=\sum_{i=1}^{n}X_iB_i\left(1-a\right)/S$$

式中，X_i 为第 i 种建筑材料生产过程中单位质量消耗资源的指标(t//t)；B_i 为单体建筑用第 i 种建筑材料的总质量(t)；S 为单体建筑的建筑面积(m^2)；a 为单体建筑所用第 i 种建筑材料的回收率(%)；S 为单体建筑所用建筑材料的种类数。

评分等级设为 5 分，C 值范围为 0.35~0.65，C 值越大，分值越低。

绿色建筑对材料资源方面的要求可归纳如下：

1) 尽可能地少用材料；

2) 使用耐久性好的建筑材料；

3) 尽量使用占用较少不可再生资源生产的建筑材料；

4) 使用可再生利用、可降解的建筑材料；

5) 使用利用各种废弃物生产的建筑材料。

绿色建筑强调减少对各种资源尤其是不可再生资源的消耗，包括水资源、土地资源。对于建筑材料来讲，减少水资源的消耗表现在使用节水型建材产品，例如：使用新型节水型坐便器可以大幅减少城市生活用水；使用透水型陶瓷或混凝土砖可以使雨水渗入地层，保持水体循环，减少热岛效应。在建筑中限制使用和淘汰大量消耗土地尤其是可耕地的建筑材料(如实心黏土砖等)，同时提倡使用利用工业固体废弃物如矿渣、粉煤灰等工业废渣以及建筑垃圾等制造的建筑材料。发展新型墙体材料和高性能水泥、高性能混凝土等既具有优良性能又大幅度节约资源的建筑材料，发展轻集料及轻集料混凝土，减少自重，节省原材料。

在评价建筑的资源消耗时必须考虑建筑材料的可再生性。建筑材料的可再生性是指材料受到损坏但经加工处理后可作为原料循环再利用的性能。可再生材料一是可进行无害化的解体，二是解体材料再利用，如生活和建筑废弃物的利用，通过物理或化学的方法解体，做成其他建筑部品。具备可再生性的建筑材料包括钢筋、型钢、建筑玻璃、铝合金型材、木材等。钢铁(包括钢筋、型钢等)、铝材(包括铝合金、轻钢大龙骨等)的回收利用性非常好，而且回收处理后仍可在建筑中利用，这也是提倡在住宅建设中大力发展轻钢结构体系的原因之一。可以降解的材料如木材甚至纸板，能很快再次进入大自然的物质循环，在现代绿色建筑中经过技术处理的纸制品已经可以作为承重构件而被采用。

二、能源消耗

目的：降低建筑材料生产过程中能源的消耗，保护生态环境。

要求：计算建筑所用建筑材料生产过程中的能源的消耗量，鼓励选择节约能源的建筑体系和建筑材料。

指标与评分：计算单体建筑单位建筑面积所用建筑材料生产过程中消耗的能源量 $E(\mathrm{GJ/m^2})$，以此评分。

$$E=\sum_{i=1}^{n} B_i\left[X_i\left(1-a\right)+aXr_i\right]/S$$

式中：X_i 为第 i 种建筑材料生产过程中单位质量消耗能源的指标(GJ/t)；B_i 为单体建筑所用第 i 种建筑材料的总质量(t)；S 为单体建筑的建筑面积($\mathrm{m^2}$)；a 为单

体建筑所用第 i 种建筑材料的回收系数(%)；Xr_i 为单体建筑所用第 i 种建筑材料的回收过程的生产能耗指标(GJ/t)；n 为单位建筑所用建筑材料的种类数。

评分等级设为 5 分，E 值范围为 1.50～3.50，E 值越大，评分越低。

在能源方面，绿色建筑对建筑材料的要求总结如下：

(1) 尽可能使用生产能耗低的建筑材料

建筑材料的生产能耗在建筑能耗中所占比例很大。因此，使用生产能耗低的建筑材料无疑对降低建筑能耗具有重要意义。目前，我国的主要建筑材料中，钢材、铝材、玻璃、陶瓷等材料单位产量生产能耗较大(表 3-8)。但在评价建筑材料的生产能耗时必须考虑建筑材料的可再生性。钢材、铝材虽然生产能耗非常高，但其产品回收率非常高，钢筋和型钢的回收率可分别达到 50%和 90%，铝材的回收利用率可达 95%。回收的建筑材料循环再生过程消耗的能量消耗较之初始生产能耗有较大的降低，目前我国回收钢材重新加工的能耗为钢材原始生产能耗的 20%～50%，可循环再生铝生产能耗占原生铝的 5%～8%。经计算，钢筋单位质量消耗的综合能源指标为 20.3GJ / t，型钢单位质量消耗的综合能源指标为 13/3GJ/t，铝材单位质量消耗的综合能源指标为 19.3GJ/t。

表 3-8　我国单位质量建筑材料生产过程中消耗能源的指标

单位：GJ/t

钢材	铝材	水泥	建筑玻璃	建筑卫生陶瓷	实心黏土砖	混凝土砌块	木材制品
29.0	180.0	5.5	16.0	15.4	2.0	1.2	1.8

因此，用建筑材料全生命周期的观点看，考虑材料的可再生性，像钢材、铝材这样高初始生产能耗的建筑材料其综合能耗并不很高。这也是目前我国提倡采用轻钢结构的一个原因。

(2) 尽可能使用可减少建筑能耗的建筑材料

建筑材料对建筑节能的贡献集中体现在减少建筑运行能耗，提高建筑的热环境性能方面。建筑物的外墙、屋面与窗户是降低建筑能耗的关键所在，选用节能建筑材料是实现建筑节能最有效和最便捷的方法，采用高效保温材料复合墙体和屋面以及密封性良好的多层窗是建筑节能的重要方面。我国保温材料在建筑上的应用是随着建筑节能要求的日趋严格而逐渐发展起来的，相对于保温材料在工业上的应用，建筑保温材料和技术还较为落后，高性能节能保温材料在建筑上利用率很低。保温性能差的实心黏土砖仍在建筑墙体材料组成中占有绝对优势。为实现新标准节能 50%的目标，根本出路是发展高效节能的外保温复合墙体。一些先进的新型保温材料和技术已在国外建筑中普遍采用，如在建筑的内、外表面或外层结构的空气层中采用高效热发射材料，可将大部分红外射线反射回去，从而对建筑物起保温隔热作用。

窗户的保温隔热措施要从两个方面着手来提高：首先是玻璃，玻璃的传热系数大，这不仅因为玻璃的导热系数高，更主要是由于玻璃是透明材料，热辐射成为重要的热交换方式。因此必须考虑采用夹层玻璃、中空玻璃、低辐射玻璃等保温性能好的玻璃以替代单层玻璃，采用高效节能玻璃以显著提高建筑节能效率。其次是门、窗的传热系数比外墙、屋面等围护结构大得多，因此，发展先进的门、窗材料和门、窗结构是建筑节能的重要措施。对窗户的框材做断热处理，即将型材朝室内的一面和朝室外的一面断开，用导热性能差的材料将两者连接起来，可以大大地提高窗户的保温性能。

(3) 使用能充分利用绿色能源的建筑材料

利用绿色能源主要指利用太阳能、风能、地热能和其他再生能源。太阳能利用装置和材料，如透光材料、吸收涂层、反射薄膜和太阳能电池等都离不开玻璃，太阳能光伏发电系统、太阳能光电玻璃幕墙等产品都将大量采用特种玻璃。对用于太阳能利用的玻璃，要求具有高透光率、低反射率、高温不变形、高表面平整度等特性。太阳能发电板在悉尼奥运会中被普遍应用，其中采光材料大量采用低铁玻璃。

三、环境影响

目的：降低建筑材料生产过程中对环境的污染，保护生态环境。

要求：计算建筑所用建筑材料生产过程中的 CO_2 排放量，以此作为建筑的环境负荷评价指标。鼓励选择对环境影响小的建筑体系和建筑材料。

指标与评分：计算单体建筑单位建筑面积所用建筑材料生产过程中排放的 CO_2 量 P(t/m^2)，以此评分。

$$P=\sum_{i=1}^{n} B_i\left[X_i\left(1-a\right)+aXr_i\right]/S$$

式中：X_i 为第 i 种建筑材料生产过程中单位质量排放 CO_2 的指标(t//t)；B_i 为单体建筑所用第 i 种建筑材料的质量总和(t)；S 为建筑单体建筑面积总和(m^2)；a 为单体建筑所用第 i 种建筑材料的回收系数；Xr_i 为单体建筑所用第 i 种建筑材料的回收过程排放 CO_2 指标(t//t)；n 为单体建筑所用建筑材料的种类数。

评分等级设为 5 分，P 值范围为 0.20～0.40，P 值越大，评分越低。

部分环境指标主要侧重评价建筑材料生产过程中对大气的污染程度。目前国际上普遍采用排放 CO_2 指标来评价建筑或建筑材料的环境负荷。

四、本地化

目的：减少建筑材料运输过程中对环境的影响；促进当地经济发展。

要求：计算建筑所用建筑材料中当地生产的建筑材料用量占总建筑材料用量的比例，鼓励使用当地生产的建筑材料，减少建筑材料在运输过程中的能源消耗和污染，尽可能就近取材。

指标与评分：计算距施工现场 500km 以内生产的建筑材料用量 $t_{\mathrm{i}}(\mathrm{t})$ 与建筑材料，总用量 $T_{\mathrm{m}}(\mathrm{t})$ 的比例 L_{m}，以此评分。

$$L_{\mathrm{m}}=\frac{t_{\mathrm{i}}}{T_{\mathrm{m}}}\times 100\%$$

绿色建筑除要求材料优异的使用性能和环保性能外，还要注意材料在采集、制造、运输等全过程中是否节能和环保，因此尽量使用地方材料。

五、旧建筑材料利用率

目的：鼓励使用可回收利用的旧建筑材料。

要求：计算旧建筑材料的利用率。

指标与评分：计算旧建筑材料用量 $t_{\mathrm{r}}(\mathrm{t})$ 与建筑材料总用量 $T_{\mathrm{m}}(\mathrm{t})$ 的比例 R_{u}，以此评分。

$$R_{\mathrm{u}}=\frac{t_{\mathrm{r}}}{T_{\mathrm{m}}}\times 100\%$$

旧建筑材料指旧建筑拆除过程中以其原来形式无须再加工就能以同样或类似使用的建筑材料，包括木地板、木板材、木制品、混凝土预制构件、铁器、装饰灯具、砌块、砖石、钢材、保温材料等。

六、室内环境质量

室内环境质量包括室内空气质量(IAQ)、室内热环境、室内光环境、室内声环境等。它应包括四个方面的内涵：①从污染源上开始控制，最佳地利用和改善现有的市政基础设施，尽可能采用有益于室内环境的材料；②能提供优良空气质量、热舒适、照明、声学和美学特性的室内环境，重点考虑居住人的健康和舒适；③在使用过程中，能有效地使用能源和资源，最大限度地减少建筑废料和室内废料，达到能源效率与资源效率的统一；④既考虑室内居住者本身所担负的环境责任，同时也考虑经济发展的可承受性。室内空气中甲醛、苯、甲苯、有机挥发物、人造矿物纤维是危害人体健康的主要污染物。现在国内开发很多有利于室内环境的材料包括无污染、无害的建筑材料；有利于人体健康的材料，如净化空气材料、保健抗菌材料、微循环材料等。已开发出无毒、耐候性、长寿命的内、外墙涂料，耐候性达到 10 年左右；利用光催化半导体技术产生负氧离子，开发出具有防霉、杀菌、除臭的空气净化功能材料；具有红外辐射保健功能的内墙涂料；可调湿建筑内墙板。近期在研究观念上又前进一步，将消极的灭杀空气中有害物质的理念上升为积极地提供有利于人体健康的元素，利用稀土离子和分子的激活催化手段，开发出具有森林功能效应、能释放一定数量负离子的内墙涂料及其他建筑材料。这些新材料的研究开发将为建造良好室内空气质量提供了基本的材料保证。

提高建筑材料的环保质量，从污染源上减少对室内环境质量的危害是解决室内空气质量、保证人体健康等问题的最根本措施。使用高绿色度的具有改善居室生态环境和保健功能的建筑材料，从源头上对污染源进行有效控制具有非常重要的意义。

国外绿色建筑选材的新趋向是：返璞归真，贴近自然，尽量利用自然材料或健康无害化材料，尽量利用废弃物生产的材料，从源头上防止和减少污染，尽量展露材料本身，少用油漆涂料等覆盖层或大量的装饰。这一观点已被我国的建筑设计师们认可并采纳，在一些绿色建筑中逐渐实施。

第四章　绿色建筑节能技术

绿色建筑的核心内容是尽量减少能源、资源消耗，减少对环境的破坏，并尽可能采用有利于提高居住品质的新技术、新材料，以达到降低能源资源消耗的目的。因此建筑设计应突破传统的设计理念，充分考虑气候、资源、能源利用的目的。本章主要讲述绿色建筑节能技术及其实施。

第一节　建筑节能设计与技术

一、建筑规划布局节能

建筑规划布局节能是建筑节能的一个重要方面，应从分析气候条件出发，将规划设计与节能技术和能源利用有效地结合，使采暖地区建筑在冬季最大限度地利用日照等自然能采暖，减少热损失；使炎热地区建筑夏季最大限度地减少得热和利用自然条件来防热。规划布局节能应全面综合考虑建筑布局、建筑朝向、间距、平面组合、建筑体型等几个方面因素。

（一）建筑布局

建筑布局一般分为行列式、错列式、周边式、斜列式、自由式等几种，如图 4-1 所示，它们都有各自的特点。

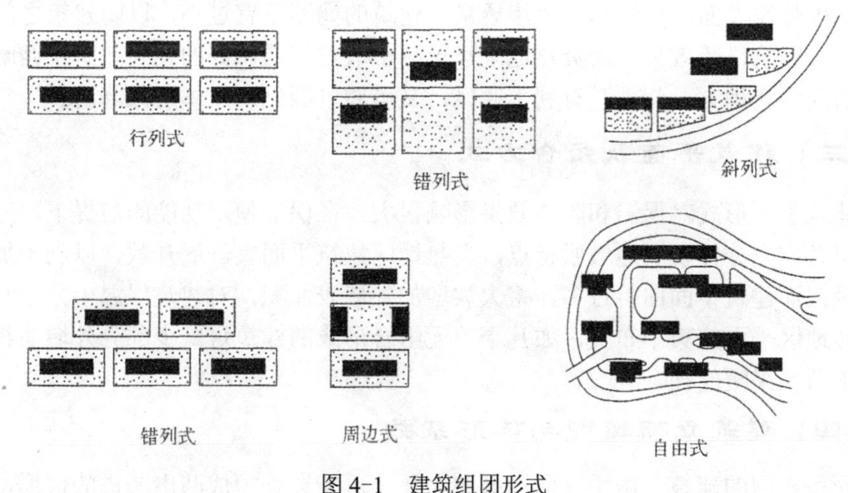

图 4-1　建筑组团形式

行列式是指建筑物成排成行地布置，这种方式能够争取最好的建筑朝向，使大多种居住房间得到良好的日照，并有利于通风，是目前我国城乡中广泛采用的布局方式。

错列式可以避免“风影效应”，更有利于夏季通风降温，同时可以利用山墙空间争取日照。

周边式是指建筑沿街道周边布置，这种布置方式虽然可以围合出开阔的庭院空间供绿化休憩之用，但有相当多的居住房间因朝向和相互遮挡而日照不佳，对自然通风也不利。所以这种布置仅适于北方寒冷地区。

混合式是指行列式和部分周边式等形式的组合。这种方式可较好地综合多种布局方式的优点，在某些场合是一种较好的建筑群布局方式。

自由式是指地形复杂时体现地形特点的一种灵活合理的布置形式。这种布置方式可以充分利用地形，便于采用多种平面形式和高低错落的体块组合，有利于避免互相遮挡阳光，对日照及自然通风有利，是最常见的一种布置形式。

另外，规划布局中还要注意点、条组合布置，其中的点式住宅应布置在好朝向，而条状住宅布置在其后，有利于利用空隙争取日照。建筑布局时，同时还要尽可能结合当地的夏季或冬季主导风向，这样有利于夏季争取建筑通风降温或避免冬季冷风渗透等不利影响。

（二）建筑的朝向与间距

严寒及寒冷地区的建筑为了提高室内温度，节约采暖供热，保持环境卫生与人体健康，充分利用清洁、可再生的太阳能，选择朝向要考虑在冬季获得尽可能多的日照，一般应以南北向为主。另外还应争取使大部分墙面避开冬季主导风向，以便减少外墙表面散热量和冷风渗透量；建筑的间距不宜过小，以防建筑之间相互遮挡，影响日照效果。而炎热地区建筑应争取自然通风好的朝向，防止西晒，建筑的间距宜稍大一些，既有利于通风，又可通过绿化和水体防热降温。

（三）建筑平面及组合方式

建筑平面形式对保温和防热效果影响很大。在保证使用功能的前提下，建筑平面组合应充分体现当地气候特点，炎热地区建筑平面宜舒展开敞，以利于加大通风量；而建筑平面曲折过多，将大大增加外墙表面积，对建筑保温十分不利，在采暖地区平面应集中布置，如几个单元组合形成的建筑可减少部分外墙面积，有利于节约采暖能耗。

（四）建筑立面造型与体形系数

面积相同的建筑，由于立面造型的需要，可能会处理成凸出凹进的体形，造成建筑四周外墙表面积增加，建筑传热耗热量也相应加大。如图 4-2 所示各平面均由 16 个相同单元组成，与(a) 图相比，(b) 、(c) 、(d) 平面的周长依次增加了 12.5%、25%、50%。在这方面，建筑体形系数 *S* 能够全面地反映建筑的节能状况。

在满足建筑物所需体积 *V* 的前提下(已知建筑面积 *A* 和高度 *H* 时 $V=A\cdot H$，$A=V/H$) ，若想降低建筑的耗热量，就应使围护结构的外表面积角最小，使建筑单位体积所具有的外表面积，即建筑体形系数 $S=Fe/V$ 尽可能小。

我国《民用建筑节能设计标准》(采暖居住部分)对我国采暖地区住宅的朝向和体型节能的具体要求是建筑物朝向宜采用南北向或接近南北向，主要房间宜避开冬季主导风向；建筑物体形系数宜控制在 0.30 及 0.30 以下；若体形系数大于 0.30，则屋顶和外墙应加强保温，其传热系数应符合节能标准的规定。

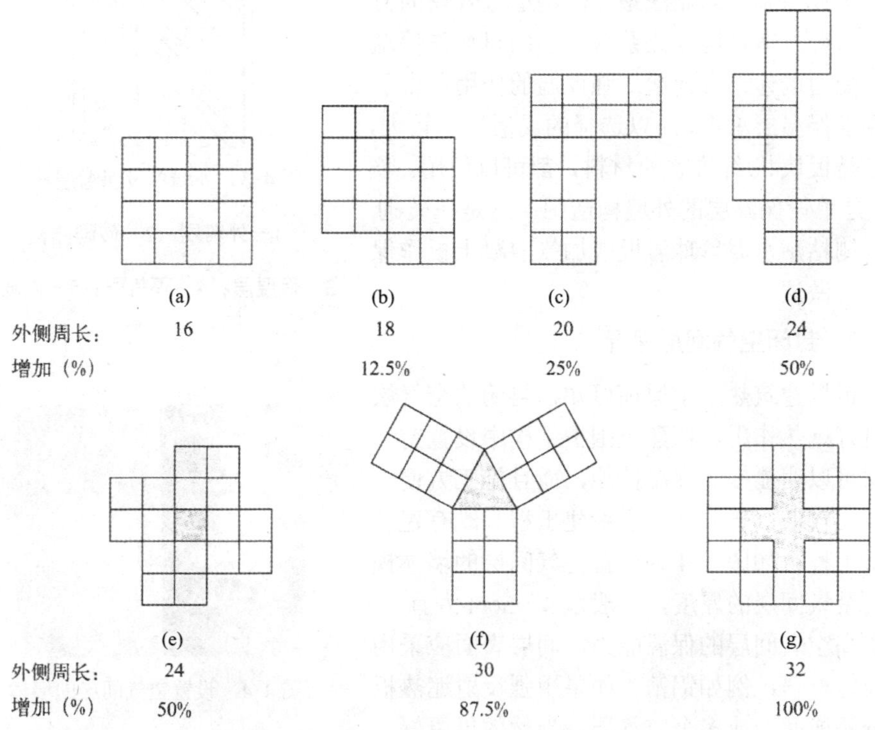

图 4-2　等面积不同平面的外墙面积比较

二、围护结构节能设计

建筑围护结构节能技术主要是指通过加大各部分围护结构的热阻，提高其保温隔热能力，在保证应有的室内环境气候的前提下，冬季减少采暖期间建筑内的热量的散失，节约采暖能耗；夏季有效防止各种室外热湿作用造成室内气温过高，节约空调能耗。这一领域的节能技术发展历史较长，相对成熟，应用十分广泛，节能潜力较大。建筑围护结构的节能，主要是体现在保温、隔热性能方面，各类建筑围护结构的保温性能必须满足相应的建筑节能标准要求。

根据所应用的不同部位等特点，建筑围护结构节能技术可以分为以下几方面。

（一）外墙保温节能技术

外墙可以采用的保温构造大致可分为以下几种类型。

1. 单设保温层

单设保温层的做法是保温构造最普遍的方式，这种方案是用导热系数很小的材料作保温层与受力墙体结合而起加强保温的作用。由于不要求保温层承重，所以选择的灵活性比较大，不论是板块状/纤维状的材料，都可以使用。图4-3是单设保温层的外墙构造图，这是在砖砌体内侧粘贴水泥珍珠岩板或加气混凝土板作保温层的做法。

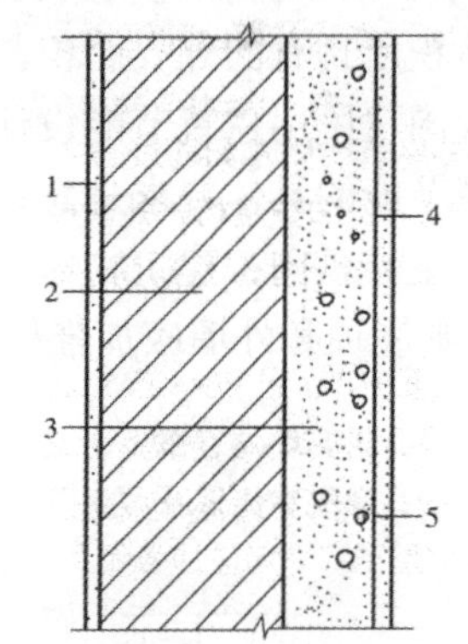

图 4-3　外墙单设保温层构造

1—外粉刷；2—砖砌体；

3—保温层；4—隔气层；5—内粉刷

2. 封闭空气间层保温

根据建筑热工学原理可知，封闭的空气层有良好绝热作用。在建筑围护结构中设置空气间层可以明显提高保温性能，而且施工方便，成本比较低，普遍适用于新建工程和既有建筑改造工程，如图4-4为设置空气间层的墙体模型。空气间层的厚度，一般以4～5cm为宜。为提高空气间层的保温能力，间层表面应采用强反射材料，例如铝箔。如果用强反射遮热板来分隔成两个或多个空气层，当然效果更好。为了使反射材料具有足够的耐久性，应当采取涂塑处理等保护措施。

图 4-4　设置空气间层的墙体

3. 保温与承重相结合

空心板、多孔砖、空心砌块(图4-5)、轻质实心砌块等，既能承重，又能保温。只要材料导热系数比较小，机械强度满足承重要求，又有足够的耐久性，那么采用保温与承重相结合的方案，在构造上比较简单，施工亦较方便，这种构造适用于钢筋混凝土框架等结构类型的外围护墙。图4-6所示为北京地区使用的双排孔混凝土空心砌块砌筑的保温与承重相结合的墙体。

图 4-5　陶粒混凝土空心砌块

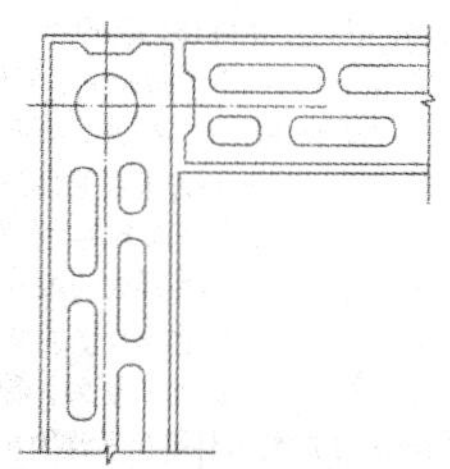

图 4-6　混凝土空心砌块砌筑墙体构造

4．混合型构造

当单独采用某一种方式不能满足建筑保温要求，或为达到保温要求而造成技术经济上的不合理时，往往采用混合型保温构造。例如既有实体保温层，又有空气层和承重层的外墙或屋顶结构，如图 4-7 所示。其特点是混合型的构造比较复杂，但绝热性能好，尤其在节能要求比较高或者恒温室等热工要求较高的房间，是经常采用的。

当采用单设保温层的复合墙体时，保温层的位置对结构及房间的使用质量、结构造价、施工、维持费用等各方面都有很大影响。保温层设在承重结构的室内一侧，叫内保温，设在室外一侧，叫外保温；有时保温层可设置在两层密实结构层的中间，叫夹芯保温，如图 4-8 所示。

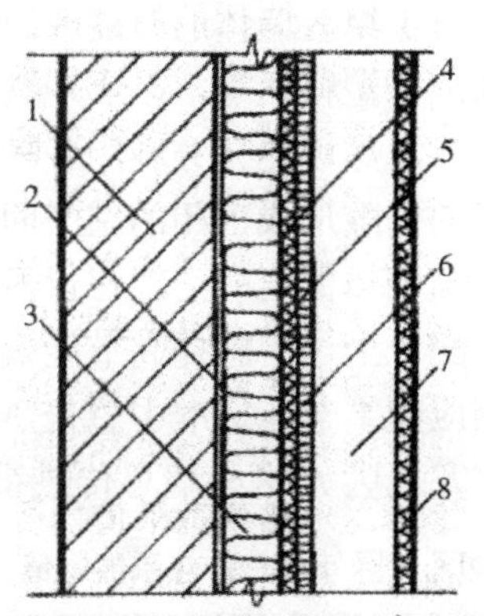

图 4-7　混合型保温层示例

1—混凝土；2—黏合剂；3—聚氨酯泡沫塑料；4—木纤维板；
5—塑料膜；6—铝箔纸板；7—空气间层；8—胶合板涂油漆

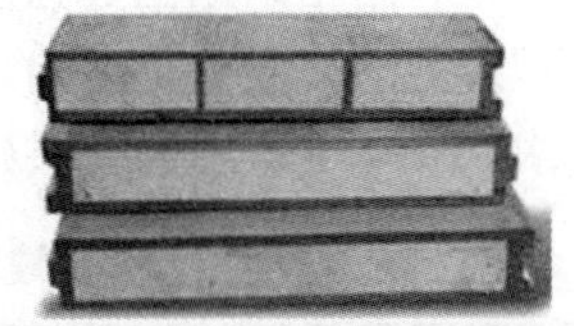

图 4-8　采用夹层保温的墙板

5．外保温构造的特点

相比较而言，墙体采用外保温比内保温优点多一些，主要有以下几方面：

1) 外保温使墙或屋顶的主要部分受到保护，大大降低温度应力的起伏，提高结构的耐久性。如果将保温层放在外墙内侧，则外墙要常年经受冬夏季较大温差(可达 80～90℃) 的反复作用。如将保温层放在承重层外侧则承重结构所受温差作用大幅度下降，温度变形明显减小。

2) 外保温对结构及房间的热稳定性有利。由于承重层材料的蓄热系数一般都远大于保温层，所以，外保温对结构及房间的热稳定性有利。

3) 外保温有利于防止或减少保温层内部产生水蒸气凝结。外保温对防止或减少保温层内部产生水蒸气凝结，是十分有利的，但具体效果则要看环境气候、材料及防水层位置等实际条件。

4) 外保温使热桥处的热损失减少，并能防止热桥内表面局部结露。

5) 建筑外保温施工在基本不影响用户正常使用的情况下即可进行。另外，外保温不会占用室内的使用面积。

当然，墙体外保温也有一些不足，首先是在构造上比内保温复杂。因为保温层不能直接裸露在室外，必须有外保护层，而这种保护层不论在材料还是构造上的要求，都比做内保温时的内饰面层要求高。其次，高层建筑墙体采用外保温时，需要高空作业，施工难度比较大，还需要加强安全措施，所以施工成本较高。

6. 外墙保温的要求

在新建的节能建筑中，墙体应优先采用密度小(自重轻) 、热阻大的新型生态、节能材料，如新型板材体系、空心砌块等；对于原有墙体的节能改造，应在其外侧或内侧贴装高效保温材料，例如聚苯乙烯泡沫塑料板等，以实现既有建筑的整体节能水平。另外，应结合具体的外装修设计，尽可能充分利用各种玻璃幕墙，金属饰面、石材等装饰面层与围护结构之间的空隙形成密闭的空气间层，利用密闭的空气间层的热阻，以极其经济的方式提高墙体保温能力。在保温层的一侧，还可以利用粘贴铝箔等强反射材料的方法，配合上述措施提高节能效益。通过以上技术处理，应使外墙的总传热系数达到相应建筑节能标准中总传热系数限值的要求。表 4-1 所示为公共建筑节能标准中严寒地区 A 区外墙总传热系数限值。

表 4-1　公共建筑节能标准中严寒地区 A 区外墙总传热系数限值

围护结构部位	传热系数/($W \cdot m^{-2} \cdot K^{-1}$) (体形系数≤0.3)	传热系数/($W \cdot m^{-2} \cdot K^{-1}$) (0.3＜体形系数≤0.4)
屋面	≤0.35	≤0.30
外墙(包括非透明幕墙)	≤0.45	≤0.40
底面接触室外空气的架空或外挑楼板	≤0.45	≤0.40
非采暖房间与采暖房间的隔墙或楼板	≤0.6	≤0.6

续表

围护结构部位		传热系数/(W·m^{-2}·K^{-1}) (体形系数≤0.3)	传热系数/(W·m^{-2}·K^{-1}) (0.3＜体形系数≤0.4)
单一朝向外窗 (包括透明幕墙)	窗墙面积比≤0.2	≤3.0	≤2.7
	0.2<窗墙面积比≤0.3	≤2.8	≤2.5
	0.3<窗墙面积比≤0.4	≤2,5	≤2_2
	0.4<窗墙面积比≤0.5	≤2.0	≤1.7
	0.5<窗墙面积比≤0.7	≤1.7	≤1.5
屋顶透明部分		≤2.5	

(二) 屋面节能技术

屋面作为建筑围护结构，对建筑顶层房间的室内气候影响不亚于外墙。在按照建筑节能设计标准要求确保其保温隔热水平的同时，还应该选择新型防水材料，改进其保温和防水构造，全面改善屋面的整体性能。常采用的具体方式有以下几种：

1. 加强保温层

这种方法是直接将屋面原有的保温层加厚，或者增加更高效的新型保温材料，使屋面的总传热系数达到相应的节能标准的要求。这是建筑保温节能工程经常采用的传统方法，优点是构造简单，施工方便。

2. 改进防水层及其保护层

屋面防水层不但要及时地排除屋面的雨水，还应该有效防止保温层受潮失效。屋面渗漏问题是建筑工程的质量通病，多年来困扰着用户并影响到屋面保温效果。有效的防治措施是彻底拆除原有沥青油毡卷材防水层，在确保施工质量的前提下，改用优质新型柔性卷材，比如改性沥青卷材或三元乙丙橡胶卷材等。防水层上必须设置强反射材料保护层，例如铝粉涂层或者铝箔。强反射材料保护层的作用不可忽视，它一方面可以防止太阳辐射造成的防水层破坏及其耐久性下降，防止保温层受潮；另一方面它还可以防止冬季建筑顶部房间向天空长波辐射造成的热损失而节约采暖能耗。

3. 采用坡屋面

建筑采用坡屋顶可以有效改善防水、保温等效果。由于坡屋面的排水坡度较大，不易积水，排水速度明显大于平屋面，这从根本上克服了平屋面渗漏的隐患；在坡屋顶与平屋面之间形成的空气间层增加热阻，也可同时增设保温层来进一步提高屋面的总热阻，利用这种构造上的优势可以用较少的投入取得显著的效果，其保温、隔热性能明显优于单独增加屋面保温层的平屋面。

4. 屋面的“平改坡”技术

屋面的“平改坡”是指将原来为平屋顶的既有建筑变为坡屋顶的改造，以此改善既有建筑屋面的防水、保温节能等问题。大约在2000年前后，北京、上海、广州等全国各大城市陆续开始在旧城改造中推行“平改坡”。1999年北京市开始做试点，随后逐渐开始大面积推广。2005年北京市建委“平改坡”办公室主管的“平改坡”一期工程将有185栋楼房实施改造，“平改坡”一期包括城区主要街道两侧和主要地区的北京市和区所属单位的楼房，将这些多层楼房的平顶屋面改为坡度不大于32°的四坡屋顶。项目总投资为1.6亿元，均由市政府、各区政府及产权单位筹资，居民不用自己出钱。

2003年9月原国家建设部批准颁发的国家建筑标准设计图集《平屋面改坡屋面建筑构造》(03J203) 整合了国内最新技术成果，归纳总结了平屋面改坡屋面的各种类型和方法，对各种屋面瓦、支撑结构、屋面檐口、老虎窗和屋面太阳能热水器安装构造都绘制了节点构造详图，为既有建筑屋面“平改坡”带来了极大的方便，提供了可靠的技术支持。图4-9、图4-10为该图集中屋面平改坡剖面示意图和块瓦屋面檐口构造示意图。

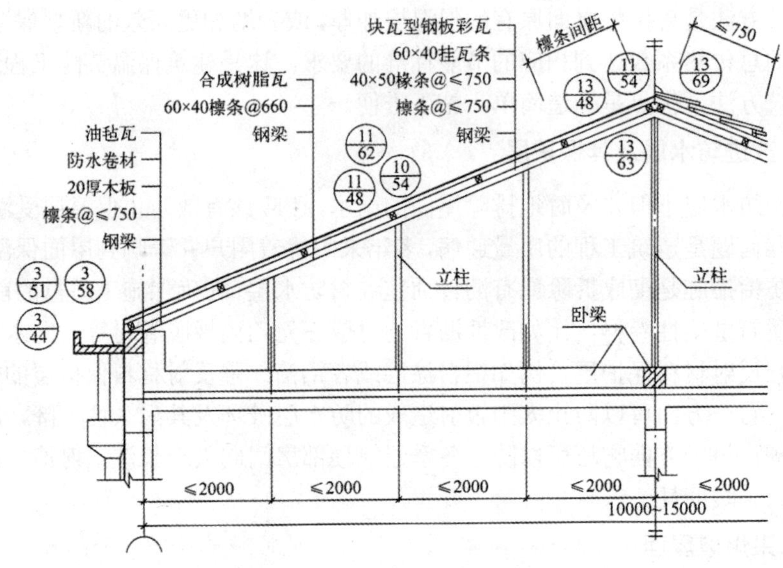

图4-9 屋面平改坡剖面示意图

近几年哈尔滨市的建筑屋面“平改坡”工程主要集中在道里、南岗区的繁华地带，经过改造的住宅屋面在保温、隔热、排水和建筑造型等方面的改善受到住户和有关方面的好评。据测定，哈尔滨市哈表小区住宅通过屋面“平改坡”和墙体节能改造使采暖期间室内气温平均提高3~4℃。

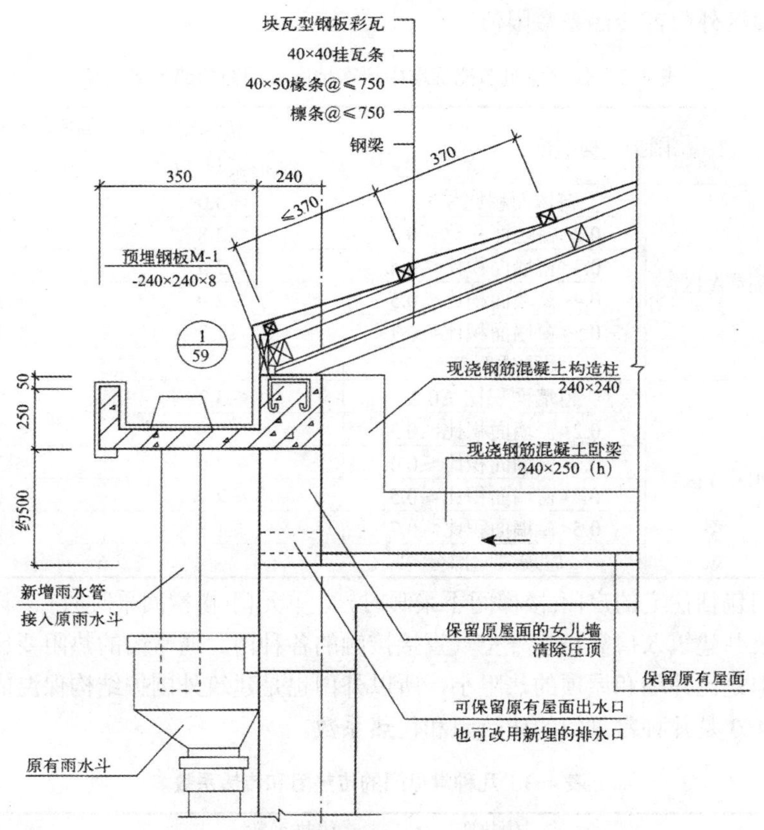

图 4-10　块瓦屋面檐口构造示意图

既有建筑屋面改造还应该与其他改造要求统筹考虑，如果遇到楼房太阳能设施安装时应加强各工种之间的协调与配合，全面实现改造一体化。

(三) 外门窗节能技术

一栋建筑物的外门、窗和地面在外围护结构总面积中占有相当的比例，一般在 30%～60%之间。从对冬季人体热舒适的影响来说，由于外门、窗的内表面温度要明显低于外墙、屋面及地面的内表面温度，从热工设计方面上来说，由于它们的传热过程的不同，因而应采用不同的保温措施；从冬季失热量来看，外窗、外门及地面的失热量要大于外墙和屋顶的失热量。玻璃窗不仅传热量大，而且由于其热阻远小于其他围护结构，造成冬季窗户表面温度过低，对靠近窗口的人体进行冷辐射，形成“辐射吹风感”，严重地影响室内热环境的舒适，外门窗的改造将大大影响既有建筑改造的整体效果，对不同的建筑类型，应按照相应的建筑节能标准中外门窗传热系数限值合理选用节能外门窗。表 4-2 为公共建筑节能标准中严寒地区外门窗传热系数限值。

表 4-2　公共建筑节能标准中严寒地区外门窗传热系数限值

围护结构部位		传热系数/($W \cdot m^{-2} \cdot K^{-1}$)	
		体形系数≤0.3	0.3<体形系数≤0.4
严寒地区 A 区	窗墙面积比≤0.2	≤3.0	≤2.7
	0.2<窗墙面积比≤0.3	≤2.8	≤2.5
	0.3<窗墙面积比≤0.4	≤2.5	≤2.2
	0.4<窗墙面积比≤0.5	≤2.0	≤1.7
	0.5<窗墙面积比≤0.7	≤1.7	≤1.5
	屋顶透明部分	≤2.5	
严寒地区 B 区	窗墙面积比≤0.2	≤3.2	≤2.8
	0.2<窗墙面积比≤0.3	≤2.9	≤2.5
	0.3<窗墙面积比≤0.4	≤2.6	≤2.2
	0.4<窗墙面积比≤0.5	≤2.1	≤1.8
	0.5<窗墙面积比≤0.7	≤1.8	≤1.6
	屋顶透明部分	≤2.6	

外门包括住宅的户门(楼梯间不采暖时)、单元门(楼梯间采暖时)、阳台门下部以及公共建筑入口等与室外空气直接接触的各种门。通常门的热阻要比窗的热阻大，但是比外墙和屋顶的热阻小，所以外门也是建筑外围护结构保温的薄弱环节，表 4-3 是几种常见门的传热阻和传热系数。

表 4-3　几种常见门的传热阻和传热系数

序号	名称	传热阻 ($m^2 \cdot K \cdot W^{-1}$)	传热系数 ($W \cdot m^2 K^{-1}$)	备注
1	木夹板门	0.37	2.7	双面三夹板
2	金属阳台门	0.156	6.4	
3	铝合金玻璃门	0.164～0.156	6.1～6.4	3～7mm 厚玻璃
4	不锈钢玻璃门	0.161～0.150	6.2～6.5	5～11mm 厚玻璃
5	保温门	0.59	1.70	内夹 30mm 厚轻质保温材料
6	加强保温门	0.77	1.30	内夹 40mm 厚轻质保温材料

从表 4-3 可知，保温门和加强保温门可以满足公共建筑节能标准对严寒地区外门传热系数的要求。

外门的一个重要特征是空气渗透耗热量特别大。由于门的开启频率要高得多，造成门缝的空气渗透程度要比窗户缝大很多，特别是容易变形的木制门，为了使外门满足节能标准要求，建筑设计时不但可以设置传热系数满足要求的单层节能门，有条件的情况下也可考虑设置双层外门，其节能、防寒效果更好。同时可以增设防寒门斗和防寒门帘等辅助措施来减少空气渗透耗热量，也可以显著提高外门的整体保温效果。

1．控制窗墙面积比

建筑外窗(包括阳台门上部) 既有引进太阳辐射热的有利方面，又有冬季传热损失和冷风渗透损失都比较大的不利方面。就其总效果而言，窗户仍是保温能力最低的构件。同时，由表 4-5 可知，通过窗户的热损失所占比例较大，因此我国建筑热工设计规范和节能设计标准中，对开窗面积作了相应的规定。按照我国的建筑热工设计规范，控制窗户的面积的指标是窗墙面积比，即：

窗墙面积比=窗户洞口面积/外墙表面积

表 4-4 为《民用建筑节能设计标准》JGJ 26—95 采暖居住部分规定的不同朝向窗墙面积比限值。

表 4-4　窗墙面积比限值

朝向	穿墙面积比
北	0.25
东、西	0.30
南	0.35

2．提高气密性，减少冷风渗透

除少数建筑设置固定密闭窗外，一般窗户均有缝隙。由此形成的冷风渗透加剧了围护结构的热损失，影响室内热环境，应采取有效的密封措施。目前普遍采用密封胶条固定在门窗框和窗扇上，如图 4-11 所示，塑钢窗关闭时，窗框和窗扇将胶条压紧，密闭效果很好。此外，门窗框与四周墙体之间的缝隙也应该用保温砂浆或泡沫塑料等充填密封。

图 4-11　窗框和窗扇间的密封胶条示意

3．改善窗框保温性能

20 世纪 80 年代前建造的既有建筑绝大部分窗框是木制的，保温性能比较好。但由于种种原因，金属窗框越来越多。由于这些窗框传热系数很大，故其热损失在窗户总热损失中，所占比例不小，应采取保温措施。首先，将薄壁实腹型材改为空心型材，内部形成封闭空气层，提高保温能力。其次，开发推广塑料产品，目前已获得良好保温效果。最后，不论用什么材料做窗框，都应将窗框与墙之间的缝隙，用保温砂浆、泡沫塑料等填充密封。

4. 改善窗玻璃的保温能力

单层窗的热阻很小，因此，仅适用于较温暖地区。在采暖地区，应采用双层甚至三层窗。这不仅是室内正常气温条件所必需，也是节约能源的重要措施。双层玻璃窗的空气间层厚度以 2～3cm 为最好，此时传热系数较小。当厚度小于 1cm 时，传热系数迅速变得很大；大于 3cm 时，则造价提高，而保温能力并不能提高很多。在有些建筑中，为提高窗的保温能力，也有用空心玻璃砖代替普通平板玻璃的。常见的窗户传热系数见表 4-5。

表 4-5 常见的窗户传热系数值

窗框材料	窗户类型	空气层厚度/mm	窗框窗洞面积比/%	传热系数 $(m^{-2}\cdot K\cdot K^{-1})$
铜、铝	单层窗	–	20～30	6.4
	单框双玻窗	12	20～30	3.9
		16	20～30	3.7
		20～30	20～30	3.6
	双层窗	100～140	20～30	3.0
	单层+单框双玻窗	100～140	20～30	2.5
木、塑料	单层窗	–	30～40	4.7
	单框双玻窗	12	30～40	2.7
		16	30～40	2.6
		20～30	30～40	2.5
	双层窗	100～140	30～40	2.3
	单层+单框双玻窗	100～140	30～40	2.0

5. 建筑地面节能技术

采暖房屋地板的热工性能对室内热环境的质量,对人体的热舒适程度都有重要影响。和屋顶、外墙一样，底层地板也应有必要的保温能力，以保证地面温度不致太低。由于人体足部与地板直接接触传热，地面保温性能对人的健康和舒适影响比其他围护结构更直接、更明显。

体现地面热工性能的物理量是吸热指数，用 B 表示。B 值越大的地面从人脚吸热就越多，也越快。地板面层材料的密度 ρ、比热容 c 和导热系数 λ 值的大小是决定地面的热工指标——吸热指数 B 的重要参数。以木地面和水磨石两种地面为例，木地面的 B=10.5，而水磨石的 B=26.8，即使它们的表面温度完全相同，但如赤脚站在水磨石地面上，就比站在木地面上凉得多，这是因为两者的吸热指数 B 值明显不同造成的。

根据 B 值，我国现行的《民用建筑热工设计规范》(GB 50176－93) 将地面划分为三类(表 4-6) ：木地面、塑料地面等属于 I 类；水泥砂浆地面等属于 II 类；水磨石地面则属于III类。高级居住建筑、托儿所、幼儿园、医疗建筑等，宜采用 I 类地面。一般居住建筑和公共建筑(包括中小学教室) 宜采用不低于 II 类的地面。至于仅供人们短时间逗留的房间，以及室温高于 23℃的采暖房间，则允许用III类地面。

表 4-6 地面热工性能分类

地面热工性能类别	B 值[W/(m^2 · h−1/2 · K)$^{-1}$]
I	<17
II	17~23
III	>23

B 是与传热阻 R 不同的另一个热工指标。B 越大，则从人脚吸取的热量越多越快。试验研究证明，地面对人体舒适及健康影响最大的部分是厚度约为 3～4mm 的地面层材料。

《民用建筑节能设计标准》JGJ26-95 采暖居住部分对地面的保温节能要求，以哈尔滨为例，建筑周边地面和非周边地面的传热系数限值均为 0.30W/(m^2 ·K) 。对于接触室外空气的地板，以及不采暖的地下室上部的地板等，应采取保温措施，使其传热系数小于或等于表中限值。

对于直接接触土壤的非周边地面，一般不需要保温处理，其传热系数即可满足要求；对于直接接触土壤的周边地面(即从外墙内侧算起 2.0m 宽范围内的地面) ，应采取保温措施，使其传热系数小于或等于 0.30W/(m^2 · K) 。满足这一要求的地面保温构造见图 4-12。

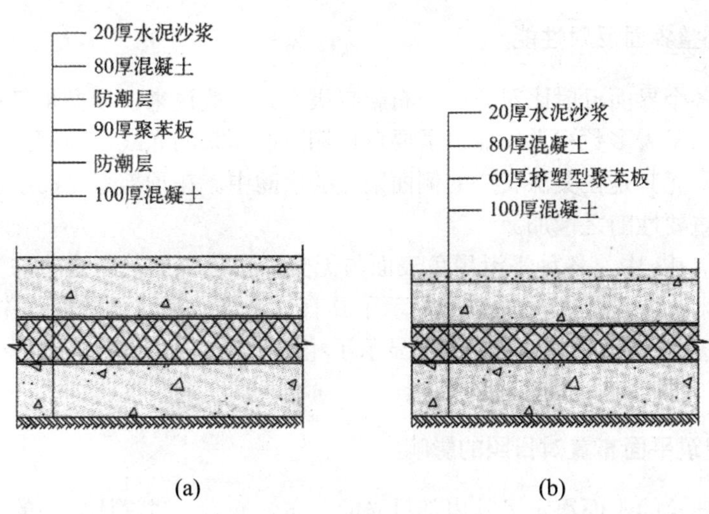

图 4-12 地面保温节能构造

(a) 普通聚苯板保温地面；(b) 挤塑型聚苯板保温地面

第二节 建筑采光与照明节能

一、采光系统节能

1. 采光设计节能

太阳是一个巨大的能量来源，时时刻刻向地球辐射着无尽的光和热。在建筑设计中如果能够充分合理地利用日光作为天然光源，就可以营造舒适的视觉效果，并且有效节约人工照明能耗。反之，如果没有经过精心的设计，就可能会造成建筑室内过热、过亮或者是造成照明分布不均。由于天然采光不当而造成过多的太阳辐射、夏季室内温度过高的现象在很多建筑中普遍存在，因为与 30～100lm/M 的荧光灯相比，大约 120～150lm/M 的日光功效要强得多。

建筑采光设计的主要目标是为日常活动和视觉享受提供合理的照明。对于日光的基本设计策略是不直接利用过强的日光，而是间接利用为宜。间接利用日光是为了解决日光这个光强极高的移动光源的合理利用问题。采光设计应当与建筑设计综合考虑、融为一体，以使建筑获得适量的日光，有效地利用它实现均衡的照明，避免眩光。

2. 调整界面反射性能

房间各个界面反射比对光的分布影响极大。一般说来，顶棚是最重要的光反射表面。由于大多数视觉作业更需要自顶棚反射而来的光线，顶棚就成为一个重要的光源，尤其是在又深又广的侧面采光的房间中。在顶部采光的小房间中，侧面墙壁的重要性随之增加。

在图 4-13 中，各种平滑黑色表面与无光泽白色表面的组合，与一面带窗户的墙面相对。桌面上昼光的衰减显示了具有这个光源和比例的空间中每个表面的相对重要性。下面的百分比数据显示了相对于额定为 100%的白色表面条件下的照度。

3. 建筑平面布置对日照的影响

一座建筑的平面决定了其内部日光的分布。通常，进深比较小的建筑形式最容易通过窗口利用自然光进行照明。在人类无法使用人工照明之前，建筑物都是设计成窄长的，其进深比较小，以便房间最深处也能够依靠日光照明。对建筑物形式的这种限制常常形成 L、E 等形状的平面，从而使其周围外墙能最大限度地开窗接收自然光线。

通常天然采光有三种基本的形式：侧面采光，顶部采光或中庭采光。如图 4-14 所示，它们都具有其独自的特点。侧面采光时室内通过窗口的视线好，眩光的可能性大，有效照射深度受顶棚高度限制，不受建筑层数的影响；顶部采光时没有通过窗口向外的视线，但是眩光的可能性小，有效照射深度不受顶棚高度限制，采光均匀，只能为本层建筑采光；中庭采光时也没有通过窗口向外的视线，但是眩光的可能性小，在中庭空间比例合理的情况下，有效照射深度基本不受顶棚高度限制，采光均匀，可以为多层建筑采光。

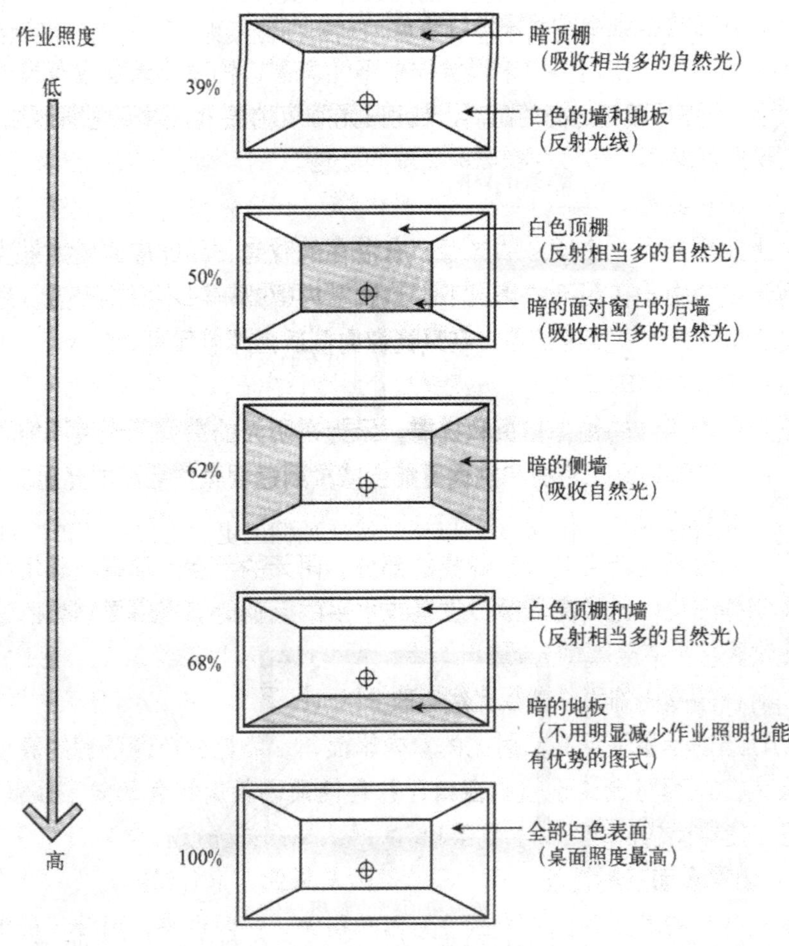

图 4-13　不同反射表面的房间照度比较

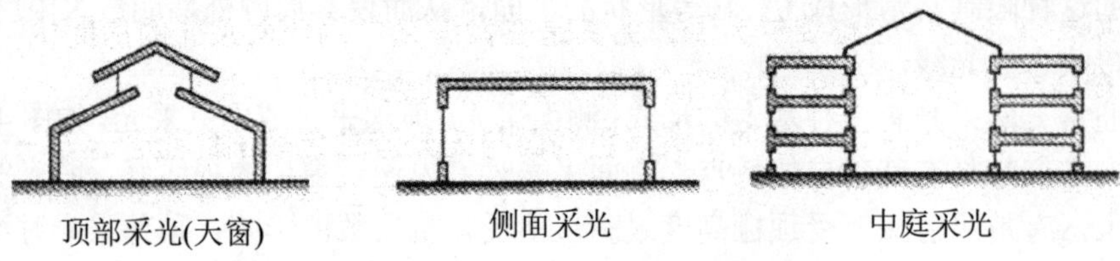

图 4-14　天然采光的基本形式

4. 侧面采光原则

侧面采光是在外墙上设置窗口。为了避免眩光和过度的得热量，有效利用自然光需要考虑更多的因素，例如受光面和反光面。在大多数情况下，顶棚是接收反射光线的最佳表面。它不应被遮住，而应具有高反射比，并且能被一个空间里大部分视觉作业区域所利用。为了能够更好地利用顶棚反射，侧窗采光应做到以下几点：

1) 增加作业面与顶棚之间的距离，使视觉作业可以获得更多的顶棚反射光，如图 4-15 所示。

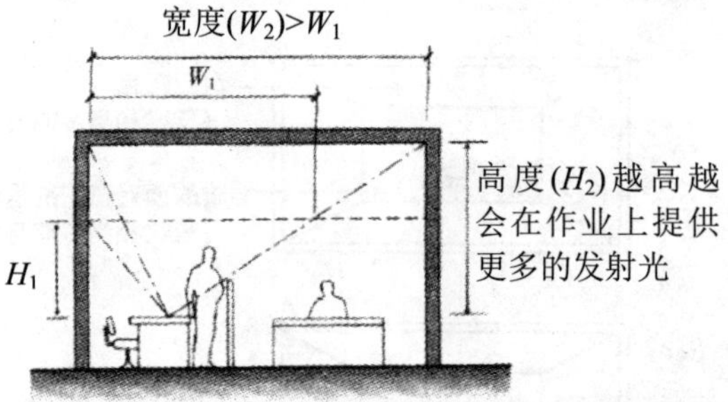

图 4-15　作业面与顶棚的距离变化

2) 增加光源和顶棚之间的距离，以使光线在顶棚上更加均匀地分布，如图 4-16 所示。

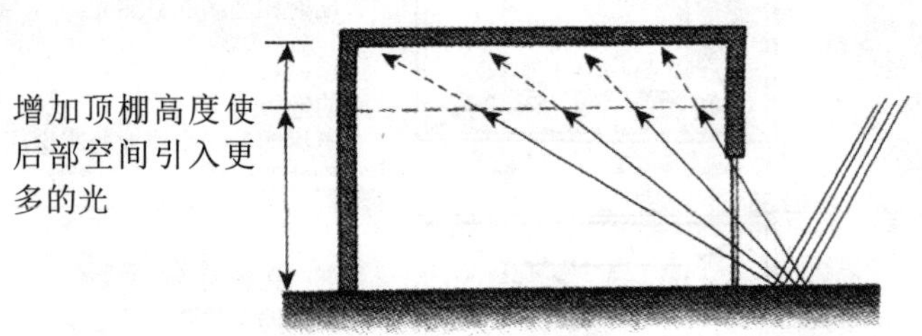

图 4-16　光源和顶棚的距离变化

3) 利用低置的窗户以及地面反射光，但应注意避免视线水平上的眩光，如图 4-17 所示。

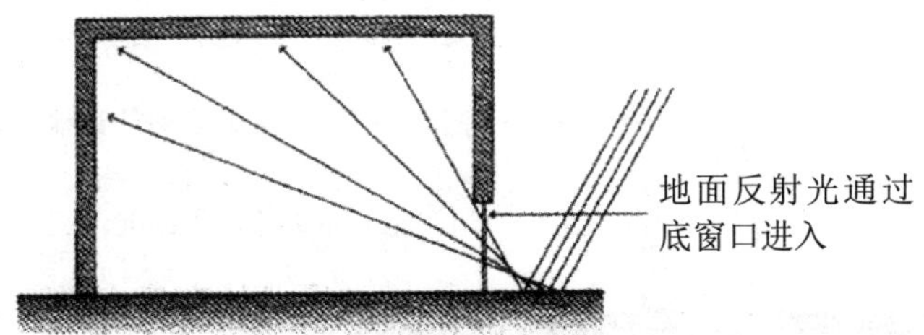

图 4-17　低置窗户以及地面反射光的利用

4) 使用高反射比的各种表面(顶棚，墙面、地面及高反射表面等) ，如图 4-18 所示。

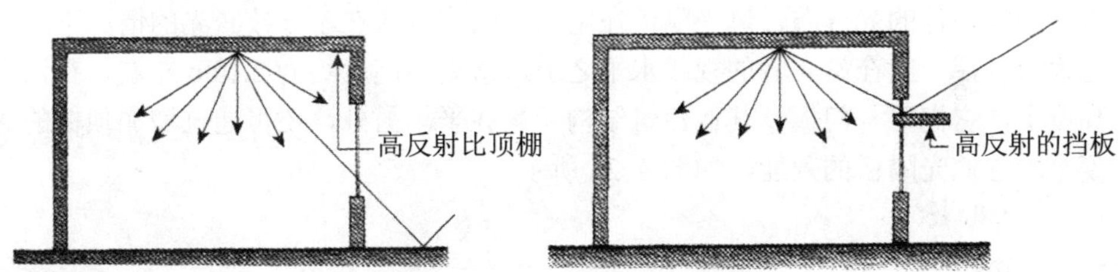

图 4-18　公共建筑中各种能耗的比例

5) 设计顶棚的形状，通过利用从窗口向上倾斜的平整顶棚，以获得最大的有效反射比和最佳的光分布，如图 4-19 所示。

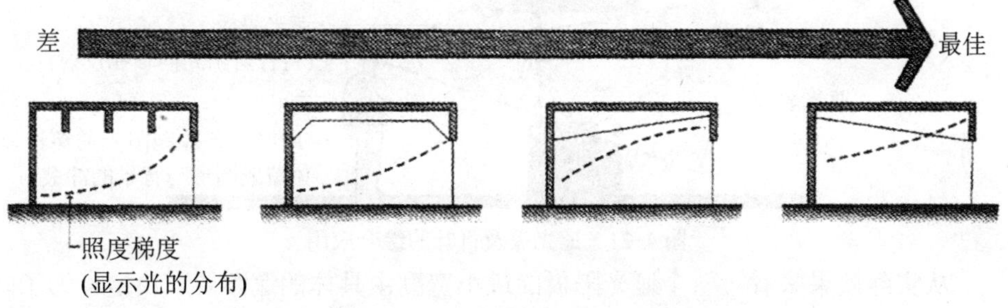

图 4-19　顶棚的形状对光的分布的影响

5. 日光反射装置的利用

日光反射装置具有和遮阳设施类似的形式，应能重新调节确定方位，从而使之能够最大限度接收到最多的照明，并且能将光线重新射向空间中的各个位置。在全阴天空情况下，它们的作用是有限的。日光反射装置也可以作为遮阳设施使用，其表面应具有高反射比，甚至具有镜面般的表面涂层材料。日光反射装置的设计常常要在兼顾最佳光分布和眩光控制的条件下合理确定，如图 4-20 所示。

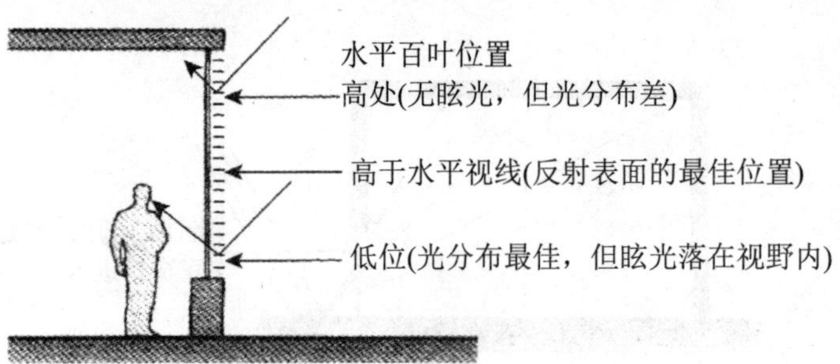

图 4-20 日光反射装置的合理布置

遮光隔板是水平遮阳设施及变向设备。它们通过降低窗口附近的照明水平和将光线改向射至空间深处，来改善空间中的自然光的均匀度。一块遮光隔板在带窗户的墙面上有效分成两个开口，上部窗口主要用作照明，下部的窗口用于观景。为了获得最佳的光分布，遮光隔板在空间中的位置应在不导致眩光的情况下尽可能地放低，一般在站立者的视线水平之上，常见的高度约为 2.10m 左右，在这个高度上，它们可与门楣及其他建筑结构元素齐平。另外，还可通过增加顶棚的高度来增强遮光隔板的效能，如图 4-21 所示。

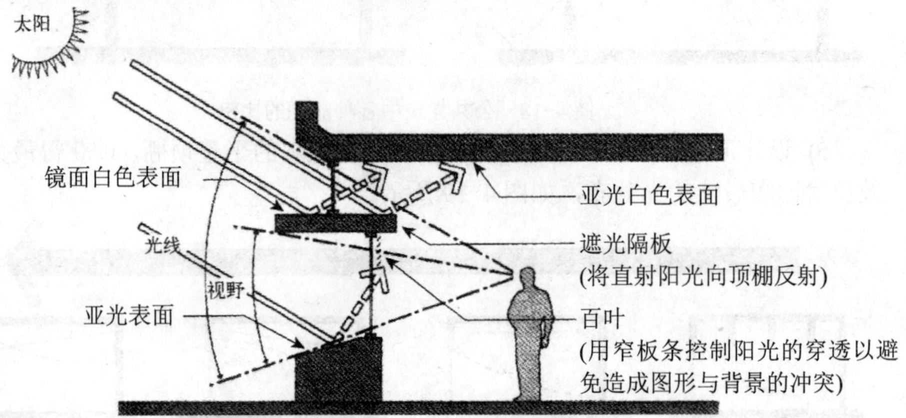

图 4-21 遮光板及百叶的综合应用

从实际效果来看，一个遮光隔板的最小宽度由具体的遮阳要求决定。为了防止眩光的情况，遮光隔板的边缘应能挡住从上部窗户进入的直接光。通过延伸遮光隔板的深度，光线分布的均匀度可得到改善。

当需要光线时，遮光隔板应被充分地照明。在高太阳角时，这意味着遮光隔板应凸出在建筑物表面之外。将遮光隔板凸出在外也为下部的景观窗口提供了附带的遮挡。遮光隔板一般是水平的；将其朝外侧向下倾斜将使其遮挡效率更高，但在光分布上效率较低。将遮光隔板朝内侧倾斜则效果相反，其在光分布方面效率更高，而在遮挡方面则效率较低(图 4-22)。

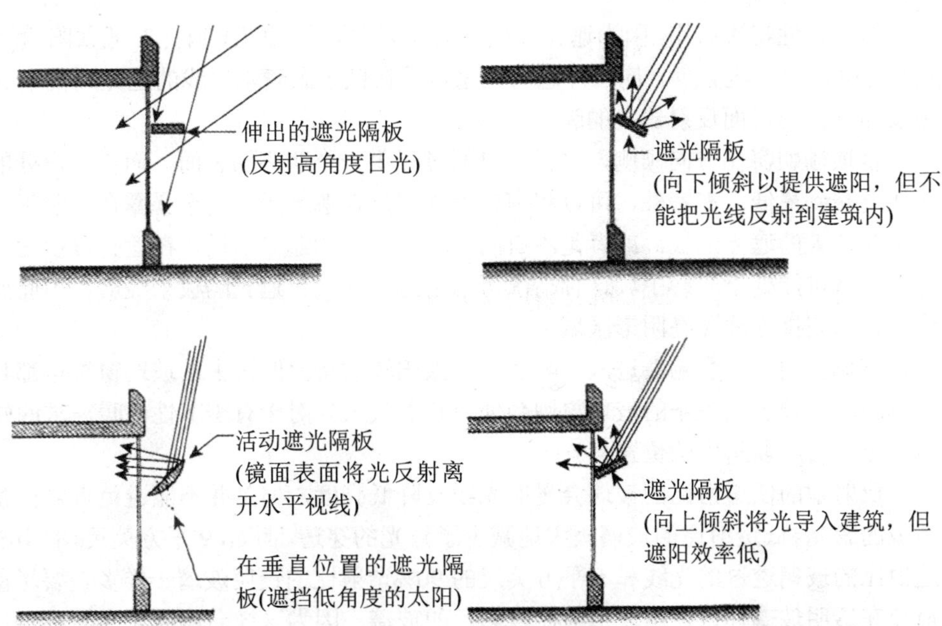

图 4-22　水平遮阳角度的效果

将两种特性结合起来的方法是，在水平的遮光隔板边缘增加一个向内倾斜的楔形。其产生的效果是，可将高太阳角的日光更深入地引入室内空间(图 4-23) 。

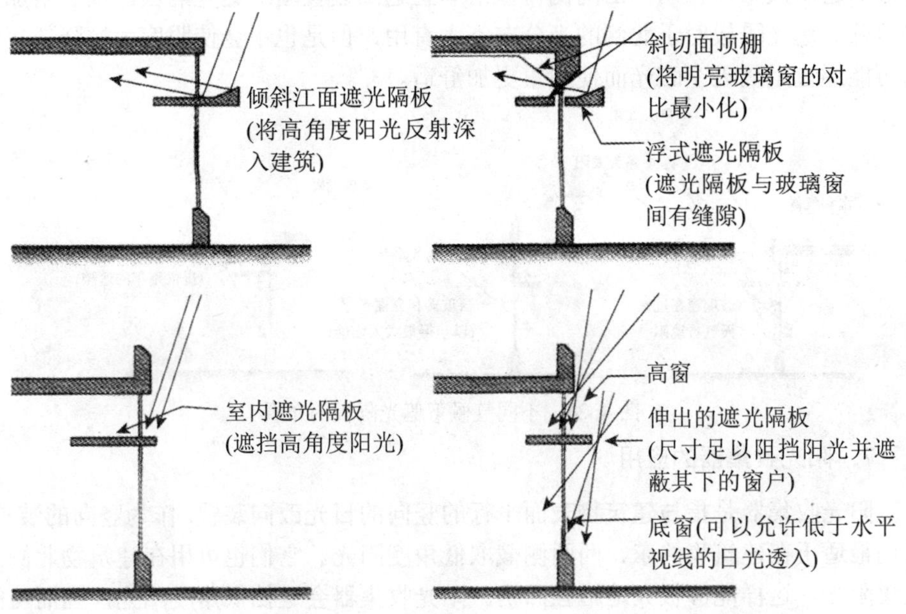

图 4-23　遮光板形状和位置的调整

这个特性特别有用，因为遮光隔板一般在高太阳角(夏天) 时比在低太阳角(冬天) 时引入的光线更少。应当注意防止来自用在低于眼睛水平线的遮光隔板上的镜表面这样的镜面反射器上的眩光。

将顶棚朝窗楣方向倾侧，这样可以通过提供一个明亮的表面，而使窗户处的对比度减到最低。在室外，可以将窗口设计成能使遮光隔板完全暴露在光照下。对于非常大的遮光隔板，或者是没有附设观景窗口的遮光隔板，在遮光隔板正下方的区域可能处于阴影中。这种情况可以通过“浮式”遮光隔板来缓解，由此允许少量的间接光线照亮阴影区域。

玻璃窗的位置影响着进入一幢建筑的太阳辐射量。凹进去的玻璃窗终年都具有遮阳。与外表面齐平的玻璃窗则会使得热量最大。对于有季节性供暖需求的建筑，玻璃窗应取折中的位置。

反射型的低透射比的玻璃会漫射光线及降低亮度，但是并不能避免直射日光造成的眩光。低透射比的玻璃极大地减少了昼光的穿透。例如，9 平方英尺[①]的 10%透射比的玻璃透过的光线和 1 平方英尺的 90%透射比的透明玻璃一样多。要尽量避免在透明玻璃邻近使用低透射比或彩色的玻璃，因为这样会造成人为的昏暗。

6. 朝向对采光的影响

如图 4-24 所示，在各种气候条件下，遮光隔板的效率在南侧最高。为了获得有效的遮阳效果，在东、西两侧可以给垂直遮阳装置增加遮光隔板，或者附加水平百叶。遮光隔板对于北侧的光分布不太有用，但是也不会使照度大幅降低，反而可能通过阻隔天空眩光而使观景更加舒适。

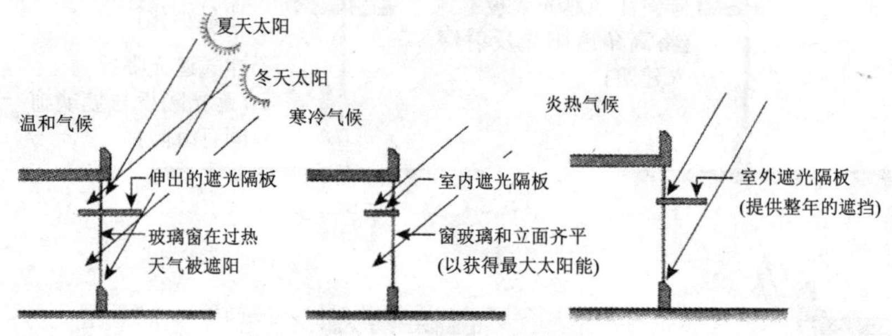

图 4-24 不同气候下遮光隔板的布置

7. 阳光收集器的应用

阳光收集器是指与建筑物表面平行的竖向的日光改向装置。作为竖向的装置，它们最适于在建筑物的东、西两侧截取低角度阳光。它们也可用在建筑物北侧来采集阳光，这样能够极大地增强照明。阳光收集器会遮挡低角度阳光，因而可能

① 1 平方英尺≈0.0929 平方米。

会阻挡视线。它们反射的日光趋于向下反射，这将会造成眩光。因而，它们应当用来使光线变向照到墙壁上，或者，与遮光隔板同时使用，将光线改变方向射到顶棚上，如图 4-25(a) 、(b) 所示。

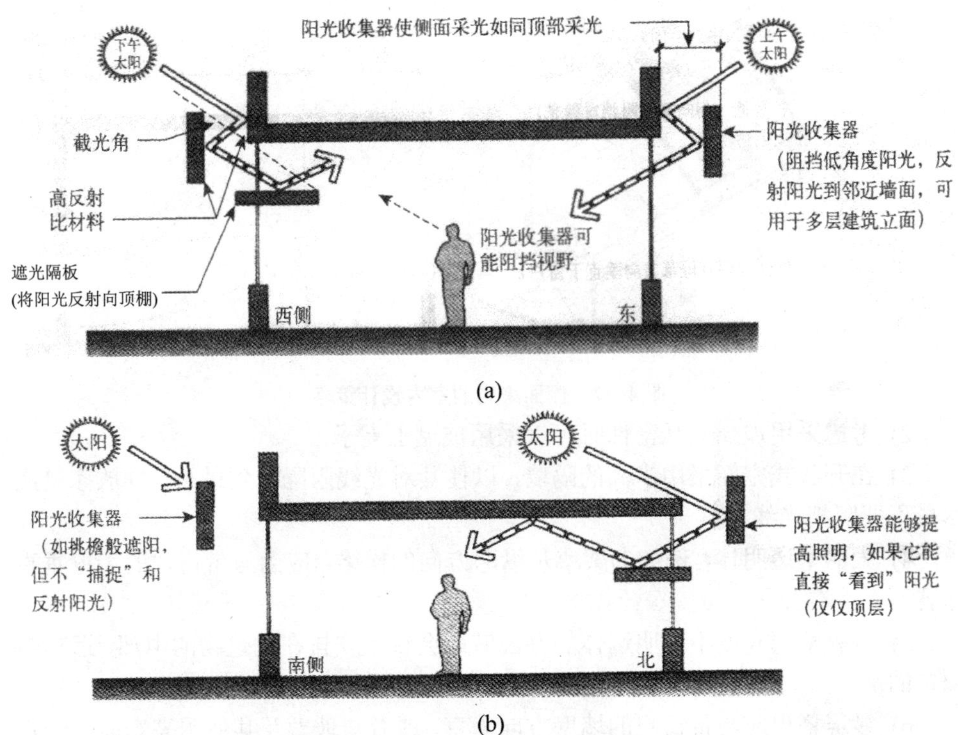

图 4-25　南北向阳光收集器的布置

各式各样活动的小型装备，包括遮帘、百叶窗、网帘和窗帘，可以与固定的遮阳装置和重新定向装置同时使用。这些装备不能改变光线方向，它们只能漫射或阻隔光线。由于是活动的，它们适用于控制短时内的眩光。进入室内的光线，应努力设法分布使之深入建筑，如图 4-26 所示。

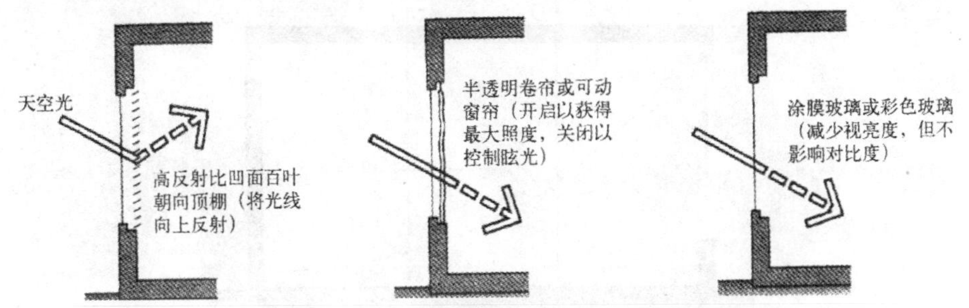

图 4-26　各式活动的小型遮阳装备的比较

8．侧面采光的室内设计原则

1) 不透明的表面应采用浅色的墙面、与开窗的墙壁垂直布置，如图 4-27 所示。

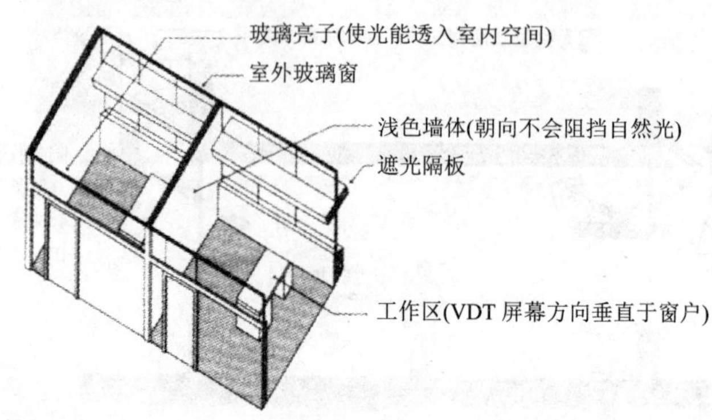

图 4-27　侧面采光的室内设计策略

2) 考虑采用玻璃墙私密性时可以采用玻璃上亮子。

3) 在开放式空间采用半高的隔墙，以使其对光线阻隔降到最小。摆放家具应尽量不要阻挡光线。

4) 大的不透明体，例如书架或是纵深方向的横梁，应当与带窗户的墙壁垂直布置。

5) 将有整层高度不透明墙体的办公室或会议室安排在建筑物的中部，远离带窗户的墙。

6) 显屏幕也应与带窗户的墙壁方向垂直，或者与玻璃及其他明亮表面呈一定角度的偏离，以使光幕反射减到最小。

7) 依据光的分布来规划室内各项活动的位置，使要求高的作业更靠近光源，如图 4-28 所示。

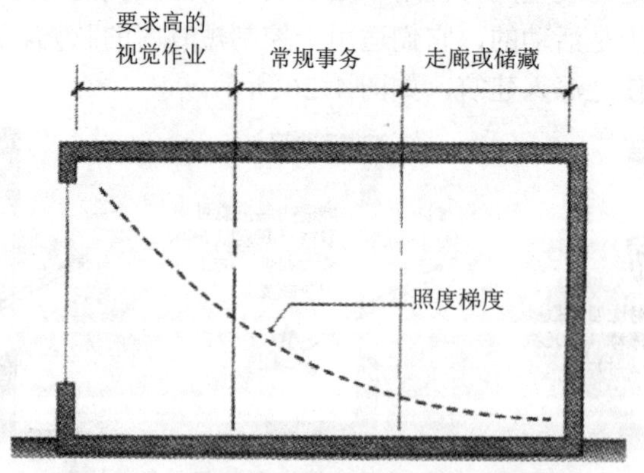

图 4-28　室内各项活动的位置合理确定

9．顶部采光

顶部采光与侧面采光相比，有几个重要的不同之处。外部的景观被内部阳光照亮的表面所替代。与侧面采光相比，顶部采光不易引起眩光，尤其是在低太阳角时。另外，顶部采光每单位窗口面积能比侧面采光(图 4-29) 提供更多的光线。

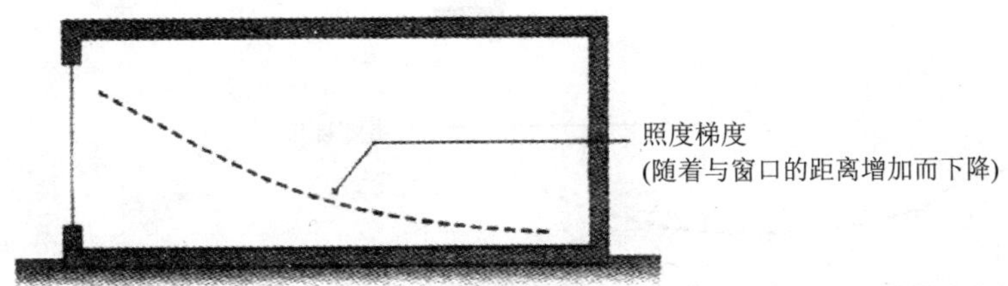

图 4-29 侧面采光的室内照度分布

顶部采光的窗口朝向可以与建筑朝向无关，它可以将光线引入到单层空间的深处，这就使顶部采光非常有效。举例来说，屋顶上的窗口可以提供的照明水平是同样尺寸的侧面采光窗口的 3 倍。通过将窗口开在所需要的地方，从而可以获得最佳的光分布，并且如图 4-30 所示，顶部采光不会带来过度的照明和对供暖、通风及空调系统造成负面影响。

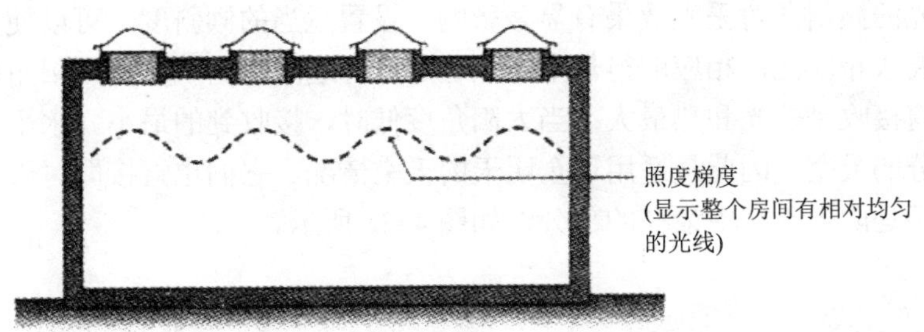

图 4-30 顶部采光的室内照度分布

顶部采光的空间的形状、表面反射比以及比例是非常重要的因素。增加顶棚的高度可以改善光分布，因此可以减少所需的窗口数量。

光线间接使用效果最佳。就顶部采光而言，竖向构件，如墙壁，是最佳的受光面。利用顶部采光照亮墙面很容易，这就很好地解释了为什么墙面经常被应用于艺术品照明和展示。需要照明的墙面和其他表面应是高反射比的，并且应当被置于视觉作业的可见范围之内。在某些情况下，从顶部采光而来的光线还可以被向上反射回顶棚，如图 4-31 所示，得克萨斯州，沃思堡的金贝尔艺术博物馆中的情形那样。

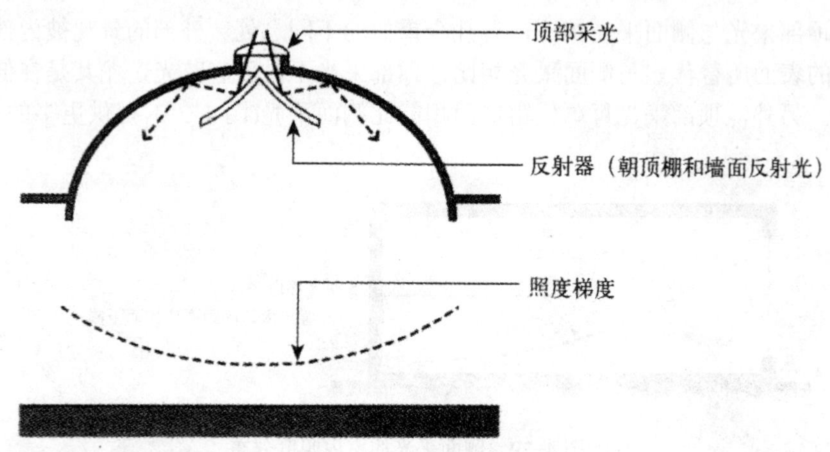

图 4-31　金贝尔艺术博物馆的顶部采光示意

在采光口与其邻近表面之间常常存在巨大的对比度差异。通过增加采光口厚度，以及将其边缘向外张开，会在其邻近产生明亮的表面，改善光分布，减小对比并增大光源的外观尺寸。这样可以使小的采光口起到大采光口的作用。

顶部采光的位置可以不受建筑周边的限制。设计师可以根据需要来调节采光口和散热口的倾斜度和方位。

顶部采光的倾斜角对采光效果有显著影响。设置适当的倾斜度，可以使其与季节性照明要求相匹配，相应的得热量可以通过室外遮阳来调节。当太阳角度高时，水平天窗接收到的光和热最大；当太阳角度低时，接收到的最小。水平天窗面对着大部分的天空，因此最适用于全阴天的天空情况。它们也直接面对天空的顶部，而这正是阴天天空中最亮的部分，如图 4-32 所示。

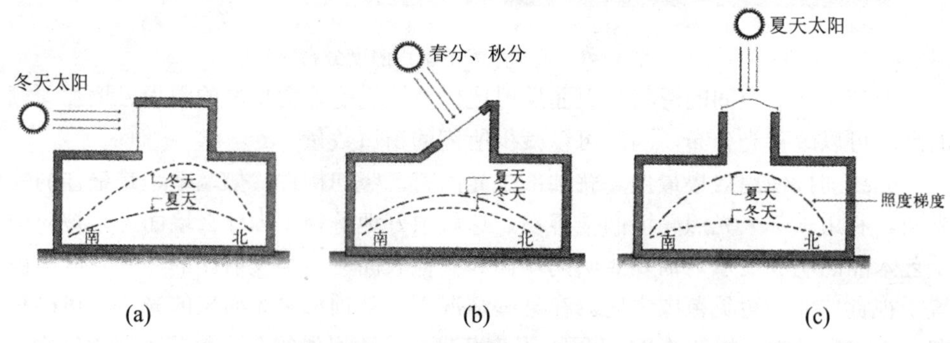

图 4-32　顶部采光倾斜角对采光效果的影响

(a) 竖直；(b) 倾斜；(c) 水平

由于竖直的天窗更偏好低太阳角，它们最适合日光和反射光的情况，而不是全阴天的天空情况。为了均衡全年中采集的光和热，应将天窗的窗口朝向春分或秋分时(3 月 21 日或 9 月 21 日) 正午太阳的位置。

调节天窗朝向的目的是为了获得最佳的采光数量和质量。竖直的天窗很受朝向的影响，这一点类似普通的窗户。朝东的天窗可接收到早晨的光线；朝西的则接收到下午的光线。朝南的天窗采集到的光线最多；而朝北的天窗则最少。朝南的天窗在低太阳角时采集到的光线多于高太阳角时。这种光是暖色的，强烈的且易变的。朝北的天窗需要的遮挡最少，这是由于它们采集到的天空光多于日光。这种光是冷色的且极少变化的，如图 4-33、图 4-34 所示。

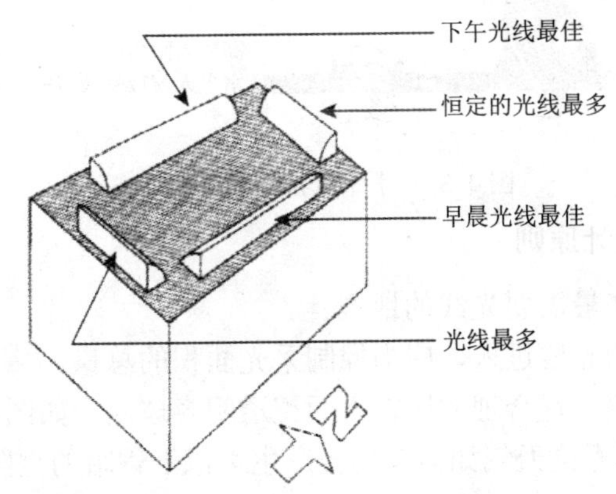

图 4-33　不同朝向天窗的采光特点

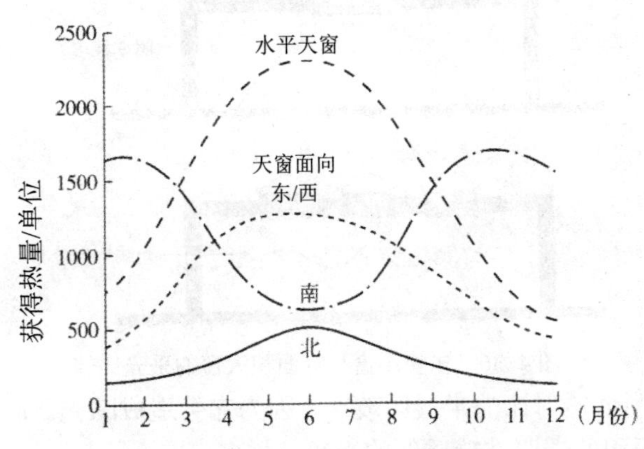

图 4-34　全年不同朝向天窗的得热量

水平天窗最适合全阴天空条件。竖向的天窗则对低太阳角有益，最适于日光和反射光线，如图 4-35 所示。

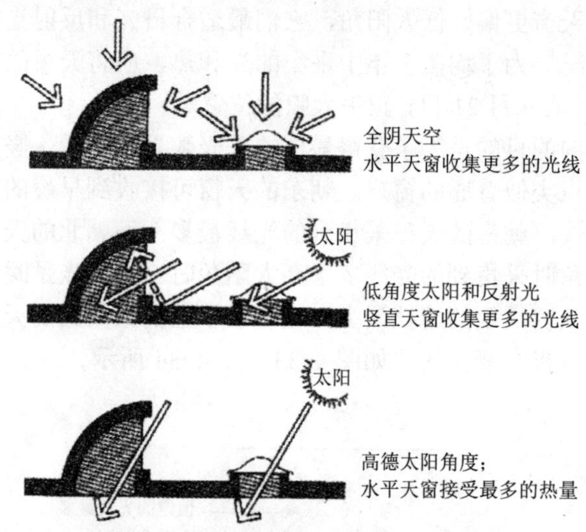

图 4-35　水平天窗的采光特点

10．顶部采光设计原则

1) 将窗口安排在最需要光线的地方。

2) 为避免过多的光线进入，应当控制采光面积的总量。

3) 优先采用多块位置合理的比较小面积透明窗玻璃，如图 4-36 所示。而大块的、半透明的天窗不论天气如何，均会产生类似于昏暗的全阴天空的效果。

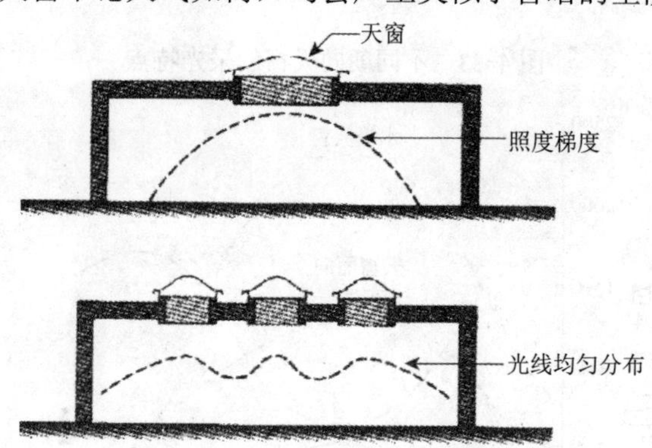

图 4-36　多块小窗与等面积大窗的采光比较

4) 不要使用低透射比的半透明玻璃，因为它会造成眩光。而大面积、低透射比的玻璃与小面积的透明玻璃透射的光线一样多。

5) 将顶棚至窗口部分做成倾斜面可以改善光分布，减小对比。

6) 采用尽量高的顶棚以获得理想的光分布。

7) 将窗口设置在可将光线导向墙壁，或导向如同光井这样可以改变光方向的表面，使直接光线远离工作表面，从而达到控制眩光的目的。

8) 充分利用室外挑檐、百叶和格栅等设施，并且在室内利用深的光井、梁、格栅或反射器来控制直射光线。

11．阳光反射器的应用

阳光反射器可以显著改善高侧天窗的采光性能。除了朝南的窗口已接受了最大量的光线以外，使用竖向反射器可以改善其他朝向窗口的采光持续时间和照明强度。在朝北的窗口处，阳光采集器不但可以用来增加其照明数量，并且改善其与朝南窗口之间的平衡度，如图 4-37 所示。

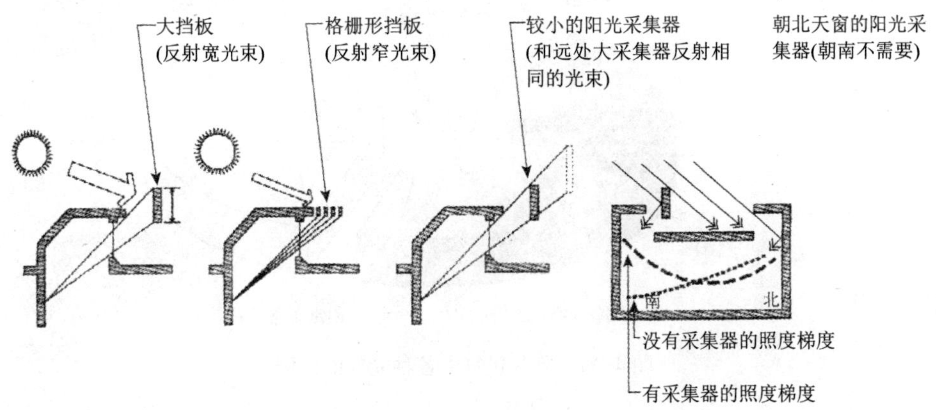

图 4-37　利用阳光反射器改善高侧天窗的采光性能

在朝东及朝西的窗口处，阳光采集器可用于全天平衡照明量，如果没有使用阳光采集器，一座同时拥有东、西窗口的建筑，在早晨其从东面接受的光线大大多于从西面接受的光线。加上阳光采集器之后，全天的照度几乎是一致的。这种效果可以通过如图 4-38 所示的在日光直射面进行遮挡，同时在背阴面改变日光方向而获得。阳光采集器应当设计成可将室外光源直接反射到室内采光面。

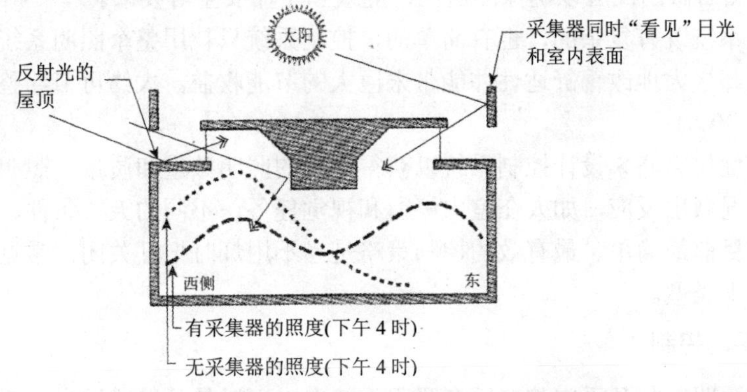

图 4-38　阳光采集器可对东西向窗口采光的调整图

二、照明系统节能

照明在各类建筑的能耗中都占有相当的比例，美国的公共建筑中照明所消耗的电能可占建筑总用电量的 43%，如图 4-39 所示。如果在照明设计中采用节能型器件和照明控制系统，就可以节约这个能耗的 40%，而且常常可明显感受到照明质量的改善，照明节能投资的回收期比较短，往往 4 年内有一个基本的回报，在这之后会一直节省耗电量而获利。

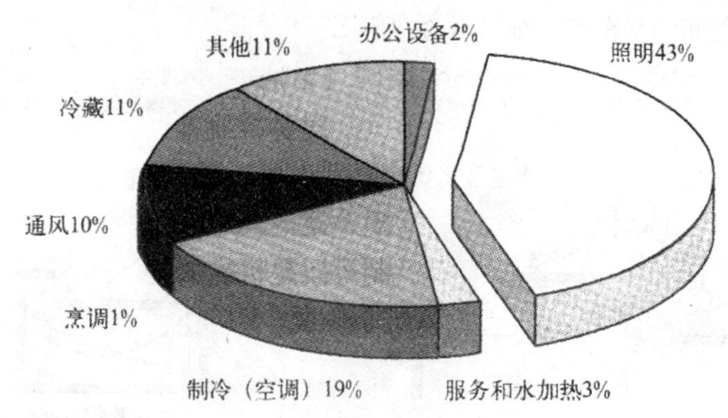

图 4-39　公共建筑中各种能耗的比例

（一）照明节能控制措施

建筑的整个控制和协调系统包括照明、防火和生命安全等系统，是十分重要的，如同人的神经系统，它们能够感知到某一种情况的出现，随即就会做出某一合适的反应。为了节约能源，同时满足必要的室内光环境，照明控制系统一般应监测环境情况(如时间、光量、温度、空气质量)，人类活动(是停留、离开还是动作) 等，然后做出反应以确保舒适性、能效和生命安全等要求。

控制系统既有复杂的，也有简单的，控制系统只耗用整个照明系统花费的一小部分，却极大地改善舒适性并能带来巨大的节能收益，大约可节约整个照明系统耗能的 30%。

通过优化策略来设计控制系统以获得需要的照明数量和质量。照明控制必须对以下状况做出反应，如人在室内停留和视觉任务、不同的天气条件、灯和灯具的老化。目前最简单、最有效的控制策略是当不用灯时把灯关闭，常见的照明系统包括以下类型。

1. 手动控制

手动照明控制几乎安装在所有照明系统中，可以是开关或调光，或者拥有各种附加的复杂电路。典型的手动开关是一个双路开关，用以连通或切断电路。如果电路需要在两个位置被控制，就需要两个三路开关；对于两个或多个位置的控制，需要四路开关。手动开关的效率依赖于房间使用者如何使用。

在使用区域安装开关是最方便的。一般将开关安装在靠近空间入口处，也可以将一批开关安装在一个面板上集中控制，这适合于有相同照明要求区域的成组控制。集中控制面板的另一个附加好处是可提供预设的照明场景设置。例如，一个餐馆可能有一个预设场景为午餐时间，另一个为晚餐时间。

人们希望使用周围环境中的局部控制系统。居住者在进入一个空间后往往就合上开关而不管是否必需。当他们离开后也常常留下灯开着。这种情况可通过空间分区来解决，做到只有需要的区域会被照明。同时将手动开关与自动控制相结合，根据使用和需求来重新平衡照度水平。照明设计必须注意不要用过多开关而让使用者感到混乱，如果人们已经拥有了良好的照明，又在现有房屋内增加单独的控制不会有明显的好处。

2. 人员流动传感器

人员流动传感器，也叫运动传感器，可以探测人员流动的情况从而开灯或关灯。传感器可以探测红外热辐射或者探测室内声波反射(超声或微波) 的变化。最常用的是被动式红外传感器(PIR) 和超声传感器，图 4-40 所示为人员流动传感器控制系统组成。

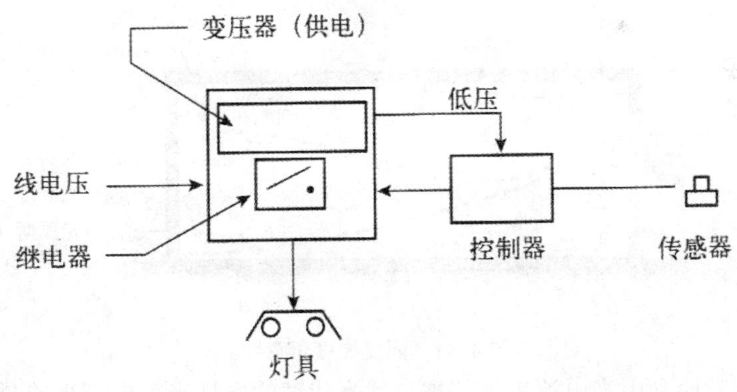

图 4-40　人员流动传感器控制系统

PIR 传感器探测人体发出的红外热辐射。因此，传感器必须能探测到热源，它们是视线区域的器件，不能探测到角落或隔断背后的停留者。PIR 传感器使用一个多面的透镜从而产生一个接近圆锥形的热感应区域，当一个热源从一个区域穿过进入到另一个区域时这个运动就能被探测到。

超声传感器不是被动的，它们发出高频信号并探测反射声波的频率。这些探测器有连续的覆盖，没有缺口间隙或盲点。视线虽有用，但不是探测停留者的必备要素。虽然超声传感器比 PIR 贵，但它们提供更好的覆盖，更敏感。增强的灵敏度会由于空调送风系统或风而产生误触发。

运动传感器最适合用于间歇使用的空间，诸如教室、走廊、会议室和休息室，而对于持续使用的区域则作用一般。人员流动传感器必须配合频繁开关而不会损坏的灯使用。合适的光源有白炽灯和快速启动荧光灯。瞬时启动荧光灯和预热式灯管可能会由于频繁开关而缩短使用寿命。HID 光源由于较长的启动和重启动时间而一般不适合重复开关。

频繁开关会缩短灯的运行寿命，但对于某种灯，其寿命的缩短减少与所节省的电能相比是微不足道的。正常情况下，电能费用占整个照明系统费用的 85%，维护费用占 12%，只有 3%是灯的费用。采用人员流动传感器一般会节省整个电能费用的 35%～45%，并能延长灯的寿命。

3．光电控制

光电控制系统使用光电元件感知光线。当自然光对一个指定区的环境照明时，光电池便调低或关闭电光源，其原则是维持一个足够的照度而不管是什么光源(图 4-41) 。传感器探测环境光的水平。当自然光照明水平下降时，增加电补偿，相反地，当自然光照明水平增加时，调低或关闭电气照明。

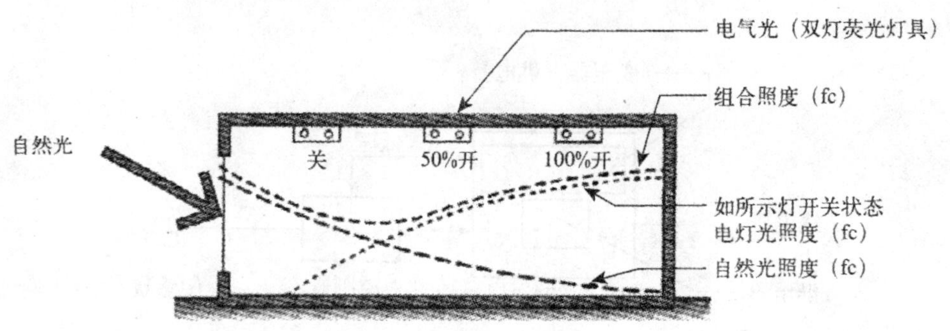

图 4-41　照度梯度示意图

为了有效地利用光电池来调整被自然光代替的电灯光，电灯光的分布和开关方式必须补充空间内自然光的光分布。例如，当房屋有侧窗时，灯具应该平行于开窗的墙，以便根据需要调节或开关。

使用灯具来仿效自然光的空间分布也是很有益处的。如果使用顶棚来作为散布自然光的面，最好也使用顶棚作为分布电气照明的表面。这将有助于混合使用两种光源并使调光和补偿电灯光不太引人注意。

光电效应控制系统一般分为闭环系统(完整的) 和开环系统(部分的) ，如图4-42、图 4-43 所示。闭环系统同时探测灯光和环境自然光，而开环系统只探测自然光。

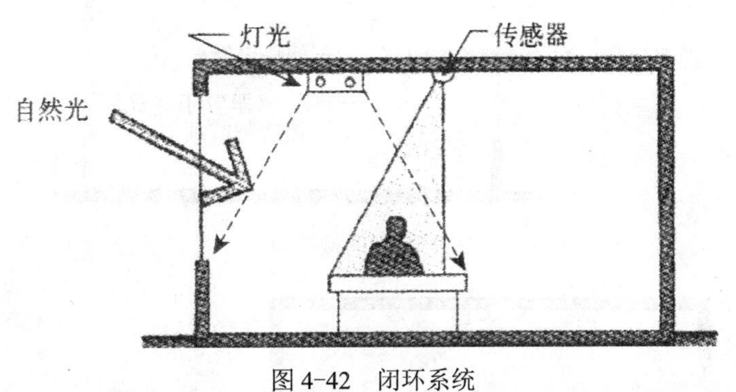

图 4-42　闭环系统

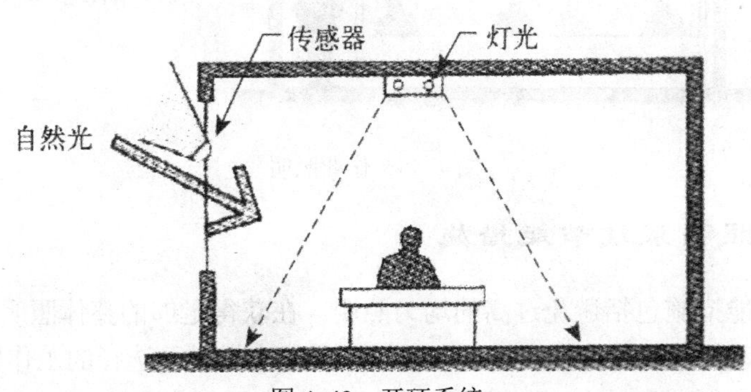

图 4-43　开环系统

闭环系统在夜间灯光打开时校准，以建立一个目标照度水平。当存在的自然光造成照度水平超出时，灯光即被调低直到维持目标水平。

开环系统在白天校准。传感器暴露在昼光下，当可用光线水平增加时，相应地灯光即被调低。良好设计、安装的闭环系统通常能比开环系统更好地追踪照度水平。

传感器的定位使它们具有较大的视野。这能确保细小的亮度变化不会引起传感器触发。在闭环系统中，传感器可以定位在有代表性的工作区域上方来测量工作面上的光线。典型的是位于距离窗户大约为自然光控制区域深度 2/3 的位置。传感器不会误读诸如来自灯具的光是非常重要的。对于直接下射照明系统，传感器可以装在顶棚上，但对于间接照明系统，必须将传感器的传感面向下安装在灯具下半部分，如图 4-44、图 4-45 所示。

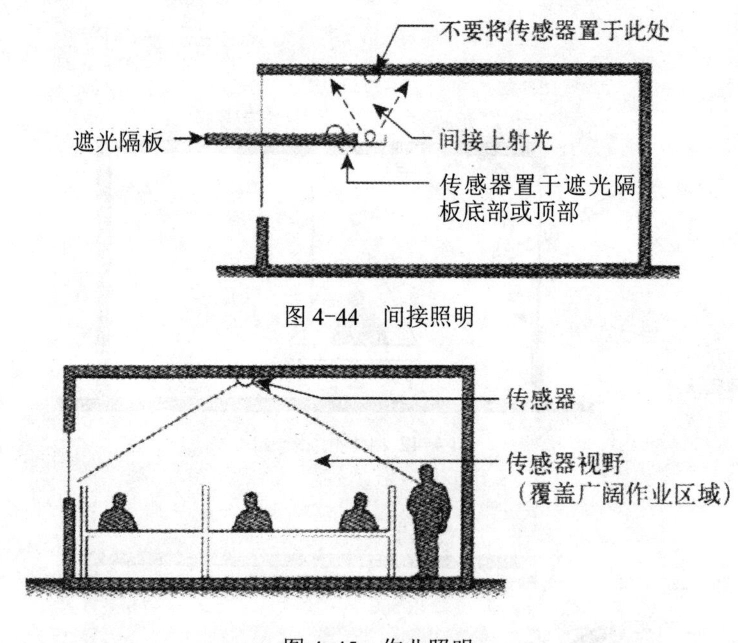

图 4-44　间接照明

图 4-45　作业照明

（二）照明系统节能措施

设计节能措施包括避免过高的均匀照明，在获得足够的整体照明水平后，通过使用可移动灯具，家具集成灯具和类似灯具等来提供可选择的工作照明。首先，为了使光幕反射减到最小，局部照明定位要确保在视觉作业面上的照明来自侧向，如果需要的话可以使用补充照明。其次，应该将照明要求类似的视觉作业布置在一组。另外，隔墙上部使用高窗可以利用室内光为走廊提供间接采光，墙、地板和顶棚尽量用浅色以增加反射光。

光源节能措施应考虑对于要求恒定照度的场合，使用满足要求的单一功率光源提供照明，而不用多级照明光源；应使用符合要求的一个灯来提供必要的照度，而不是使用多个总功率等于或大于单个灯的小功率灯。选择光源时应尽量使用高光效的节能灯，可能时使用紧凑型荧光灯替代白炽灯，放电灯使用高效低能耗的镇流器，室外照明使用放电灯时配备定时器或光电控制器以便在不需要时关灯。

灯具节能应考虑尽可能降低半直接灯具和下射灯的高度，以便更多的光到达工作面，尽量选用悬挂式或链垂式荧光灯灯具而不用封闭型灯具，以便镇流器和灯的散热。灯具的选用还应便于清洁和维护。

第三节　建筑设备系统节能

一、供热系统节能

（一）概述

供暖系统的功能是在冬季为保持建筑室内适宜的气温，通过人工方法向室内供给热量。供暖系统是由热源、热媒输送和散热设备三个主要部分组成。其中热源、输送、利用三者为一体的供暖系统，称为局部供暖系统，如烟气供暖、电供暖和燃气供暖等。热源和散热设备分别设置，由热媒管道相连，即由热源通过热力管道向各个房间或各栋建筑物供给热量的供暖系统，称为集中式供暖系统。如图 4-46 所示，热水锅炉 1 和散热器 4 分别设置，通过热水管道(供水管与回水管) 3 相连。循环水泵 2 使供暖系统的回水送入热水锅炉 1 中加热，并送到散热器，热水在散热器中冷却后，返回锅炉重新加热。膨胀水箱 5 用于容纳供暖系统升温后的膨胀水量，并使系统保持一定的压力。

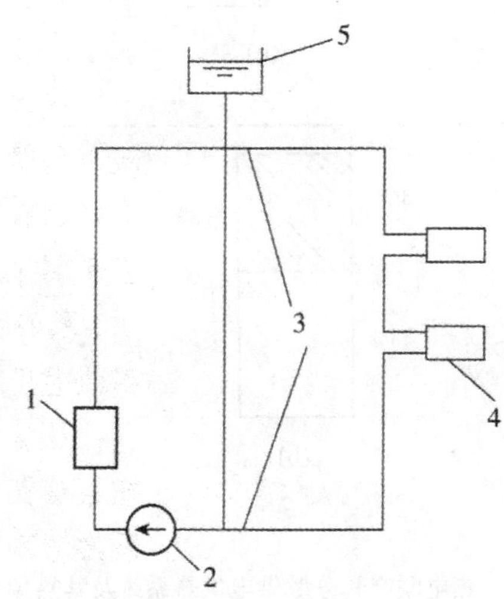

图 4-46　集中式供暖系统示意图

1—热水锅炉；2—循环水泵；3—热水管道；

4—散热器；5—膨胀水箱

(二) 集中供热节能

集中供热系统由热源、管网和热用户三部分组成。供热系统中的热源指供热热媒的来源，它是热能生产和供给的中心。一般有区域锅炉房、热电厂、工业余热和地热等。

1. 热电厂

热电厂供热主要是利用汽轮机中、后部做功后的低品位蒸汽的热能，这种既供电，又供暖的汽轮机组可以使汽轮机的冷源损失得到有效利用，从而显著提高热电联合生产的综合利用效率。典型的热电联产和分散供电供热系统及其热量平衡示意，如图 4-47 所示。

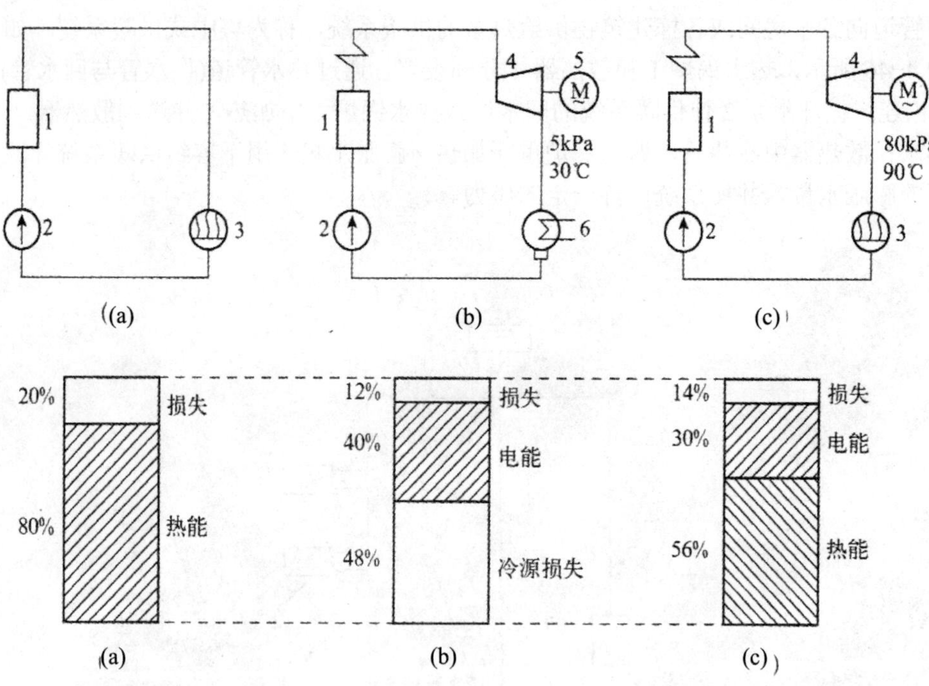

图 4-47 热电联产和分散供电供热系统及其热量平衡图

(a) 区域锅炉房供暖；(b) 凝汽发电；(c) 热电联产

1—锅炉；2—给水泵；3—热用户；

4—汽轮机；5—发电机；6—凝汽器

如果采用热电联产方式，获得相同数量电能和热量，理论上所耗燃料比分产方式(分别由锅炉房供热和凝汽电厂供电) 可少 1/3 左右。热电厂的供热机主要有背压式汽轮机和抽气式汽轮机等形式。

2. 区域锅炉房

区域锅炉房一般都装置容量大、效率高的蒸汽锅炉或热水锅炉，向城市各类用户供应生产、生活用热。区域锅炉房的规模和场地选择比较灵活，投资比热电厂少，建设周期比较短，但热能利用率低于热电厂，它是目前城市集中供热热源的一种主要形式。它既可单独向一些街区供热，形成独立的供热系统，也可以作为热电厂的辅助热源，在高峰负荷时，与热电厂联合供热。

国内的热电厂和区域锅炉房大多数采用矿物燃料。有的国家发展以核裂变为热源的核电厂和核供热站，也有一些国家建设了垃圾焚烧厂以及燃烧麦秆、木材下脚料的热电厂或锅炉房，这些在我国也有应用实例。

3. 工业余热

工业余热主要包括：

1) 从冶金炉、加热炉、工业窑炉等各种工艺设备的燃料气化装置排出的高温烟气。将其引入余热锅炉，生产蒸汽直接或间接加热热水供热。

2) 各种工艺设备的冷却水。

3) 各种工艺设备，如蒸汽锤等做功后的蒸汽。

4) 熔渣物理热等。

工业余热一般用以满足本厂及住宅区的生产及生活用热，也可以并入热网和其他热源联合供热。

4. 地热

地热水供热是利用蕴藏在地下的热水资源，开采并抽出向用户供热。它具有节省燃料和无污染的优点。为了防止水位下降，一般将利用后的地热水经回灌井返回地下。

地热水供暖可分为直接系统和间接系统两种。直接系统是将地热直接引入热用户系统，它具有设施简单、基础建设投资少等优点，但地热中含有硫化氢等杂质会造成系统管道和设备腐蚀。间接系统是通过换热器加热热水以供给用户，它虽可以避免管道和设备的腐蚀，但是设施复杂、基建投资高。

地热水的温度较低，可在系统中装置高峰锅炉，或利用热泵等方法提高地热水温度，以扩大供热面积和降低成本。

5. 热网

热网是指由热源向热用户输送和分配供热介质的管线系统。由输热干线、配热干线、支线等组成。热网多采用枝状，少数采用环状，又可分为热水热网和蒸汽热网两种。

1) 热水管网还可分为单管、双管和多管系统。热水单管系统只有一条供水管，热水经供暖散热、生活使用后不再返回热源，只适用于生活用热量大，热源充足的情况，如上面提到的地热水供暖系统。热水双管系统，适用于热水沿供水管送到用户，散热降温后又经回水管返回热源的情况，应用最广泛。热水多管系统，适用于两种或两种以上具有不同参数要求或不同调节特性的用户。

2) 蒸汽热网一般常拥有凝结水管系统。蒸汽由热源经蒸汽管道输送到用户，在用热装置中放热并形成凝结水，再沿着凝结水管返回热源。当凝结水无回收价值时，可采用无凝结水管的蒸汽管网。

3) 供热管道的敷设方式有地下敷设和地上敷设两种。地下敷设方式，多用于市区供热管网，它可分为有沟敷设和无沟敷设。有沟敷设是指供热管道敷设在地沟内，管道不承受外界负载；无沟敷设是指管道直接埋于土壤中，无地沟管道直接承受外界负载，造价低廉，施工方便。

地上敷设方式多用于工业区、郊区、地下水位高、永久冻土区和湿陷性土壤等地质构造特殊的地区。供热管道一般采用钢管并有防腐保温措施。为防止供热介质温度变化而破坏管道，还应设置热补偿装置。

6. 热用户

热用户是指集中供热系统利用热能的用户。热用户按用途不同，可分为建筑采暖、通风空调、生活热水和工业生产等类型。

为适应用户的需要，热网在进入一批用户的地方应设立热力站。根据用户性质不同可分为民用热力站和工业热力站。民用热力站系统多数采用热水作为热媒，如图 4-48 所示。按连接方式，可分为直接连接和间接连接。直接连接时，热网的供热介质进入用户系统，有的采用水泵或喷射泵等混合装置，调节进入用户的压力、温度和流量等供热介质参数。

间接连接时，热网的供热介质通过表面式换热器进行热能交换，热网的供热介质不进入用户，进入用户的二次水靠水泵驱动循环。

工业热力站系统大多采用蒸汽作为热媒，工业蒸汽热力站如图 4-49 所示。热网蒸汽首先进入分汽缸，然后再根据用汽设备要求的工作压力、温度等参数要求，经减压阀或减温阀调节后进入用户系统，其凝结水经凝结水箱、凝结水泵送回热源。

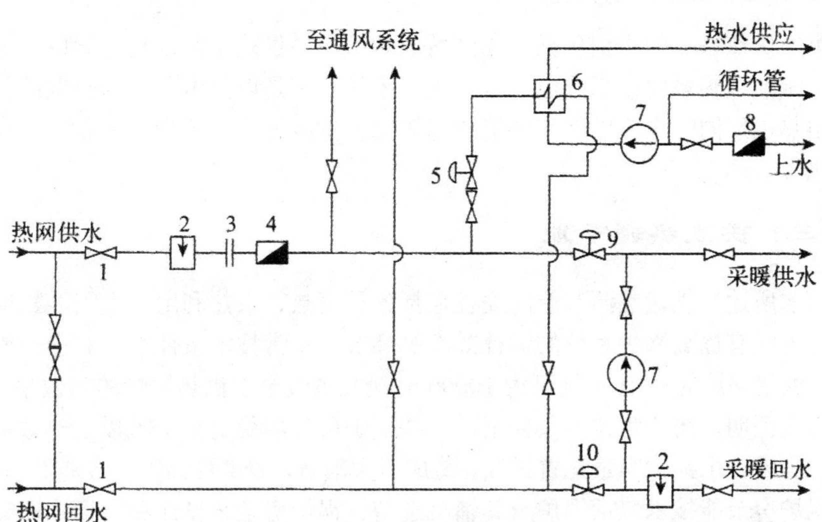

图 4-48　民用热水热力站示意图

1—阀门；2—除污器；3—调压装置；

4—流量计(或热量表)；5—温度调节器；6—换热器；

7—水泵；8—水表；9—流量调节器；10—压力调节器

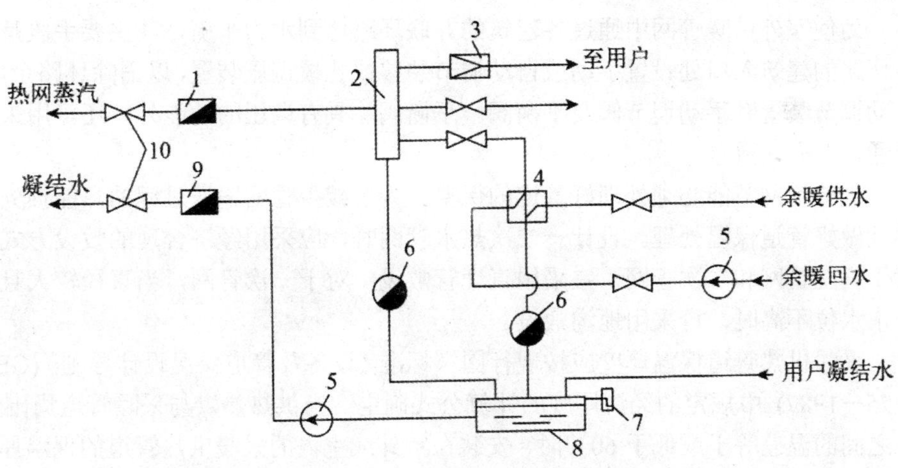

图 4-49　工业蒸汽热力站示意图

1—蒸汽量计；2—分汽缸；3—减压阀；4—换热器；5—水泵；

6—疏水器；7—水封；8—凝结水箱；9—凝结水表 10—阀门

7. 集中供热系统的类型

集中供热系统的类型包括：①区域锅炉房集中供热系统，它是指以区域锅炉房为热源的供热系统；②热电厂集中供热系统：它是以热电厂作为热源的供热系统。由热电厂同时供应电能和热能的能源综合供应方式，称为热电联产，也称为“热化”。

（三）供暖热源节能

如前所述，供暖热源节能的途径包括各种废热、余热利用，太阳能、地能供暖，另外还有提高锅炉系统的运行效率等环节。正常技术条件下，对于一般住宅建筑，供暖锅炉的每 1t 蒸气可为 $10000m^2$ 建筑供暖至于供热锅炉的热效率，锅炉运行实践证明，在正常技术条件下，一些锅炉可长期稳定在 75%以上热效率。目前锅炉房设计中锅炉容量配置过高，造成巨大浪费，故供热锅炉房节能潜力巨大。供热锅炉房节能技术包括锅炉及其辅机选型、锅炉房工艺设计和运行管理等。

（四）供热管网节能

供热管网节能首先应考虑室外供暖管网的节能调控，室外供暖管网中通过各建筑的并联环路之间的水力平衡是整个供暖系统达到节能的必要条件，因为当某建筑环路的流量偏低时，其室内平均温度也必然低于其他建筑。

为使室外供暖管网中通过各建筑的并联环路达到水力平衡，其主要手段是在各环路的建筑入口处设置手动或自动调节装置或孔板调压装置，以消除环路余压。手动调节装置有手动调节阀及平衡阀。平衡阀除具有调压的功能外，还可用来测定通过的介质流量。

供热管网节能必须处理好管道的保温。为了减少管网输送过程的热能损失，必须做好管道保温处理。设计一二次热水管网时，应采用经济合理的敷设方式。对于庭院管网和二次管网，宜采用直埋管敷设；对于一次管网，当直径较大且地下水水位不高时，可采用地沟敷设。

采暖供热管道保温厚度应按现行国家标准《设备及管道保温设计导则》(GB/T 8175－1987) 中规定的经济厚度的计算公式确定。当供热热媒与采暖管道周围空气之间的温差等于或低于 60℃时，安装在室外或室内的采暖供热管道的保温厚度不得小于表 4-7 中规定的数值。

当选用其他保温材料或其热效率与表 4-7 的规定值差异较大时，最小保温厚度应计算后修正。当系统供热面积大于或等于 $5\times10^4m^2$ 时，应将 200~300mm 管径的保温厚度在表 4-7 最小保温厚度的基础上再增加 10mm。

表 4-7　采暖供热管道最小保温厚度表

保温材料	管道公称直径 D_0/mm	管道外径 D/mm	最小保温厚度 δ min/mm
岩棉或矿棉管壳	25～32	32～38	30
$\lambda_m = 0.0314 + 0.0002t_m W/(m\cdot K)$，$t_m = 70℃$	40～200	45～219	35
$\lambda_m = 0.0452W/(m\cdot K)$	250～300	273～325	45
玻璃棉管壳	25～32	32～38	25
$\lambda_m = 0.024 + 0.00018t_m W/(m\cdot K)$，$t_m = 70℃$	40～200	45～219	30
$\lambda_m = 0.037W/(m\cdot K)$	250～300	273～325	40
聚氨酯硬质泡沫保温管(直埋管)	25～32	32～38	20
$\lambda_m = 0.02 + 0.00014t_m W/(m\cdot K)$，$t_m = 70℃$	40～200	45～219	25
$\lambda_m = 0.03W/(m\cdot K)$	250～300	273～325	35

二、空调制冷系统节能

空调就是使用人工的手段，借助于各种设备创造适宜的人工室内气候环境来满足人类生产生活的各种需要。空调建筑指一般夏季空调降温建筑，亦即室温允许波动范围为±2℃的舒适性空调建筑。空调的运转需要消耗大量的电能和热能，热能可通过用石油、煤等当作燃料经过燃烧而获得，但是这样不但污染空气，而且浪费了大量的能源。因此，空调系统的能源有效利用和节能就成为亟待解决的问题。

（一）空调建筑节能基本原理

在夏季，太阳辐射热通过窗户进入建筑室内，构成太阳辐射得热，同时被外墙和屋面吸收，然后传入室内，再加上通过围护结构的室内外温差传热，构成传热得热，以及通过门窗的空气渗透换热，构成空气渗透得热，此外还有建筑物内部的炊事、家电、照明、人体等散热，构成内部得热。太阳辐射得热、传热得热及空气渗透得热和内部得热三部分构成空调建筑得热。这些得热是随时间而变的，且部分得热被内部围护结构所吸收，暂时贮存，其余部分构成空调负荷。空调负荷有设计日冷负荷和运行负荷之分。设计日冷负荷指在空调室内外设计条件下，空调逐时冷负荷的峰值，其目的在于确定空调设备的容量。运行负荷指在夏季空调期间，空调设备在连续或间歇运行时，为将室温维持在允许的范围内，需由空调设备从室内除去的热量。

空调建筑节能除了应采取建筑措施，如窗户遮阳以减少太阳辐射得热，围护结构隔热以减少传热得热，加强门窗的气密性以减少空气渗透得热，采用重质内墙等以降低空调负荷的峰值等，除降低空调运行能耗之外，还应采用高效的空调节能设备或系统，以及合理的运行方式来提高空调设备的运行效率。

（二）空调系统能耗的影响因素

正常运行的一般空调系统，如图 4-50 所示。系统的耗能主要影响因素如下：

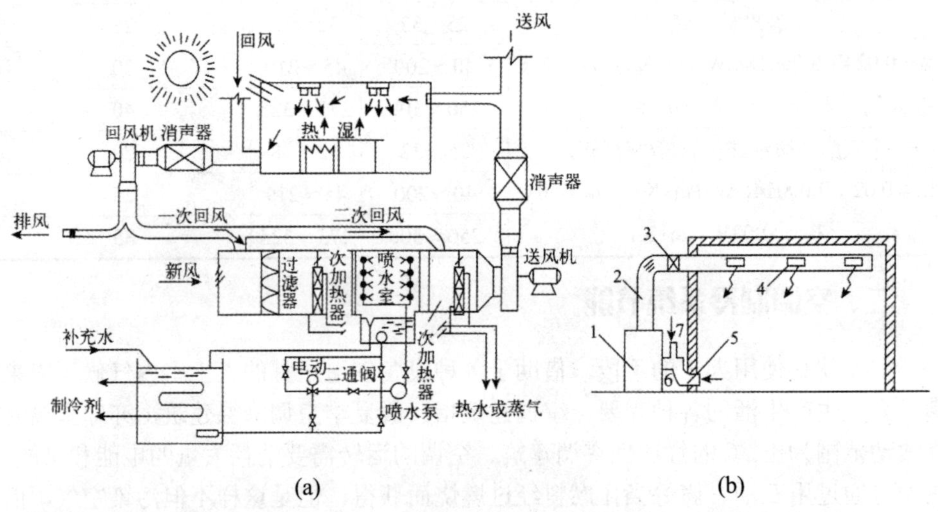

图 4-50　空调系统能耗的影响因素

(a) 集中式空调系统；(b) 分布式空调系统

1－空调机组；2－送风管道；3－电加热器；

4－送风口；5－回风口；6－回风管道；7－新风入口

1) 供给空气处理设备的大量冷(热) 源耗能和风机与水泵克服流动阻力的动力耗能。

2) 空调系统耗能的其他影响因素。空调系统耗能的影响因素有室外气象参数，包括气温和太阳辐射强度；室内设计标准；围护结构特性；室内的人、设备，照明等的热、湿负荷以及新风回风比等。同时，空调房间的冷负荷、新风冷负荷以及风机、水泵的耗电是空调系统必须消耗的能量。

（三）大空间建筑空调节能

在高大空间建筑物中，空气的密度随着垂直方向的温度变化而呈自然分层的现象，利用合理的气流组织，可以做到仅对下部工作区进行空调，而对上部的大空间不予空调或夏季采用上部通风排热，通常将这种空调方式称为分层空调，如

图 4-51 所示。只要空调气流组织得好，既能保持下部工作区所要求的环境条件，又能节省能耗，减少空调的初投资和运行费用，其效果是全室空调所无法比拟的。与全室空调相比，分层空调可节省冷负荷 14%～50%。分层空调技术在我国得到了广泛应用，都取得了显著的节能效果，证明高大空间建筑采用分层空调的节能效果十分显著，值得推广。

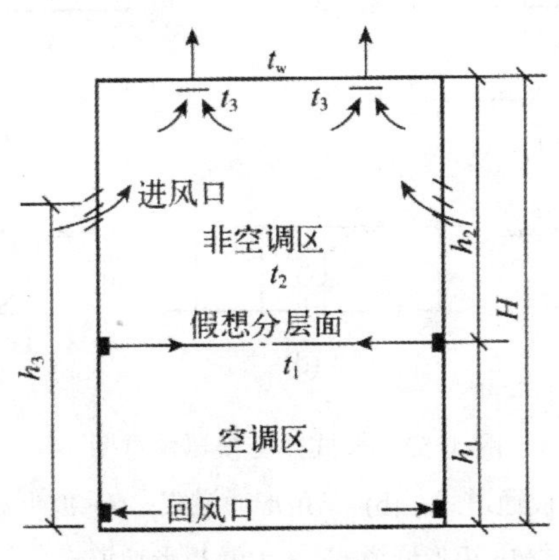

图 4-51　分层空调示意图

（四）热回收设备节能

热回收设备在空调节能工程中具有明显的节能效果，通常，全热交换器、板式显热交换器、板翅式全热交换器、中间热媒式换热器、热管换热槽和热泵等设备应用比较广泛。

1．转轮全热交换器

转轮全热交换器是一种空调节能设备。它是利用空调房间的排风，在夏季对新风进行预冷减湿；在冬季对新风进行预热加湿。它分金属制和非金属制两种不同形式。

2．板式显热交换器

板式显热交换器可以由光滑板装配而成，形成平面通道引在光滑平板间通常构成三角形、U 形、门形截面。在同样的设备体积 $V=abc$ 的情况下，使空气与板之间的接触表面大为增加。从热交换器来看，换热介质的逆流运动是效率最高的。板式热交换器如图 4-52 所示。

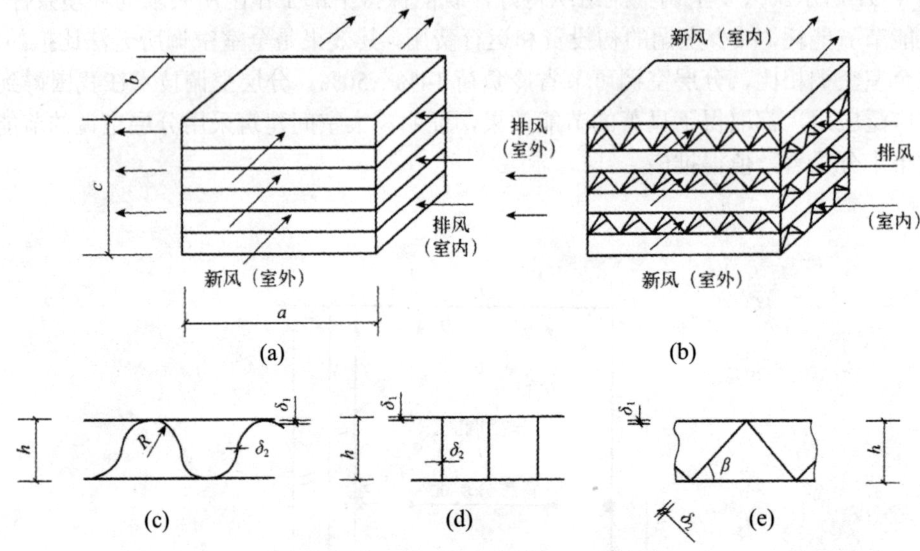

图 4-52　板式热交换器示意图

(a) 光滑平板通道式；(b) 三角形通道式；(c) 波形通道式；
(d) 矩形通道式；(e) 折板形通道式

3. 热管换热器

热管是蒸发-冷凝器型的换热设备，中间热媒在自然对流或毛细压力作用下实现其中的循环。热管在投入运行之前，内部工作介质的状态取决于当时环境温度和介质在该温度下对应的饱和压力，这就是热工工作前介质的初始参数。

第五章　绿色建筑设备节能技术

建筑设施设备指安装在建筑物内为人们居住、生活、工作提供便利、舒适、安全等条件的设施设备。绿色建筑的设施设备，则更进一步保证绿色建筑节能、环保等“绿色”功能顺利地运行实现。同时，设备设施自身节能环保的实现，也应该成为绿色建筑环保目标体系中的一部分。本章根据《绿色建筑评价标准》GB/T 50378—2006 的要求，对现行建筑设施设备的设计选型进行绿色化指导，实现其绿色功能运作与环保节能效益的同步实现。

第一节　绿色建筑设备

建筑设备包括建筑电气、采暖、通风、空调、消防、给/排水、楼宇自动化等。建筑内的能耗设备主要包括空调、照明、采暖等。空调系统、采暖系统和照明系统的耗能在大多数的民用建筑能耗中占主要份额，空调系统的能耗更达到建筑能耗的 40%～60%，成为建筑节能的主要控制对象。

一、建筑节能设备与系统

(一) 空调节能设备与系统

1．热泵系统

热泵是通过做功使热量从温度低的介质流向温度高的介质的装置。热泵利用的低温热源通常可以是环境(大气、地表水和大地)或各种废热。应该指出，由热泵从这些热源吸收的热量属于可再生的能源。采用热泵技术为建筑物供热可大大降低供热的燃料消耗，不仅节能，同时也大大降低了燃烧矿物燃料而引起的 CO_2 和其他污染物的排放。热泵通常分为空气源热泵和地源热泵两大类。地源热泵又可进一步分为地表水热泵、地下水热泵和地下耦合热泵。空气源热泵以室外空气为一个热源。在供热工况下将室外空气作为低温热源，从室外空气中吸收热量，经热泵提高温度送入室内供暖。另一种热泵利用大地(土壤、地层、地下水)作为热源，可以称为地源热泵。

2．变风量系统

采用变风量(Variable Air Volume，VAV)系统，以减少空气输送系统的能耗。VAV 空调控制系统可以根据各个房间温度要求的不同进行独立温度控制，通过改变送风量的办法，来满足不同房间(或区域)对负荷变化的需要。同时，采用变风量系统可以使空调系统输送的风量在建筑物中各个朝向的房间之间进行转移，从而减少系统的总设计风量。这样，空调设备的容量也可以减小，既可节省设备费的投资，也进一步降低了系统的运行能耗。该系统最适合应用于楼层空间大且房间多的建筑，尤其是办公楼，更能发挥其操作简单、舒适、节能的效果。因此，变风量系统在运行中是一种节能的空调系统。

3．变制冷剂流量空调系统

变制冷剂流量(Variable Refrigerant Volume，VRV)空调系统是一种制冷剂式空调系统，它以制冷剂为输送介质，属空气一空气热泵系统。该系统由制冷剂管路连接的室外机和室内机组成。室外机由室外侧换热器、压缩机和其他制冷附件组成；室内机由风机和直接蒸发式换热器等组成。一台室外机通过管路能够向若干个室内机输送制冷剂液体，通过控制压缩机的制冷剂循环量和进入室内各个换热器的制冷剂流量，可以适时地满足室内冷热负荷要求。

4．冷热电三联供系统

热电联产是利用燃料的高品位热能发电后，将其低品位热能供热的综合利用能源的技术。目前，我国大型火力电厂的平均发电效率为 33%左右，其余能量被冷却水排走；而热电厂供热时根据供热负荷，调整发电效率，使效率稍有下降(如 20%)，但剩余的 80%热量中的 70%以上可用于供热，从总体上看是比较经济的。从这个意义上讲，热电厂供热的效率约为中小型锅炉房供热效率的 2 倍。在夏季还可以配合吸收式冷水机组进行集中供冷，实现冷热电三联供。另外一种形式为建筑(或小区)冷热电联产(Building Cooling Heating and Power，BCHP)，是指能给小区提供制冷、制热和电力的能源供给系统，它应用燃气为能源，将小型(微型)燃气涡轮发电机与直燃机相组合，实现小区冷热电联供。

(二) 采暖节能设备与系统

1．风机水泵变频调速技术

风机水泵类负载多是根据满负荷工作需用量来选型，实际应用中大部分时间并非工作于满负荷状态。采用变频器直接控制风机、泵类负载是一种最科学的控制方法，利用变频器内置 PID 调节软件，直接调节电动机的转速保持恒定的水压、风压，从而满足系统要求的压力。当电动机在额定转速的 80%运行时，理论上其消耗的功率为额定功率的 80%，去除机械损耗及电动机铜、铁损耗等影响，节能效率也接近 40%，同时也可以实现闭环恒压控制，节能效率将进一步提高。由于变频器可实现大的电动机的软停、软启，因此避免了启动时的电压冲击，减少电动机故障率，延长使用寿命，同时也降低了对电网的容量要求和无功损耗。为达到节能的目的，推广使用变频器已成为各地节能工作部门以及各单位节能工作的重点。因此，大力推广变频调速节能技术，不仅是当前企业节能降耗的重要技术手段，而且是实现经济增长方式转变的必然要求。

2. 设置热能回收装置

通过某种热交换设备进行总热(或显热)传递，不消耗或少消耗冷(热)源的能量，完成系统需要的热、湿变化过程称为热回收过程。回收热源可以取自排风、大气、天然水、土壤和冷凝放热等。这种装置一般用于可集中排风而需新风量较大的场合。新风换气热回收装置的设计和选择，应根据当地气候条件而定。采用中央空调的建筑物应用新风换气热回收装置，对建筑物节能具有显著意义。对于夏季高温、高湿地区，要充分考虑转轮全热热交换器的应用。根据夏季空气含湿量情况可以划定有效的换新风热回收应用范围：对于含湿量大于 1012g/kg 的湿润气候状态，拟采用转轮全热热交换器；对于含湿量小于 0.09g/kg 的干煤气候状态，拟采用显热热交换器加蒸发冷却。

(三) 照明节能设备与系统

目前太阳能应用技术已取得较大突破，并且较成熟地应用于建筑楼道照明、城市亮化照明。太阳能光伏技术是利用电池组件将太阳能直接转变为电能的技术。太阳能光伏系统主要包括太阳能电池组件、蓄电池、控制器、逆变器、照明负载等。当照明负载为直流时，则不用逆变器。太阳能电池组件是利用半导体材料的电子学特性实现 *P-V* 转换的固体装置。太阳能照明灯具中使用的太阳能电池组件都是由多片太阳能电池并联构成的，因为受目前技术和材料的限制，单一电池的发电量十分有限。常用的单一电池是硅晶体二极管，当太阳光照射到由 P 型和 N 型两种不同导电类型的同质半导体材料构成的 PN 结上时，在一定的条件下，太阳能辐射被半导体材料吸收，形成内建静电场。从理论上讲，此时，若在内建电场的两侧面引出电极并接上适当负载，就会形成电流。蓄电池由于太阳能光伏发电系统的输入能量极不稳定，所以一般需要配置蓄电池系统才能工作。太阳能电池产生的直流电先进入蓄电池储存，达到一定值，才能供应照明负载。

1. 建筑物楼道照明

太阳能走廊灯由太阳能电池板供电。整栋建筑采用整体布局、分体安装、集中供电方式。太阳能安装在天台或屋面。用专用导线(可预留)传送到每层走道和楼梯。系统采用声、光感应，延时控制。白天系统充电、夜间自动转换开启装置，当探测到有人走动信息后，自动启动亮灯装置，5min 内自行关闭。当楼内发生突发事故如火灾、地震等切断电源或区域停电时，仍可连续供电 3～5h，可以作为应急灯使用，在降低各项费用的同时体现了人性化的设计理念。

2. 室外太阳能照明设备

太阳能照明灯具主要有太阳能草坪灯、庭院灯、景观灯和高杆路灯等。这些灯具以太阳光为能源，白天充电，晚上使用，无需进行复杂昂贵的管线铺设，而且可以任意调整灯具的布局。其光源一般采用 LED 或直流节能灯，使用寿命较长，又为冷光源，对植物生长无害。太阳能亮化灯具是一个自动控制的工作系统，只要设定该系统的工作模式就能自动工作。控制模式一般分为光控方式和计时控制方式，一般采用光控或者光控与计时组合工作方式。在光照强度低于设定值时控制器启动灯点亮，同时进行计时开始。当计时到设定时间时就停止工作。充电及开关过程可以由微电脑智能控制，自动开关，无需人工操作，工作稳定可靠，节省电费。

3. 节电开关

人体照度静态感应节电开关。本控制器是一种人体感应和照度双重控制的智能控制器，能够根据环境照度和探测区域有无人员自动控制灯具电源的开启和关闭。当环境照度值低于设定值，而探测区域有人员时控制器开启，而在无人或照度达到关闭值后则自动关闭电源，有效节电率达到 30%以上。远红外开关采用红外热释传感器、专用 IC 电路设计的高可靠性节能电子开关。在光照座低于 101x，动感物进入其测试区内即自动开启光源或报警器，一旦离开测试区，则按产品的延时时间参数自动关闭电源。它较之触摸延时开关方便可靠，较之声控型电子开关抗干扰性能高，适用于走廊、楼梯、卫生间、仓库等的照明，可作为夜暗防盗的专线自动控制开关。

(四) 给水、排水节能设备与系统

1. 定时冲水节水器

厕所定时冲水节水器适用于需要由时间来控制冲水的厕所及需要定时冲洗的污水管道等。可用于公共厕所大解槽或小解槽的定时冲水或者新改造的娱乐、宾馆、饭店等因需要后来增设卫生间和排污管道的定时冲洗，起到排通作用。厕所定时冲水节水器以高性能微电脑芯片为核心，可根据用户需求任意设定时间段自动按时冲水，一天内最多可实现 40 次冲水。具有走时准确、操作方便等特点。时间调整部分，液晶显示，中文界面，手动/自动两用。

2．免冲水小便器、环保地漏等

免冲水小便器的特性如下：

1) 憎水性：在高级陶瓷表面实施银系纳米级抗污防菌技术，使其瓷釉表层形成细致的纳米级界面结构，达到表面密度和光洁度较高的水平，陶瓷表面吸水度小于 0.025，从而更好地使尿液不易滞留，清除异味。

2) 憎菌性：陶瓷表面釉层内含有特殊的防菌材料，有效地抑制了细菌的滋生，消除了尿液因菌化作用而产生的异味及尿垢、尿碱。其独特的流畅内凹面陶瓷技术，无论尿液或尘埃均不易留存、存垢；银系纳米级防菌陶瓷技术及釉层的特殊抗污材料，使陶瓷表面不易沾土。

3) 密封性：免冲水小便器采用独有的“薄膜气相吸合封堵”国家专利技术，使尿液进入排尿口下方的特制薄膜套后，因套内外产生的压差可将套壁自动吸合，从而有效地防止了下水管道的异味溢出；其特有的“不残留接口”设计使尿垢无存留之地。

4) 简约性：省去了因安装上水装置和回水弯所带来的一切烦恼。与下水道口连接密封，采用软管多道水封插挤密封的方式，使清理下水管道更为便捷。

环保地漏的特点及优势：采用了先进的科学技术和巧妙的机械原理，逆向运用水能的上、下制动开闭装置。主要特征是以独特的活塞式结构实现新世纪环保、唯美的诸多功能。产品安装在下水口，水流入时装置底部的密封垫自动打开，下水畅通无阻，流水中断后，底部密封垫自动关闭，形成完全密封，地漏以下的气体无法上来。其主体由 ABS 环保材料构成，耐高温达 80℃，其密封性已通过了严格的技术测试。

二、建筑设备节能设计应注意的问题

建筑的节能设计，必须依据当地具体的气候条件，首先保证室内热环境质量，同时，还要提高采暖、通风、空调和照明系统的能源利用效率，以实现国家的节能目标、可持续发展战略和能源发展战略。

(1) 合适、合理地降低设计参数

合适、合理地降低设计参数不是消极被动地以牺牲人类的舒适、健康为前提。空调的设计参数，夏季空调温度可适当提高一点儿(如提高至 25℃～26℃)、冬季的供暖温度可适当低一点儿。

(2) 建筑设备规模要合理

建筑设备系统功率大小的选择应适当：如果功率选择过大，设备常部分负荷而非满负荷运行，导致设备工作效率低下或闲置，造成不必要的浪费；如果功率选择过小，达不到满意的舒适度，势必要改造、改建，也是一种浪费。建筑物的供冷范围和外界热扰量基本是固定的，出现变化的主要是人员热扰和设备热扰，因此选择空调系统时主要考虑这些因素。同时，还应考虑随着社会经济的发展，新电气产品不断涌现，应注意在使用周期内所留容量能够满足发展的需求。

(3) 建筑设备设计应综合考虑

建筑设备之间的热量有时起到节能作用，但是有时则是冷热抵消。如夏季照明设备所散发的能量将直接转化为房间热扰，消耗更多冷量；而冬天的照明设备所散发的热量将增加室内温度，减少供热量。所以，在满足合理的光照度下，宜采用光通量高的节能灯，并能达到冬、夏季节能要求的照明灯具。

(4) 建筑能源管理系统自动化

建筑能源管理系统(Building Energy Management System，BEMS)建立在建筑自动化系统(Building Automatic System，BAS)的平台之上，是以节能和能源的有效利用为目标来控制建筑设备的运行。它针对现代楼宇能源管理的需要，通过现场总线把大楼中的功率因数、温度、流量等能耗数据采集到上位管理系统，将全楼的水、电力、燃料等的用量由计算机集中处理，实现动态显示、报表生成，并根据这些数据实现系统的优化管理，最大限度地提高能源的利用效率。BAS 造价相当于建筑物总投资的 0.5%～1%。年运行费用节约率约为 10%，一般 4～5 年可回收全部费用。

(5) 建筑物空调方式及设备的选择

应根据当地资源情况，充分考虑节能、环保、合理等因素，通过经济技术性分析后确定。

三、影响建筑节能设备发展的因素

影响建筑节能设备发展的因素如下：

1) 充分注意地区差异的观念。我国幅员辽阔，地区气候、人文、经济水平均有较大差异，不可能用一种类型设备通行全国。对于引进国外产品应分析其产生和应用的背景与我国的异同，择其善者而用之。

2) 建立寿命周期成本观念。一般应按建筑寿命 50 年内发生的各项费用，取其总和较低者作为选取决策的依据，不应只考虑一次投资最低者。

3) 重视综合设计过程。在方案之初即让相关专业工种介入，统筹考虑相互影响，寻求合理的解决方案。

4) 注重建筑节能设备的同时，要考虑运行建筑节能设备中节能问题。

第二节　绿色建筑设施设备设计选型

一、给、排水设施设备的设计选型

(一) 给水设施设备的设计选型

1．绿色建筑给水设施设备的组成

建筑内部的给水系统由引入管、计量仪表、给水管道、用水设备和配水装置、给水附件及增压和储水设备组成。

2．给水设施设备选型的原则及要求

给水设施按照不同的用途可以分为生活给水、生产给水和消防给水三类。因为以上三类给水设施用途不同，水压、水质、水量的供给都可能不同，所以给水设施应针对不同的用途选择。绿色建筑设备的选型针对不同的用途给出了相应的评价标准。在选型的过程中要遵守以下原则和要求：

1) 供水系统应完善，水质达到国家或行业规定的标准，而且水压稳定可靠。

2) 用水要分户、分用途设置计量仪表，并采取有效措施避免管网漏损。

3) 选用的设备应具有节水性，住宅建筑设备节水率不低于 8%，公共建筑设备的节水率要大于 25%。

4) 生产性给水设施和消防性给水设施要满足非传统水源的供给要求。

5) 绿化用水、景观用水等非饮用水用非传统水源，绿化灌溉选用可以微灌、渗灌、低压管灌等高效节水的灌溉方式。设备的节水率与传统方法相比应低 10%。

6) 管材、管道附件及设备等供水设施的选取和运行不应对供水造成二次污染，选用的设备应能有效地防止和检测管道渗漏。

7) 公共建筑的一些用水设备(如游泳池)应选用技术先进的循环水处理设备，采用节水和卫生换水方式。

8) 绿色建筑给水设施设备的选择要符合《建筑给水排水设计规范》GB 50015—2003 中的相关技术规范，生活给水系统的设施设备选择要求符合《生活饮用水卫生标准》GB 5749—85 的要求。

3．给水设施设备的选型方法

(1) 给水管材、管件及连接设备选择

给水管材一般有钢管、铜管、铸铁管和塑料管等。管材是给水系统的连接设

备，由于管材的选择直接涉及用水安全，因此管材的选择一定要遵循安全无害的原则。由于钢管易锈蚀、结垢和滋生细菌且寿命短，因此，世界上许多国家早就规定建筑中不准使用镀锌钢管，我国也逐渐使用塑料或复合管。新建、改建和扩建城市管道(直径 400mm 以下)和住宅小区室外给水管道应该选择硬聚氯乙烯、聚乙烯塑料管，大口径的供水管道可以选择钢塑复合管；新建、改建住宅室内给水管道、热水管道和供暖管道优先选用铝塑复合管、交联聚乙烯等新型管材，淘汰镀锌钢管。绿色建筑管材的选择必须遵守《建筑给水排水设计规范》GB 50015—2003 的相关规定。

给水管件和连接设备的选择通常与管材一样，所以它们的选择原则和方法与管材的选择相同，这里不再重复。

(2) 给水管道附件选择

给水管道附件是安装在管道及设备上的启闭和调节装置的总称，分为配水附件和控制附件两类。绿色建筑设计中配水附件和控制附件的选择一方面要满足节水节材的要求，另一方面满足用水安全的要求。节水就是要保证这些配水附件无渗透，关闭紧密。节材就是要保证质量，达到一定的使用年限。

常用的控制附件包括截止阀、闸阀、蝶阀、球阀、旋塞阀、止回阀等。阀门的选择要符合《建筑给水排水设计规范》GB50015—2003 的规定。

(3) 水表的选择

水表是计量用户累计用水量的仪表，一般有旋翼式和螺翼式两种。水表的选择首先要满足节水和使用安全要求，既不漏水又无污染。另外，水表的选择还要根据管径的大小因材制宜，水表口径宜与给水管道接口管径一致。用水量均匀的生活给水系统的水表应以给水设计流量选定水表的常用流量，用水量不均匀的生活给水系统的水表应以设计流量选定水表的过载流量。在消防时除生活用水外尚需通过消防流量的水表，应以生活用水的设计流量叠加消防流量进行校核，校核流量不应大于水表的过载流量。例如，当管径大于 50mm 时，要用螺翼式水表。

(4) 水泵装置的选择

水泵装置由水泵和水泵房组成，当建筑内部水泵抽水量大，不允许直接从室外管网抽水时，还要建造蓄水池。现在一般采用离心式水泵，离心式水泵的选择要满足低能高效的原则，同时要保证用水安全，减少二次污染。

水泵的选择要满足以下要求：应根据管网水力计算进行选泵，水泵应在其高效区内运行；居住小区的加压泵站，当给水管网无调节设施时，宜采用调速泵组或额定转速泵编组运行供水。泵组的最大出水量不应小于小区给水设计流量，并应以消防工况校核；建筑物内采用高位水箱调节的生活给水系统时，水泵的最大出水量不应小于最大小时用水量；生活给水系统采用调速泵组供水时，应按设计秒流量选泵，调速泵在额定转速时的工作点，应位于水泵高效区的末端。

(5) 水箱的选择

在建筑给水系统中，在需要增压、稳压、减压或者需要一定储存水量时需要设置水箱。水箱一般用钢板、钢筋混凝土、玻璃钢等材料制作。钢板水箱易锈蚀，难以保障用水安全；混凝土水箱造价低，使用时间长，但是自重大，与管道衔接不好，易漏水；现在一般使用的是玻璃钢水箱，这种水箱重量轻、强度高、耐腐蚀、安装方便，又能保证用水安全。

水箱的设置要满足下列要求：水塔、水池、水箱等构筑物应设进水管、出水管、溢流管、泄水管和信号装置，水箱设置和管道布置应符合《建筑给水排水设计规范》GB50015—2003 有关防止水质污染的规定。

(6) 气压给水设备的选择

气压给水设备是给水系统中的一种利用密封储存罐空气的可压缩性进行储存、调节和压送水量的装置，其作用相当于水塔和高位水箱。气压给水设备的选择应该符合以下规定：气压水罐内的最低工作压力应满足管网最不利处的配水点所需水压；气压水罐内的最高工作压力不得使管网最大水压处配水点的水压大于0.55mPa；水泵(或泵组)的流量不应小于给水系统最大小时用水量的 1.2 倍。

(二) 排水设施设备的设计选型

1. 排水系统的组成

室内排水系统主要是迅速地把污水排到室外，并能同时将管道内的有毒、有害气体排出，从而保证室内环境卫生。完整的建筑排水系统基本由卫生器具、排水管道、通气管道、清通设备、提升设备和污水处理局部构筑物部分组成。

2. 排水设施设备选型的原则及要求

1) 实施分质排水，采用建筑自身优质杂排水、杂排水作为再生水资源。

2) 绿色建筑应设置独立的雨水排水系统，设置雨水储存池，提高非传统水源的利用率。

3) 绿色建筑排水设施的选择要符合《建筑给水排水设计规范》GB50015—2003 的相关技术要求和《绿色建筑评价标准》GB50378—2006 的相关规定。

3. 排水设施设备选型的方法

(1) 排水方式的选择

建筑内部的排水方式分为分流制和合流制两种，分别称为建筑内部分流排水和建筑内部合流排水。建筑内部分流排水是指居住建筑和公共建筑的粪便污水与生活废水、工业建筑中的生产污水与生产废水各自由单独的排水系统排出，建筑内部合流排水是指居住建筑和公共建筑的粪便污水与生活废水、工业建筑中的生产污水与生产废水由一套排水系统排出。由于《绿色建筑评价标准》要求绿色建筑实施分质排水，所以不但室内排水要选择内部分流制，还要设置单独的雨水排放系统和收集系统。

(2) 卫生器具的选择

卫生器具是建筑内部排水系统的重要组成部分，随着建筑标准的提高，特别是绿色建筑的诞生，不但对卫生器具的功能要求和质量要求有所提高，还对卫生器具的节水和人性化要求有所提高。卫生器具一般采用不透水、无气孔、表面光滑、耐腐蚀、耐磨损、耐冷热、便于清洁、有一定强度的材料，如陶瓷、塑料、不锈钢、复合材料等。卫生器具主要包括便溺器具、洗漱器具、洗涤器具等。卫生器具的选择应该遵循以下原则和规定：

1) 选择冲洗力强、节水消声、便于控制、使用方便的卫生器具。

2) 民用建筑选用的卫生器具节水率不得低于 8%，公共建筑选用的卫生器具节水率不得低于 25%。

3) 卫生器具的材质和要求，均应符合现行的有关产品标准的规定。

4) 大便器选用应根据使用对象、设置场所、建筑标准等因素确定，且均应选用节水型大便器；公共场所设置小便器时，应采用延时自闭式冲洗阀或自动冲洗装置；公共场所的洗手盆宜采用限流节水型装置。

5) 构造内无存水弯的卫生器具与生活污水管道或其他可能产生有害气体的排水管道连接时，必须在排水口以下设存水弯。存水弯的水封深度不得小于 50mm。

6) 医疗卫生机构内门诊、病房、化验室、实验室等处不在同一房。

(3) 排水管道的选择

排水管道的选择包括管材选择与管径的选择。常用的排水管材主要有钢管、铜管、铸铁管和塑料管等。管材的选择应该遵循以下原则：

1) 居住小区内排水管道，宜采用埋地排水塑料管、承插式混凝土管或钢筋混凝土管。当居住小区内设有生活污水处理装置时，生活排水管道应采用埋地排水塑料管。

2) 建筑内部排水管道应采用建筑排水塑料管及管件或柔性接口机制排水铸铁管及相应管件。

3) 当排水温度大于 40℃时，应采用金属排水管或耐热塑料排水管。

卫生器具排水管的管径应符合《建筑给水排水设计规范》GB 50015—2003 的规定。

(4) 地漏及清通设备的选择

地漏是一种特殊的排水装置，一般设在经常有水溅落的地面、有水需要排除的地面和需要清洗的地面(如厕所、淋浴间、卫生间等)。地漏分普通地漏、多通道地漏、存水盒地漏、双杯式地漏和防回流地漏等几种，现在还出现了防臭地漏。地漏的选择应符合下列要求：应优先采用直通式地漏；卫生标准要求高或非经常使用地漏排水的场所，应设置密闭地漏；食堂、厨房和公共浴室等排水宜设置网框式地漏。地漏管径的选择要符合《建筑给水排水设计规范》GB 50015—2003 的相关规定。

(5) 通气管的选择

绿色建筑要尽可能迅速安全地将污废水排出室外，将管道内散发的有毒、有害气体排放到屋顶上方的大气中去，满足卫生要求，同时为了减少气压波动幅度，防止水封破坏，补充新鲜空气防止管道腐蚀，延长管道寿命，必须设置通气管。通气管的选型需要满足以下条件：

1) 立管长度在 50m 以上时，其管径应与排水立管管径相同。

2) 通气立管长度小于或等于 50m，且两根及两根以上排水立管同时与一根通气立管相连时，应以最大一根排水立管按规范确定通气立管管径，且管径不宜小于其余任何一根排水立管管径。

3) 结合通气管的管径不宜小于通气立管管径。

4) 伸顶通气管管径与排水立管管径相同。但在最冷月平均气温低于-13℃的地区，应在室内平顶或吊顶以下 0.3m 处将管径放大一级。

5) 当两根或两根以上污水立管的通气管汇合连接时，汇合通气管的断面积应为最大一根通气管的断面积加其余通气管断面积之和的 0.25 倍。

6) 通气管的管材，可采用塑料管、柔性接口排水铸铁管等。

(6) 提升设备的选择

提升设备包括污水集水池和污水泵两个部分。污水集水池的选择要满足以下要求：

1) 集水池有效容积不宜小于最大一台污水泵 5min 的出水量。

2) 集水池除满足有效容积外，还应满足水泵设置、水位控制器、格栅等安装、检查要求。

3) 集水池设计最低水位，应满足水泵吸水要求。

4) 集水池如设置在室内地下室时，池盖应密封，并设通气管系；室内有敞开的集水池时，应设强制通风装置。

5) 集水池底应有不小于 0.05 坡度坡向泵位。集水坑的深度及其平面尺寸，应按水泵类型而定。

6) 集水池底宜设置自冲管和水位指示装置，必要时应设置超警戒水位报警装置。

7) 生活排水调节池的有效容积不得大于 6h 生活排水平均小时流量。

污水泵的选择和设置要满足以下要求：

1) 集水池不能设事故排出管时，污水泵应有不间断的动力供应能力。

2) 污水水泵的启闭，应设置自动控制装置，多台水泵可并联、交替或分段投入运行。

3) 居住小区污水水泵的流量应按小区最大小时生活排水流量选定；建筑物内的污水水泵的流量应按生活排水设计秒流量选定。当有排水量调节时，可按生活排水最大小时用水量选定。

4) 水泵扬程应按提升高度、管路系统水头损失，另附加 2～3m 流出水头计算。

(7) 雨水排水设施设备选择

绿色建筑特别强调非传统水源的利用，其中就包括了对于雨水的利用，因此绿色建筑雨水排水设施设备的选型应该遵循以下原则：

1) 雨水排水设施设备选择要便于雨水迅速排除。

2) 设置独立的雨水收集系统(雨水箱或雨水池)，其规模按照建筑非传统水源使用量来确定，只使用雨水作为非传统水源的建筑，雨水使用量应占总用水量的 10%～60%，具体参照《绿色建筑评价标准》的评价等级确定。

3) 雨水池或雨水箱要防腐耐用，保证用水质量。

4) 雨水管的管径选择遵照《建筑给水排水设计规范》GB50015—2003 的相关规定。

5) 雨水排水管材选用应符合下列规定：重力流排水系统多层建筑宜采用建筑排水塑料管，高层建筑宜采用承压塑料管、金属管；压力流排水系统多层建筑宜采用内壁较光滑的带内衬的承压排水铸铁管、承压塑料管和钢塑料复合管等，其管材工作压力应大于建筑物净高度产生的净水压。用于压力流排水的塑料管，其管材抗环变形外压力应大于 015mPa；小区雨水排水系统可选用埋地塑料管、混凝土管或钢筋混凝土管、铸铁管等。

6) 雨水净化设备。处理后的雨水要达到雨水二次使用的相关要求。

7) 雨水提升设备要满足《公共建筑节能设计标准》的相关要求。

二、强、弱电设施设备的设计选型

(一)强电设施设备的设计选型

1. 建筑强电系统的组成

绿色建筑的强电系统由供电系统、输电系统、配电系统和用电系统四大部分组成。其中：供电系统包括城市供电和自身供电两个方面；输电系统主要指导线；配电系统包括变电室、配电箱和配电柜；用电系统主要是指室内的灯具、空调、风扇等用电设备。

2. 强电设施设备选型的原则和要求

强电设施设备是建筑的主要用电设备，无论从安全上还是从节能上讲，强电设施设备的选择都应该慎重。为保证绿色建筑强电设施能安全、有效地运行，必须遵照以下原则和要求：

1) 设备的选型必须遵守《绿色建筑评价标准》GB 50378—2006 相关节能规定和建筑电工设计的相关技术规范要求。

2) 供电系统应完善，电力要达到国家或行业规定的标准，而且电压要稳定可靠。

3) 用电要分户、分用途设置计量仪表，并采取有效措施避免电力线破损。

4) 用电设备应高效和节能，在保证相同的室内环境参数条件下，与未采取节能措施前相比，全年采暖、通风、空气调节和照明的总能耗应减少 50%。公共建筑的照明节能设计应符合国家现行标准《建筑照明设计标准》GB 50034—2004 的有关规定。

5) 用电设备的选择要根据建筑所需的相应负荷进行计算。

6) 绿色建筑应该有自己独立的供电系统，一般有太阳能、风能和生物能发电，且这种能源要占总用电量的 5%以上。

3. 强电设施设备的选型

强电设施设备主要有供电设备、输电设备、变配电设备和用电设备。

(1) 供电设备的选型

除城市供电以外，绿色建筑应该自带供电设备，主要有柴油发电机、燃气发电机、太阳能电池板、风能发电机和生物能发电机。供电设备的选择应该注意以下几点：

1) 一些大型的公共建筑和高层建筑，为了满足备用电量的要求而需要使用柴油机的，应该保证机房的通风和隔噪减震要求。

2) 若选择使用燃气发电，采用分布式热电冷联供技术和回收燃气余热的燃气热泵技术，提高能源的综合利用率。

3) 太阳能和风能的使用应能够满足基本的照明和弱电设备的需要，要选用高效稳定的太阳能和风能设备。

4) 生物发电要选用高效的发酵设备和发电设备，做到最大利用。

5) 太阳能、风能、生物能发电设备均属于绿色可再生资源的发电设备，三者可以配合使用，提高能源利用率；可再生资源的使用应该占建筑能耗的5%以上。

(2) 输电设备的选型

通常所说的输电设备是指导线，常用的导线有铝线、铁线、铜线和混合材料导线等。导线的选择，首先要满足建筑用电要求，导线的输电负荷应该大于建筑用电负荷；其次选择导电性能好、发热小、强度高的导线；再次导线外皮的绝缘性能好、耐腐蚀，室外导线还应该耐高温和防冻。

(3) 变配电设备的选型

变配电设备担负着接收电能、变换电压、分配电能的任务，常用的有变压器、配电柜和低压配电箱。配电设备的选型要满足以下要求：

1) 符合建筑电工设计的相关技术规范要求。

2) 变压器根据建筑用电电压来选择，所选设备安全可靠。

3) 配电柜和低压配电箱要选用使用方便、安全可靠、发热小、散热好的设备。

(4) 用电设备的选型

建筑强电用电设备有很多，常见的有电灯、风扇、空调、冰箱、电视机、洗衣机、微波炉等。这里不针对每个特定的用电设备做出要求，仅针对绿色建筑的绿色化和人性化两方面做出选择要求：

1) 所有选择的用电设备必须符合《绿色建筑评价标准》GB 50378—2006中相关等级要求。

2) 公共场所和部位的照明采用高效光源和高效灯具，并采取其他节能控制措施，其照明功率密度符合《建筑照明设计标准》GB 50034—2004的规定。在自然采光的区域配备定时或光电控制的照明系统。

3) 空调采暖系统的冷热源机组能效比符合国家和地方公共建筑节能标准的有关规定。

4) 当设计采用集中空调(含户式中央空调)系统时，所选用的冷水机组或单元式空调机组的性能系数(能效比)应符合国家标准《公共建筑节能设计标准》GB 50189—2005中的有关规定值。

5) 选用效率高的用能设备，如选用高效节能电梯。集中采暖系统热水循环水泵的耗电输热比，集中空调系统风机单位风量耗功率和冷热水输送能效比符合《公共建筑节能设计标准》GB 50189—2005的规定。

(二) 弱电设施设备的设计选型

1. 弱电系统的组成

弱电系统一般包括火灾自动报警系统、广播及有线电视系统、安全防范系统、电话通信与计算机网络系统等。

2．弱电设施设备选型的原则和要求

1)《绿色建筑评价标准》GB 50378—2006 要求：楼宇自控系统功能完善，各子系统均能实现自动检测与控制。

2) 设备的选择要便于操作和使用，满足人性化要求。

3) 设备的选用要保证其使用可靠性和安全性。

4) 广播等音像系统要选择噪声小的设备，满足《民用建筑隔声设计规范》GBJ 118—88 中室内允许噪声标准一级要求。

5) 无线电设备等带辐射的电子设备，其辐射值在安全范围以内。

6) 选择集成智能设备，能够实现智能化管理。

3．弱电设施设备的选型

(1) 火灾自动报警系统的选型

火灾自动报警系统一般由触发器件、火灾报警装置、火灾警报装置和电源四部分组成，复杂的系统还包括消防联动控制装置。

1) 触发器件。在火灾自动报警系统中，自动或手动产生火灾报警信号的器件称为触发器件，主要包括火灾探测器和手动报警按钮。按火灾参数的不同，火灾探测器分感温火灾探测器、感烟火灾探测器、感光火灾探测器、可燃气体火灾探测器和复合火灾探测器 5 种。近年来，还出现了模拟量火灾探测器，这种探测器报警准确、智能化程度高，是报警系统技术进步的重要标志。

火灾探测器的选择应该遵循以下原则：针对不同类型的火灾选择不同的火灾探测器，要因材使用；应当按国家现行标准的有关规定合理选择；火灾探测器要选择质量安全、性能可靠的产品，保证在特定的环境中能正常起到监控作用；应该选择报警准确和智能化的探测器，提高报警精度、自动化和智能化水平。

2) 火灾报警装置。在火灾自动报警系统中，用以接收、显示和传递火灾报警信号，并能发出控制信号和具有其他辅助功能的控制指示设备称为火灾报警装置。火灾报警控制器按其用途可分为区域火灾报警控制器、集中火灾报警控制器和通用火灾报警控制器 3 种类型。近年来，随着技术的发展和总线制、模拟量、智能化火灾探测报警系统的逐渐运用，火灾报警器不再分为上述 3 种类型，统称为火灾报警控制器。绿色建筑火灾报警控制器的选择应该满足准确性、安全可靠性和智能化的要求。

3) 火灾警报装置。火灾警报装置是在火灾报警装置中，用以发出声、光的火灾报警信号装置。火灾警报装置选择要注意选择声音穿透性强、提示效果好的产品，便于提示人们迅速疏散。

4) 消防联动控制设备。在火灾报警系统中，当接收到来自触发器件的火灾报

警信号时，能自动或手动启动相关消防设备及显示其状态的设备。它主要包括火灾报警控制器、自动灭火系统控制装置、常开防火门、防火卷帘装置、电梯回降装置，以及火灾应急广播、火灾报警装置、火灾应急照明和疏散指示标志的控制装置等控制装置的部分或全部。绿色建筑的消防联动控制设备选择，首先应齐全，保证整个建筑的消防控制安全；其次应质量可靠，即能对发出的指令迅速做出相应的动作；再次设备上要正确显示各项数据，保证人员操作时的控制方便。

5) 电源。火灾自动报警系统属于消防用电设备，一般采用消防电源，备用电源采用蓄电池。

(2) 广播及有线电视系统的选型

广播音响系统是指建筑物自成体系的独立有线广播系统，是一种宣传和通信工具。由于该系统设备简单、维护和使用方便、听众多、影响面大、工程造价低、易普及，所以现在已经被普遍采用。广播音响系统主要包括公共广播、客房广播、会议室音响、各种厅堂音响、家庭音响和同声翻译系统。广播及有线电视系统的选型应该遵循以下原则：绿色建筑中无论是哪种音响都要选择噪声小、经济适用的设备；公共场合的音响设备如公共广播、厅堂音响的抗干扰能力要强；会议室要避免声反馈和啸叫问题，使用专用会议音响装备同声翻译和电子屏蔽系统；有线电视要选择信号清晰、电子辐射小的设备。

(3) 安全防范系统的选型

绿色建筑为了满足人性化要求，必须安装建筑安全防范系统，建筑安全防范系统大致包括入侵报警子系统、电视监视子系统、出入口控制子系统、巡更子系统、汽车库管理子系统和其他子系统。

1) 入侵报警子系统选型。入侵报警子系统是负责探测人员的非法入侵，有异常情况时发出声光警报，同时向区域控制器发出信息。入侵报警系统的选型原则是：首先要便于布防和撤防，因为正常工作时需要布防，下班时需要布防，这些都要求很方便地进行操作；其次要满足布防后的延时要求；再次要选择防破坏强的系统，如果遭到破坏则应有自动报警功能。

2) 电视监视子系统选型。电视监视子系统是安全防范体系中的一个重要组成部分，可以通过遥控摄像机监视场所的一切情况，可与入侵报警系统联动运行，形成强大的防范能力。它包括摄像、传输、控制、显示和记录系统。电视监视系统的选型应该遵循以下原则：全套设备应性能优越、经济适用、防破坏性强；摄像机的选择根据实际需要分辨力和灵敏度选择黑白或彩色摄像机，黑暗地方监视要配备红外光源；镜头的选择主要是依据观察的视野和亮度变化范围，同时兼顾选用 CCD 的尺寸；传输系统根据实际情况选用电缆或无线传输。

3) 出入口控子制系统选型。出入口控制系统也称门禁管制系统，由读卡机、电子门锁、出口按钮、报警传感器和报警喇叭等组成。出入口控制主要是对重要的通行口、出门口通道、电梯等进行出入监视和控制。常用读卡机卡片有磁码卡、铁码卡、感应式卡、智能卡和生物辨识系统。选择卡片的原则应该首先满足智能化和人性化的要求，根据《绿色建筑评价标准》的不同等级要求来选择；其次卡片要方便人的使用。自动门的选择要满足节能要求，质量可靠、使用耐久。计算机管理系统除完成所有要求的功能以外，还应该有美观、直观的人机界面，使工作人员便于操作。

4) 巡更子系统选型。巡更子系统布置在设防区域内的重要部位，其作用是确定保安人员巡逻路线，设置巡更站点。巡更路线可分为在线式和离线式两类。在线式一般多与入侵报警系统共用；现在一般选用的是新型的离线式电子巡更系统，采用感应识别的巡更手持机及非接触感应器。离线方式使用灵活方便，既可进行巡更记录，也可作为巡更人员的考勤记录。

5) 停车场管理子系统选型。绿色建筑停车系统应该选择一个全自动的停车场管理系统，全自动的停车场管理系统包括车库入口引导控制器、入口验读控制器、车牌识别器、车库状态采集器、泊位调度控制器、车库照明控制器、出口验读控制器、出口收费控制器。停车场管理系统选择应该符合《建筑节能设计标准》。

6) 楼宇保安对讲系统选型。楼宇对讲系统也称访客对讲系统，又称对讲机—电锁门保安系统，目前主要分为单对讲和可视对讲两种类型。单对讲系统只能讲话但是无法识别对讲人；可视对讲更加安全可靠，防止陌生人冒充。现在新出现了门楼指纹可视对讲系统，可以识别指纹，这种更能保证安全性。

(4) 电话通信与计算机系统的选型

顾名思义，电话通信与计算机系统是电话通信系统与计算机系统的总称，是建筑中重要的电子通信网络设备。

1) 电话通信系统是两个信息终端之间进行信息交换的系统，需要处理好信号的发送和接收、信号的传输和信号的交换，由用户终端设备、传输系统和电话交换设备三部分组成。绿色建筑的电话通信系统选择要满足下列要求：用户终端的电话机要安全舒适、无噪声、通话清晰；传输系统的选择要保证速度快、传输流畅和信息安全、不被窃取和抗干扰力强。

2) 计算机网络是现代通信技术与计算机技术相结合的产物。计算机网络系统分为硬件系统和软件系统，硬件系统分为服务站、工作站、网络交换互连设备、防火墙和外部设备 5 个部分，软件系统是使用的各种软件。绿色建筑的计算机网络系统选择要满足下列要求：保证网络安全可靠，有专门的计算机维护设备；计算机网络系统保证使用方便，具有可视化易操作的界面；防火墙安全可靠，保证用户终端计算机使用安全。

三、暖、通、空调设施设备的设计选型

（一）供暖设施设备的设计选型

1. 供暖设施设备的组成

冬季室外温度较低，室内外温差大，室内热量散失较多，温度下降。为了使人们有一个温暖、舒适的工作和生活环境，就必须向室内供给一定的热量，保持一定的舒适的温度，这套提供热量的设备称为供暖设备。供暖系统由热源、热循环系统、散热设备三部分组成。一般来说，供暖设备包括锅炉、换热器、散热器、水泵、膨胀水箱、集气罐、伸缩器、疏水器、减压阀和安全阀 10 个部分，从而构成一套完整的供热系统。

2. 供暖设施设备选型的原则和要求

供暖设备是建筑三大设备之一，也是建筑的主要能源消耗设备之一，因此绿色建筑供暖设备的选择首先必须满足以下原则和要求：

1) 各种供热设备的选择必须遵循低能耗、高效率的原则。

2) 选用效率高的用能设备，集中采暖系统热水循环水泵的耗电输热比符合《公共建筑节能设计标准》GB 50189—2005 的规定。

3) 设置集中采暖和(或)集中空调系统的住宅，采用能量回收系统(装置)。

4) 采暖和(或)空调能耗不高于国家和地方建筑节能标准规定值的 80%。

5) 建筑采暖与空调热源选择应符合《公共建筑节能设计标准》GB 50189—2005 的规定。

6) 建筑需蒸汽或生活热水选用余热或废热利用等方式提供。

7) 采用太阳能、地热、风能等可再生能源利用技术。

3. 供暖设施设备的选型

(1) 热源的选择

现在的热源有很多：常用的热源就是锅炉，锅炉根据燃料的不同分为燃气锅炉和燃煤锅炉；随着太阳能技术的发展，太阳能供热也逐渐成为一个主要的热源，且清洁、环保、可持续；地热和生物热也是逐渐被人们研发和使用的热源之一，这类热源和太阳能一样清洁、环保，而且可以再生，是纯绿色化的热源之一。无论使用哪一种热源，必须遵守以下要求和原则：

1) 根据建筑的热负荷选择适合建筑需要的锅炉的容量和供热量，建筑的热负荷的计算参照《采暖通风与空气调节设计规范》GB 50019—2003 的相关技术规范。

2) 选择低能耗、高效的设备，锅炉的额定热效率应符合表 5-1 的规定。

表 5-1　锅炉的额定热效率

锅炉类型	热效率/%
燃煤(Ⅱ类烟煤)蒸汽、热水锅炉	78
燃油、烟气蒸汽、热水锅炉	89

3) 锅炉的性能要安全可靠、设备耐久性能好，运行污染小，运行后的排放物要符合国家标准。

4) 要有二次循环利用系统，对废渣废气进行二次利用。

5) 绿色建筑要求使用清洁高效的能源，因此要积极使用太阳能、生物能和地热等可再生的热源。

6) 燃油、燃气或燃煤锅炉的选择应符合下列规定：锅炉房单台锅炉的容量应确保在最大热负荷和低谷热负荷时都能高效运行；应充分利用锅炉产生的多种余热。

(2) 换热器的选择

现在换热器的种类很多，但按其工作原理可以分为表面式换热器、混合式换热器和回热式换热器 3 类。表面式换热器是两种流体隔着一层金属壁换热，常用的有壳管式、肋片式和板式 3 种；混合换热器是冷热两种流体混合进行换热；回热式换热器通过一个巨大的具有较大储热能力的换热面进行交换，它运行简单可靠，凝结水可以循环利用，减少了水处理的费用，采用的高温水送水可以减少循环水量，减少投资，而且可以根据室外温度来调节室内供热，避免室温过高。热交换器的选择要满足以下要求：要满足经济节约的要求，减少水量和投资；遵循循环利用原则，要求水可以循环或作为它用；要满足人性化要求，可以根据需要方便调节室温。

(3) 散热器的选择

散热器是供暖系统中的热负荷设备，负责将热媒携带的热量传递给空气，达到供暖目的，散热器基本上由钢或铁铸造，具有多种形式，常有柱形散热器、翼形散热器和钢串片对流散热器等。根据《采暖通风与空气调节设计规范》GB 50019—2003 的规定，散热器的选择应该符合下列要求：

1) 散热器的工作压力应满足系统的工作压力，并符合国家现行有关产品标准的规定。

2) 民用建筑宜采用外形美观、易于清扫的散热器；防散粉尘或防尘要求较高的工业建筑，应采用易于清扫的散热器。

3) 具有腐蚀性气体的工业建筑或相对湿度较大的房间，应采用耐腐蚀的散热器。

4) 采用钢制散热器时，应采用闭式系统，并满足产品对水质的要求，在非采暖季节采暖系统应充水保养。

5) 蒸汽采暖系统不应采用钢制柱形、板形和扁管等散热器。

6) 采用铝制散热器时，应选用内防腐型铝制散热器，并满足产品对水质的要求。

7) 安装热量表和恒温阀的热水采暖系统不宜采用水流通道内含有黏砂的铸铁等散热器。

(4) 水泵的选择

供暖系统中常用的是离心式水泵。水泵的选择首先必须满足公共建筑节能设计标准，要选择低能高效的设备，要求水泵漏水小。集中热水采暖系统热水循环水泵的耗电输热比(EHR)应符合《民用建筑节能设计标准》JGJ 26—95 的规定。

(5) 膨胀水箱的选择

膨胀水箱是容纳系统中水因受热而增加的体积，并补充系统中水的不足，排出系统中空气的设备，同时还能指示系统中水位和控制系统中静水压力。膨胀水箱的选择要符合下列标准和原则：

1) 膨胀水箱水容积的选择应该根据供暖系统的温度和水容积来确定，通常情况下按系统水容积的 0.34%～0.43%来选择。具体的选型亦可查阅《暖通风设计选用手册》。

2) 膨胀水箱的接管(溢水管、排水管、循环管、膨胀管和信号管)管径应该根据膨胀水箱的型号来选择。

3) 从绿色建筑使用安全和节材上讲，膨胀水箱质量要安全可靠、经久耐用。

4) 系统中的水要循环使用，其水质应该满足相关使用规定。

(6) 集气罐和自动排气阀的选择

集气罐和自动排气阀用于供暖系统中空气的排除，排气干管顺坡设置时要放大管径，集气管接出的排气管径一般采用 DNl5mm；当集气罐安装高度不受限制时，宜选用立式；在较大的供暖系统中，为了方便管理要选择自动排气阀。

(7) 补偿器的选择

在热媒通过管道时，由于温度升高会造成管道膨胀，为了减少因膨胀产生的轴向力，需要设置补偿器，要根据管道增长量选择适合的补偿器，增长量的计算参照相对应的技术规范；有条件时可以采用自然弯曲代替补偿器，减少成本；地方狭小时可采用套管补偿器和波纹管补偿器，但应该选择补偿能力大，而又耐腐蚀的补偿器。

(8) 平衡阀的选择

平衡阀是绿色建筑节能设计的重要设备，能有效地保证管网内热力平衡，消除个别建筑室温过高或过低的弊病，可以节煤、节电 15%以上。要根据热力网内流量选择适合的平衡阀，流量的计算参照相对应的技术规范；所选平衡阀要安全可靠、不漏水；平衡阀要安装在需要的位置，避免浪费。

(9) 分水器、集水器和分气缸的选择

分水器、集水器和分气缸为供热系统中的重要附件，在系统中起流量分配、平衡及汇集后集中运输的作用，应严格按照国标图选择制作，并且保温性能要好。

(二) 通风设施设备的设计选型

1. 通风设施设备的组成

通风就是更换空气，是改善空气条件的一种方法，包括从室内排出污染空气和向室内补充新鲜空气(称为排风和送风)两个方面。通风系统是为实现排风和送风的一系列设备及装置的总和。自然通风系统一般不需要设置设备，机械通风的主要设备有风机、风管及风道、风阀、风口和除尘设备。

2. 通风设施设备选型的原则和要求

通风设备是保证绿色建筑内部空气质量良好的重要设备，是建筑绿色化的重要评价指标。因此，通风方式和设备的选型应该遵守下列原则：

1) 能用自然通风的建筑尽量避免使用机械通风，需要使用机械通风的建筑，其装置的选择应该符合相应的节能标准和技术规范；自然通风设计要遵守《采暖通风与空气调节设计规范》(GB 50019—2003)的规定。

2) 使用时间、温度、湿度等要求条件不同的空气调节区，不应划分在同一个空气调节风系统中。

3) 房间面积或空间较大、人员较多或有必要集中进行温、湿度控制的空气调节区，其空气调节风系统宜采用全空气调节系统，不宜采用风机盘管系统。

4) 设计全空气调节系统并当功能上无特殊要求时，应采用单风管送风方式。

5) 建筑物内设有集中排风系统且符合下列条件之一时，宜设置排风热回收装置：排风热回收装置(全热和显热)的额定热回收效率不应低于 60%；送风量大于或等于 3 000m^3/h 的直流式空气调节系统，且新风与排风的温度差大于或等于 81℃；设计新风量大于或等于 4 000m^3/h 的空气调节系统，且新风与排风的温度差大于或等于 80℃；设有独立新风和排风的系统。

6) 有条件时，空气调节送风宜采用通风效率高、空气的置换通风型送风模式。

7) 通风设备的安装和其他配套装置的选择要符合《公共建筑节能设计标准》GB 50189—2005 的相关规定。

3. 通风设施设备的选型

(1) 风机的选择

风机是通风系统中为空气流动提供动力以克服输送过程中阻力损失的机械设备，在通风工程中通常使用离心风机和轴流风机。风机的选择要符合下列标准：

1) 风机的单位风量耗功率不应大于表 5-2 中的规定。

2) 应该选择噪声小的风机，避免产生噪声污染，风机要质量可靠，使用年限长久。

表 5-2　风机的单位风量耗功率限值

单位：W/(m³/h)

系统类型	办公建筑		商业、旅馆建筑	
	粗效过滤	粗、中效过滤	粗效过滤	粗、中效过滤
两管制定风量系统	0.42	0.48	0.46	0.52
四管制定风量系统	0.47	0.53	0.51	0.58
两管制变风量系统	0.58	0.64	0.62	0.68
四管制变风量系统	0.63	0.69	0.67	0.74
普通机械通风系统	0.32			

注：1．普通机械通风系统中不包括厨房等需要特定过滤装置的房间的通风系统；

2．严寒地区增设预热盘管时，单位风量耗功率可增加 0.035W/(m³/h)；

3．当空气调节机组内采用湿膜加湿方法时，单位风量耗功率可增加 0.053W/(m³/h)；

4．该表引自《公共建筑节能设计标准》GB 50189—2005。

(2) 风管的选择

绿色建筑风管的选择主要是选择风管的质量、形式、大小和材料。通风管的选择必须遵守以下规定：

1) 通风、空气调节系统的风管，宜采用圆形或长短边之比不大于 4 的矩形截面，其最大长短边之比不应超过 10。风管的截面尺寸宜按《通风与空气调节工程施工质量验收规范》GB 50245—2002 的规定执行。

2) 除尘系统的风管，宜采用明设的圆形钢制风管，其接头和接缝应严密、平滑。

3) 通风设备、风管及配件等，应根据其所处的环境和输送的气体或粉尘的温度、腐蚀性等，采用防腐材料制作或采取相应的防腐措施。

4) 与通风机等震动设备连接的风管，应装设挠性接头。

5) 对于排除有害气体或含有粉尘的通风系统，其风管的排风口宜采用锥形风帽或防雨风帽。

6) 风管的安装和其他附属要求必须满足《采暖通风与空气调节设计规范》GB 50019—2003 的规定。

(3) 风阀的选择

风阀装设在风管和风道中用于调节空气的流量。风阀可以分为一次调节阀、开关阀和自动调节阀等。现在的自动调节阀多采用顺开式多叶调节阀和密闭对开调节阀。要根据实际用途选择风阀，风阀选择要与风管相一致，选择性能好、质量优越的产品。

(4) 风口的选择

风口分为进气口和排气口两种。进气口的选择应该根据风量和分风的需要来确定。为了保证绿色建筑的美观，风口的选择也要美观大方；风口是灰尘累积的地方，为了保证空气质量，风口要便于清洗。

(5) 净化设备的选择

净化设备主要是在送风和排风过程中除去空气中的尘埃杂质，保证送入室内空气干净和减低排除气体污染的一种设施。除尘设备现在有很多，主要有挡板式除尘器、旋风式除尘器、袋式除尘器和喷淋塔式除尘器 4 种类型。除尘器应根据下列因素并通过技术经济比较选择：

1) 含尘气体的化学成分、腐蚀性、爆炸性、温度、湿度、露点、气体量和含尘浓度；粉尘的化学成分、密度、粒径分布、腐蚀性、亲水性、比电阻、黏结性、纤维性和可燃性、爆炸性等。

2) 净化后气体的容许排放浓度。

3) 除尘器的压力损失和除尘效率。

4) 粉尘的回收价值及回收利用形式。

5) 除尘器的设备费、运行费、使用寿命、场地布置，以及外部水、电源条件等。

6) 维护管理的繁简程度。

(三) 空调设施设备的设计选型

1．空调设施设备的组成

绿色建筑要满足人性化的要求，要健康舒适，要有适宜的温度、湿度等，这就需要一套能够对空气进行加热、冷却、加湿、减湿、过滤和输送的设备装置。空调系统和上面介绍的采暖通风系统一样，是绿色建筑的核心环境工程设备之一，它是由冷热源系统、空气处理系统、能量输送分配系统和自动控制系统 4 个子系统组成的。

空调系统按照设备设置情况可分为集中式、独立式和半集中式 3 种类型。家用空调一般是用独立式，公共建筑一般采用集中式和半集中式。

2．空调设施设备选型的原则和要求

空气调节与采暖系统的冷(热)源宜采用集中设置的冷(热)水机组或供热、换热

设备。机组或设备的选择应根据建筑规模、使用特征，并结合当地能源结构及其价格政策、环保规定等按下列原则经综合论证后确定：

1) 具有城市、区域供热或工厂余热时，宜选其作为采暖或空调的热源。

2)具有热电厂的地区，宜推广利用电厂余热的供热、供冷技术。

3) 具有充足的天然气供应的地区，宜推广应用分布式热电冷联供和燃气空气调节技术，实现电力和天然气的削峰填谷，提高能源的综合利用率。

4) 具有多种能源(热、电、燃气等)的地区，宜采用复合式能源供冷、供热技术。

5) 具有天然水资源或地热源可供利用时，宜采用水(地)源热泵供冷、供热技术。

3．空调设施设备的选型

(1) 空调机组的选型

空气调节系统中，空气的处理都是由空气处理设备或空气调节机组来完成。空气处理设备要对空气进行加热、冷却、加湿、除湿、净化、消声等处理。空调机组按安装方式可分为卧式组合式空调机组、吊装式空调机组和柜式空调机组。现阶段常用的有组合式空调机组、整体式空调机组、风机盘管机组、衫空气热泵空调机组、电动机驱动压缩机的蒸气压缩循环冷水(热泵)机组、蒸汽热水型溴化锂吸收式冷水机组及直燃型溴化锂吸收式冷(温)水机组等。空调机组的选择应该遵守下列要求和原则：

1) 电动机驱动压缩机的蒸气压缩循环冷水(热泵)机组，在额定制冷工况和规定条件下，性能系数(COP)不应低于表 5-3 的规定。

表 5-3　冷水(热泵)机组制冷性能系数

类型		额定制冷量/kW	性能系数/(W/W)
水冷	活塞式/涡旋式	<528	3.8
		528～1 163	4.0
		>1 163	4.2
	螺杆式	<528	4.10
		528～1 163	4.30
		>1 163	4.60
	离心式	<528	4.40
		528～1 163	4.70
		>1 163	5.10
风冷或蒸发冷却	活塞式/涡旋式	≤50	2.40
		>50	2.60
	螺杆式	≤50	2.60
		>50	2.80

注：该表引自《公共建筑节能设计标准》GB 50189—2005。

2) 蒸气压缩循环冷水(热泵)机组的综合部分负荷性能系数(IPLV)不宜低于表

5-4 的规定。水冷式电动蒸气压缩循环冷水(热泵)机组的综合部分负荷性能系数按照《公共建筑节能设计标准》GB 50189—2005 的规定计算。

表 5-4　冷水(热泵)机组综合部分负荷性能系数

类型		额定制冷量/kW	综合部分负荷性能系数/(W/W)
水冷	螺杆式	<528	4.47
		528～1 163	4.81
		>1 163	5.13
	离心式	<528	4.49
		528～1 163	4.88
		>1 163	5.42

注：1．IPLV 值是基于单台主机运行工况；

2．该表引自《公共建筑节能设计标准》GB 50189—2005。

3) 名义制冷大于 7100W、采用电动机驱动压缩机的单元式空气调节机、风管送风式和屋顶式空气调节机组时，在名义制冷工况和规定条件下，其能效比(EER)不应低于表 5-5 的规定。

表 5-5　单元式机组能效比

类型		能效比/(W/W)	类型		能效比/(W/W)
风冷式	不接风管	2.60	水冷式	不接风管	3.00
	接风管	2.30		接风管	2.70

注：该表引自《公共建筑节能设计标准》GB 50189—2005

4) 蒸汽、热水型溴化锂吸收式冷水机组及直燃型溴化锂吸收式冷(温)水机组应选用能量调节装置灵敏、可靠的机型，在名义工况下的性能参数应符合表 5-6 的规定。

表 5-6　溴化锂吸收式机组性能参数

机型	名义工况			性能参数		
	冷(温)水进/(出)口温度/℃	冷却水进/(出)口温度/℃	蒸汽压力/mPa	单位制冷量蒸汽耗量[kg・(kW・h)]	性能系数/(W/W)	
					制冷	供热
蒸汽双效	18/13	30/35		≤1.40		
	12/7					
				≤1.31		
				≤1.28		
直燃	供冷 12/7	30/35			≥1.10	
	供热出口 60					≥0.90

注：1．直燃机的性能系数为：制冷量(供热量)/{加热源消耗量(以低位热值计)+电力消耗量(折算成一次能)}；

2．该表引自《公共建筑节能设计标准》GB 50189—2005。

(2) 空气加湿和减湿设备的选型

为了满足室内空间的空气湿度的特殊要求，必须对空气进行加湿和减湿处理，包括空气加湿处理设备和空气减湿处理设备。其中空气加湿处理设备包括蒸汽加湿设备、水蒸发加湿和电热加湿器；空气减湿处理设备包括冷却减湿器、固体吸湿剂减湿和液体吸湿剂减湿 3 种。空气加湿和减湿设备的选型必须遵循节能高效的原则，吸湿剂的选择要无害、无毒。

(3) 空气净化处理设备选型

空气净化处理是通过空气过滤及净化设备去除空气中的悬浮尘埃。其主要的空气净化处理设备就是空气过滤器，空气过滤器按照工作原理可分为金属网格浸油过滤器、干式纤维过滤器和静电过滤器等。空气净化处理设备直接影响到空气的质量，它们的选择必须满足以下原则：设备的选择要根据实际情况，选择最实用的除尘设备；选择可以多次重复使用的格网材料，最大限度地节材；除尘设备中的吸尘设备要便于清洗。

(4) 空气输送和分配设备选型

空气调节系统中空气的输送与分配是利用通风机、送回风管及空气分配器和空气诱导器来实现的。风管用材料应该表面光洁、质量轻，方便加工和安装，并有足够的强度和刚度，且抗腐蚀。常用的风管材料有薄钢板、铝合金板或镀锌薄钢板。空气调节风管绝热层的最小热阻应符合相关规定。需要保冷管道的要设置绝热层、隔气层和保护层；风机的选择要根据室内送风量来选择，同时要选择节能高效的设备，能效比要符合《公共建筑节能设计标准》GB 50189—2005 的相关规定；空气分配器和空气诱导器的选择首先要美观实用，其次要便于清洗。

四、人防、消防设施设备的设计选型

(一) 人防设施设备的设计选型

1. 人防设施系统的组成

人民防空系统是为了在战争发生时能够提供短时间的庇护场所，应该有一套完整的生命线工程，主要的设施设备和地面建筑一样，包括给排水设施设备、消防设施设备、通风排风设备、电力照明设备等。

2. 人防设施设备选型的要求和原则

人防工程和地面建筑工程不同的是，人防工程使用的时期很特殊，一般在城市发生空袭、战乱的时候使用。因此人防工程不但需要一整套的生命线系统工程，而且这些生命线工程所采用的设施设备都有特殊的要求：所有设施设备的选择必须满足相应的人防设计规范的有关规定；绿色化的人防设施设备不但要保证使用安全，还应该提高使用效率和节能，从节能角度应该符合《公共建筑节能设计标准》；人防设备的使用时期特殊，所有的人防设备都应该具有一定的防火、防潮、防冲击波的能力，防护通风设备抗冲击波的允许压力如表 5-7 所列；人防设备按要求设计备用系统，以防突发事件的发生。

表 5-7　防护通风设备抗冲击波的允许压力

设备名称	允许压力/mPa	设备名称	允许压力/mPa
经过加固的油网粗过滤器	0.05	滤毒器、纸除尘器	0.03
密闭阀门、离心风机、YF 型自动排气阀门、柴油发电机自吸空气管	0.05	非增压发电机排烟管	0.3
泡沫塑料过滤器	0.04	防爆超压排气活门	0.3～0.6

注：该表引自《人防地下室通风设计》。

3．人防设施设备的选型

上面已提到过，人防系统是一个非常复杂的完整的生命线系统工程，包括地面建筑几乎所有的设施设备，这里仅对一些常用的设施设备的选型做介绍。由于在绿色建筑评价标准中并没有针对人防设施做出相应的要求，其设施设备的选择除《人民防空地下室设计规范》《人民防空工程设计防火规范》等规范有特殊规定，其余设施设备均可参照地面建筑设施设备的选用。

(1) 人防通风设备的选型

战时，防护通风系统应具备和满足清洁式通风、过滤式通风和隔绝式通风 3 种通风方式的要求。当战争来临时，在人员进入防空地下室，出入口部的防护密闭门等关闭之后，为了保障人员在防护体内长期生活和工作，在外界空气遭到污染并带有毒剂时，将外界新风先通过除尘器滤除尘埃再经过过滤吸收器吸收毒剂，达到呼吸标准后向防护体内送风的过程称为过滤式通风；而当敌方施放化学或生物武器后外界毒剂类型尚未判明之前或外界毒剂浓度过大时，以及更换过滤吸收设备之时或过滤吸收设备失效之后，在以上任一情势出现时都必须使整个防空地下室与外界空气隔绝，此时所进行的通风就是隔绝式通风。设备选型的主要内容应包括：送风机、粗过滤器、过滤吸收器以及防爆波(防核爆冲击波)活门的选择，根据《人民防空工程设计防火规范》和《人民防空地下室设计规范》相关规定，人防通风设备的选择应该满足下列规定：

1) 风机的选型。风机首先应节能高效；其次应安全可靠，选用非燃性材料制作的风机；再次应该满足建筑室内的新风量的要求(表 5-8)。

表 5-8　风机的供应的新风量要求

工程或房间类别	通风新风量/($m^3 \cdot h^{-1}$)	工程或房间类别	通风新风量/($m^3 \cdot h^{-1}$)
旅馆客房、会议室、医院病房	≥30	一般办公室、餐厅、阅览室、图书馆	≥20
舞厅、文娱活动室	≥25	影剧院、商场(店)	≥15

注：该表引自《人防地下室通风设计》。

2) 通风管的选型。首先，风管应采用非燃材料制作，但接触腐蚀性气体的风管及柔性接头可采用难燃材料制作；其次，风管和设备的保温材料应采用非燃材料，消声、过滤材料及胶黏剂应采用非燃材料或难燃材料。

3) 防火阀的选型。防火阀的温度熔断器与火灾探测器等联动的自动关闭装置等一经动作，在火灾时防火阀应能顺气流方向自行严密关闭。温度熔断器的作用温度宜为70℃。

4) 防爆波活门的选型。排风系统相对防护送风系统来说，设备少、管道简单，设备的选型主要是防爆波活门；自动排气阀门或防爆超压自动排气活门的选择计算，防爆波活门的确定同送风系统，但应注意，若平时通风与战时通风合用消波设施时，应选用门式防爆波活门，其选择可见表5-9。

5) 过滤吸取器的选择。滤毒通风的新风量应满足表5-8人员新风量要求，且应满足最小防毒通道量要求。过滤吸收器详细性能见表5-10。

表5-9　门式防爆波活门参数

型号	门框尺寸/(mm×mm)	悬板开启风量($m^3 \cdot h^{-1}$)	门开启风量($m^3 \cdot h^{-1}$)	防核爆冲击波压力/Pa
MH900-1	500×800	900	11 000	9.8×10^4
MH900-3	500×800	900	11 000	2.94×10^5
MH1800-1	500×800	1 800	11 000	9.8×10^4
MH1800-3	500×800	1 800	11 000	2.94×10^5
MH3600-1	500×800	3 600	11 000	9.8×10^4
MH3600-3	500×800	3 600	11 000	2.94×10^5

注：该表引自《人防地下室通风设计》。

表5-10　四桶式300型过滤吸收器

型号	炭层厚/cm	装药种类	防毒时间/h(氯化氢2mg/L)	气流压力损失Pa	油雾透过系数/%	质量/kg	抗冲击波压力Pa	外形尺寸(mm×mm×mm)
)LD-300-2	6	13#	3	<400	0.001	<95	2.94×10^4	526×526×765
四桶式	6	19#	4	<650	0.001%	<100	$2.94\times10_4$	
LD-300-1	4.5	13#	1	<400	0.001	<75	2.94×10^4	490×490×720
四桶无边式	4.5	19#	2	<650	0.001	<80	2.94×10^4	

注：该表引自《人防地下室通风设计》。

6) 密闭阀的选型。常用密闭阀参数见表5-11。

表5-11　常用密闭阀参数

手动密闭阀		手动、电动两用密闭阀	
公称直径DN/mm	允许通过风量/($m^3 \cdot h^{-1}$)	公称直径DN/mm	允许通过风量/($m^3 \cdot h^{-1}$)
150	<600	200	<1 100
200	<1 100	300	<2 500

续表

手动密闭阀		手动、电动两用密闭阀	
300	<2 500	400	<4 500
400	<4 500	600	<11 000
500	<7 000	800	<18 000
600	<11 000	1 000	<28 000
700	<13 500	1 200	<50 000
800	<18 000		
900	<22 000		

注：该表引自《人防地下室通风设计》。

7) 自动排气阀的选型。常用自动排气阀的性能参数见表 5-12。

表 5-12 自动排气阀的性能参数

型号	直径/mm	排风量/($m^3 \cdot h^{-1}$)	重锤启动压力调节范围/Pa
YF 型	150	82～280	30～100
YF 型	200	120～500	30～100
PS 型	250	200～800	30～100

注：该表引自《人防地下室通风设计》。

(2) 人防排烟设备的选型

1) 进风管。进风管要求有抗爆波能力，为此一般均采用厚 2ram 钢板焊制而成。清洁通风风管、密闭阀、滤毒通风风管均应该按要求选择大小，管道出机房时应设防火阀并与风机连锁。同时由于地下室夏季比较潮湿，其送风管道宜采用玻璃钢制品。

2) 排烟风机。人防排烟设备的选型中，当走道或房间采用机械排烟时，排烟风机的风量计算应符合《人民防空工程设计防火规范》的相关要求；排风机要节能高效，满足公共建筑节能设计规范的相关要求；排烟风机宜采用离心式风机，并应在烟气温度 280℃时能连续工作 30min；排烟风机与排烟口应设有联动装置，当任何一个排烟口开启时，排烟风机应自动启动；排烟风机的入口处，应设当烟气温度超过 280℃时能自动关闭的防火阀，并与排烟风机连锁。

3) 排烟口。根据《人民防空工程设计防火规范》规定：走道或房间采用自然排烟时，其排烟口总面积(当利用采光窗并排烟时为窗口排烟的有效面积)不应小于该防烟分区面积的 2%，排烟口、排烟阀门、排烟管道必须采用非燃材料制成。

(3) 人防给排水设备的选型

人防给排水系统是人防工程中重要的生命线系统，人防设施的给水设备选择必须遵守以下原则：人防的给排水设施的选择首先必须满足《人民防空地下室设计规范》的相关要求；人防给排水设施的能耗设备满足相应的能耗要求；人防给排水设施要有一定的防火、防冲击波的能力。

(4) 人防照明设备的选型

人防工程内潮湿场所应采用防潮型灯具；柴油发电机的油库、蓄电池室等房间应采用密闭型灯具。

(二) 消防设施设备的设计选型

1. 消防设施系统的组成

消防设施系统由火灾自动报警系统、灭火及消防联动系统组成。火灾自动报警系统主要由探测器、报警显示和火灾自动报警控制器等构成；灭火及消防联动系统主要包括灭火装置、减灭装置、避难应急装置和广播通信装置构成。灭火装置又由消火栓给水系统、自动喷水灭火系统和其他常用灭火系统构成；减灭装置主要是防火门和防火卷帘；避难系统包括切断电源装置、应急照明、应急疏散门和应急电梯；广播通信装置包括消防广播和消防专用电话。

2. 消防设施设备选型的要求和原则

消防设施设备选型的要求和原则如下：

1) 绿色建筑内部所有消防设施的布置和选择必须严格遵守《建筑设计防火规范》GB 50016—2006。

2) 灭火系统要根据建筑本身的防火要求来选择。

3) 根据建筑的防火面积选择相应消防能力的消防设备。

4) 要选择节水高效的消防设备，满足绿色建筑的节水、节材和节能要求。

5) 所选的消防设备均要满足一定的耐火性能要求。

6) 一些需要人力手动操作的消防设备，要求动作简单、操作方便。

3. 消防设施设备的选型

(1) 消防给水设备的选择

消防给水的选择包括水源、水压的选择等。根据绿色建筑的节水要求，绿色建筑消防水源应该采用非传统水源；绿色建筑的消防给水量和水压应该根据建筑用途及其重要性、火灾特性和火灾危险性等综合因素确定；消防水池和水泵的选择应符合建筑消防标准和建筑节能相关标准。

(2) 消火栓系统设备的选型

消火栓系统一般由水枪、水带、消火栓、消防水喉、消防水池、水箱、增压设备和水源等组成。一般来讲，当室外给水管网的水压不能满足消防需求时，应该设置水箱和水泵。绿色建筑使用的是非传统水源，必须设置水箱和水泵。消火栓设备的选型可以参照表 5-13。

表 5-13　消火栓设备的规格

	每支水枪流量/(L·s^{-1})	消火栓口径/mm	龙带直径/mm	龙带长度/m	直流水枪口径/mm
室内消火栓	≥5	65	65	≤25	19
	<5	50	50		13 或 16
消防卷盘	0.2～1.26	25	19(胶管)	20～40	6~8

注：该表选自《建筑环境与设备工程系统分析及设计》。

(3) 自动灭火装置的选型

自动灭火装置按喷头的开闭形式分为闭式自动喷水灭火系统和开式自动喷水灭火系统。闭式自动喷水灭火系统有湿式、干式、干湿式和预作用自灭火系统；开式自动喷水灭火系统有雨淋喷水、水幕和水喷雾灭火系统之分。除外，还有二氧化碳灭火系统、泡沫灭火系统、干粉灭火系统和移动灭火器等多种类型，每种灭火系统的适用范围见表 5-14 所列。灭火系统的选择首先要根据实际需要而选择设定，遵循经济适用原则。

表 5-14　各种类型自动灭火系统适用范围

<table>
<tr><th colspan="3">系统类型</th><th>适用范围</th></tr>
<tr><td rowspan="7">自动喷水灭火系统</td><td rowspan="4">闭式系统</td><td>湿式自动喷水灭火系统</td><td>因管网及喷头内充水，适用于环境温度为 4～70℃的建筑物内</td></tr>
<tr><td>干式自动喷水灭火系统</td><td>系统报警后充气充水，适宜温度低于 4℃或高于 70℃的建筑物内</td></tr>
<tr><td>干湿式自动喷水灭火系统</td><td>结合干式和湿式两种系统的优点，环境温度为 4～70℃时为湿式，温度低于 4℃或高于 70℃时自动转化为干式</td></tr>
<tr><td>预作自动喷水灭火系统用</td><td>系统雨淋报警阀后管网充低压空气和氮气。当有火情时，系统可于短时间内(3s)由干式系统变为湿式系统，减少误报</td></tr>
<tr><td rowspan="3">开式系统</td><td>雨淋喷水灭火系统</td><td>适用于严重危险级的建筑物和构筑物内</td></tr>
<tr><td>水幕灭火系统</td><td>可以起到冷却、阻火、防火带的作用，适用于建筑需要保护或防火隔断部位</td></tr>
<tr><td>水喷雾灭火系统</td><td>喷雾起到冷却、窒息、冲击乳化和稀释作用，适合在飞机制造厂、电器设备厂和石油化工等场所</td></tr>
</table>

注：该表选自《建筑环境与设备工程系统分析及设计》。

(4) 减灭装置的选型

1) 排烟装置的选型。排烟装置的选择应该满足下列要求：

第一，排烟风机的全压应满足排烟系统最不利环路的要求，其排烟量应考虑10%～20%的漏风量。

第二，排烟风机应能在 280℃的环境条件下连续工作不少于 30min，且在排烟风机入口处的总管上应设置当烟气温度超过 280℃时能自行关闭的排烟防火阀，该阀应与排烟风机连锁，当该阀关闭时，排烟风机应能停止运转，当排烟风机及系统中设置有软接头时，该软接头应能在280℃的环境条件下连续工作不少于30min。

第三，排烟风机可采用离心风机或排烟专用的轴流风机；且机械排烟系统的排烟量应遵守《建筑设计防火规范》GB 50016—2006的相关技术规范。

2) 防火门和防火卷帘的选择：

第一，防火卷帘的耐火极限时间不应低于3h。防火卷帘符合现行国家标准《门和卷帘耐火试验方法》GB 7633—2008的相关规定。

第二，防火卷帘应具有防烟性能。

(5) 避难及广播通信装置的选型

避难及广播通信装置应遵循以下原则：切断电源装置、应急照明、应急疏散门和应急电梯等应急避难装置要安全可靠，保证火灾情况发生时能够安全正常的工作；消防广播和消防专用电话要保证在火灾发生时能够正常使用。现在许多建筑由于长时间不去管理，当火灾发生时这些设备就不能工作了，绿色建筑的这些应急设施要杜绝出现这种情况。

五、燃气、电梯、通信设施设备的设计选型

(一) 燃气设施设备的设计选型

1. 燃气设施设备的组成

绿色建筑所讲的燃气系统是指室内燃气系统，一个完整的燃气系统包括供气系统、输气设备和用气设备三大部分。其中通常所说的供气系统有城市管道供气、瓶装供气，绿色建筑鼓励并要求采用非传统气源；输气设备是指输气管道和仪表等；用气设备通常包括燃气灶具、燃气热水器、燃气发电机等。

2. 燃气设施设备选型的要求和原则

燃气系统是绿色建筑重要的能源系统，特别是对于民用建筑来说燃气是满足生活需求的主要能源之一，因此，燃气设施设备的选型要遵守以下原则：

1) 选择清洁高效的气源，以免造成污染和浪费。

2) 使用非传统气源，如沼气等。

3) 燃气用具要节能高效，安全可靠。

4) 运输管道、燃气表要根据用气负荷来选择，要保证使用安全、不漏气。

(二) 电梯设施设备的选型

电梯是建筑内部垂直交通运输工具的总称。目前，电梯按用途分类有乘客电

梯、货运电梯、医用电梯、杂物电梯、观光电梯、车辆电梯、船舶电梯、建筑施工电梯和其他类型的电梯；按速度来分可以分为低速电梯、中速电梯、高速电梯和超高速电梯。当然，还有其他分类方法，在此不一一介绍。

电梯已经作为建筑内部的一种重要的交通设施，绿色建筑在选择电梯时应遵循的原则如下：

1) 绿色建筑选择的电梯要高效节能，《绿色建筑评价标准》中明确了绿色建筑要求节能，要求选择效率高的用能设备。

2) 绿色建筑选用的电梯要安全舒适，有良好的照明和通风。

3) 绿色建筑内的电梯要有良好的应急系统。

（三）通信设施设备的选型

通信网络系统是保证建筑物内的语音、数据、图像能够顺利传输的基础，它同时与外部通信网络如公共电话网、数据通信网、计算机网络、卫星通信网络及广播电视网相连，与世界各地互通信息，向建筑物提供各种信息的网络。其中包括程控电话系统、广播电视卫星系统、视频会议系统、卫星通信系统等。绿色建筑通信设施设备应该遵循下列原则：

1) 绿色建筑内的通行设施设备必须是节能高效的。尽管在工程设施规划中把它纳入弱电系统中，首先还是必须满足节能要求。

2) 现在有很多用重金属制作的通信设备，严重危害人的健康，因此绿色建筑内的通信工具制作的材料是无害的。

3) 电子设备高度发达，人们往往“谈辐色变”，因为好多电子通信设备有很强的电磁辐射，对人的身体损伤很大，因此，绿色建筑内部的通信应该是低辐射的环保设备。

4) 保证网络安全，切实有效地防止病毒入侵和网络窃听。

5) 绿色建筑内的各种通信系统应可以实时升级，通信设备应该选择智能化的系统。

六、其他设施设备的选型

以上主要介绍了绿色建筑中传统设施设备的一些选型方法和原则，其实，这些设施设备只是绿色建筑的主要设施设备，而并非全部的设施设备，因为我国的绿色建筑还有很多东西需要进一步完善。一些绿色建筑发展相对成熟的国家，如德国、英国，绿色建筑设备还包含太阳能系统、水资源循环利用系统、能源循环系统和智能系统等，本节仅简单介绍能源循环系统和智能化系统。

(一) 能源循环系统设备

在了解能源循环系统之前，首先应了解哪些能源是可以参与循环的，可以参与循环的是太阳能、风能、地热、生物能等，这些能量通过供应、转换、输送和消耗从而达到能源循环的目的，因此可以说，一个简单的能源循环系统是由能源供应系统、能源转换系统、能源输送系统和消耗系统组成的。常见的能源循环系统包括太阳能循环系统、风能循环系统、生物能循环系统、地热能循环系统、水循环系统、综合能源循环系统等。尽管采用非传统能源就是在节约能源，但是在未来的发展过程中，高效地利用非传统的资源也是绿色建筑追求的目标。因此，能源循环设备的选择应遵循以下原则：

1) 能源收集系统和转化系统应高效，这不但节约材料，同时最大限度地满足建筑能耗要求。

2) 能源的转换系统要高效，收集同样的自然能源，也要通过高效的转换设备尽可能多地转换为建筑运行需要的能源。

3) 传输设备应减少能量的流失和消耗。

4) 用能设备应高效节能。

5) 能源循环设备应与建筑结合，不能破坏建筑风貌，影响建筑美观和使用。

(二) 建筑智能系统设备

智能系统可能成为未来绿色建筑的重要系统之一，主要包括通信网络系统、办公自动化系统和建筑设备自动化系统(前面两个系统主要是满足绿色建筑人性化的需求，后面一个系统则是建筑节能和人性化设计的重要手段。此外，还包括消防和安保自动化系统)。

建筑智能化的基本功能是为人们提供一个安全、舒适、高效和便利的建筑空间，建筑智能化可以满足人们在信息化发展新形势下对建筑提出的更高的要求。尽管现在建筑智能化系统并不全面，但已经有一些智能设备开始使用，如声光控制的灯具、门楼指纹识别系统、办公自动化系统等。智能设备的选择需要遵循如下原则：

1) 要节能高效。

2) 安全可靠，主要是信息安全和设备的正常运行。

3) 方便使用，便于维护。

第六章　绿色施工技术

第一节　绿色施工的定义

“绿色”一词强调的是对原生态的保护，是借用名词，其实质是为了实现人类生存环境的有效保护和促进经济社会可持续发展。对于工程施工行业而言，在施工过程中要注重保护生态环境，关注节约与充分利用资源，贯彻以人为本的理念，行业的发展才具有可持续性。绿色施工强调对资源的节约和对环境污染的控制，是根据我国可持续发展战略对工程施工提出的重大举措，具有战略意义。关于绿色施工，具有代表性的定义主要有如下几种：住房和城乡建设部颁发的《绿色施工导则》认为，绿色施工是指“工程建设中，在保证质量、安全等基本要求的前提下，通过科学管理和技术进步，最大限度地节约资源与减少对环境负面影响的施工活动，实现四节一环保(节能、节地、节水、节材和环境保护)”。这是迄今为止，政府层面对绿色施工概念的最权威界定。

北京市建设委员会与北京市质量技术监督局统一发布的《绿色施工管理规程》(DB11513—2008)认为，绿色施工是“建设工程施工阶段严格按照建设工程规划、设计要求，通过建立管理体系和管理制度，采取有效的技术措施，全面贯彻落实国家关于资源节约和环境保护的政策，最大限度节约资源，减少能源消耗，降低施工活动对环境造成的不利影响，提高施工人员的职业健康安全水平，保护施工人员的安全与健康”。

《绿色奥运建筑评估体系》认为，绿色施工是“通过切实有效的管理制度和工作制度，最大限度地减少施工活动对环境的不利影响，减少资源与能源的消耗，实现可持续发展的施工技术”。

还有一些定义，如：绿色施工是以可持续发展作为指导思想，通过有效的管理方法和技术途径，以达到尽可能节约资源和保护环境的施工活动。

以上关于绿色施工的定义，尽管说法有所不同，文字表述有繁有简，但本质意义是完全相同的，基本内容具有相似性，其推进目的具有一致性，即都是为了节约资源和保护环境，实现国家、社会和行业的可持续发展，从不同层面丰富了绿色施工的内涵。另外，对绿色施工定义表述的多样性也说明了绿色施工本身是一个复杂的系统工程，难以用一个定义全面展现其多维内容。

综上所述，绿色施工的本质含义包含如下方面：

1) 绿色施工以可持续发展为指导思想。绿色施工正是在人类日益重视可持续发展的基础上提出的，无论节约资源还是保护环境都是以实现可持续发展为根本目的，因此绿色施工的根本指导思想就是可持续发展。

2) 绿色施工的实现途径是绿色施工技术的应用和绿色施工管理的升华。绿色施工必须依托相应的技术和组织管理手段来实现。与传统施工技术相比，绿色施工技术有利于节约资源和环境保护的技术改进，是实现绿色施工的技术保障。而绿色施工的组织、策划、实施、评价及控制等管理活动，是绿色施工的管理保障。

3) 绿色施工是追求尽可能减少资源消耗和保护环境的工程建设生产活动，这是绿色施工区别于传统施工的根本特征。绿色施工倡导施工活动以节约资源和保护环境为前提，要求施工活动有利于经济社会可持续发展，体现了绿色施工的本质特征与核心内容。

4) 绿色施工强调的重点是使施工作业对现场周边环境的负面影响最小，污染物和废弃物排放(如扬尘、噪声等)最小，对有限资源的保护和利用最有效，它是实现工程施工行业升级和更新换代的更优方法与模式。

第二节　与传统施工的关系

施工是指具备相应资质的工程承包企业，通过管理和技术手段，配置一定资源，按照设计文件(施工图)，为实现合同目标在工程现场所进行的各种生产活动。绿色施工基于可持续发展思想，以节约资源、减少污染排放和保护环境为典型特征，是对传统施工模式的创新。无论哪种施工方式，都包含五个基本要素：对象、资源、方法和目标。

绿色施工与传统施工在许多要素方面是相同的：一是有相同的对象工程项目，即无论哪种施工方式，都是为工程项目建设任务；二是配置相同的资源、人、设备、材料等；相同的实现方法——工程管理与工程技术方法。绿色施工的本质特征还是施工，因此必然带有传统施工的固有特点。

二者的不同点主要表现在如下两个方面：

一是绿色施工与传统施工的最大不同在于施工目标。不同的经济体制决定了工程施工不同的目标要求。如在计划经济时代，施工主要为了满足质量与安全的要求，尽可能保证工期，经济要求服从计划安排。改革开放后，市场经济体制逐步建立，工程施工由建筑产品生产转化为建筑商品生产；施工企业开始追求经济利益最大化的目标，工程项目施工目标控制增加了工程成本控制的要求。因此，施工企业为了赢得市场竞争，必须要对工程质量、安全文明、工期等目标高度重视。为了在市场环境下求得发展，也必须在工程项目实施中实现尽可能多的盈利，这是在市场经济条件下施工企业必须面对的现实问题，相对计划经济体制工程施工增加了成本控制的目标。绿色施工要求对工程项目施工以保护环境和国家资源为前提，最大限度实现资源节约，工程项目施工目标在保证安全文明、工程质量和施工工期以及成本受控的基础上，增加以资源环境保护为核心内容的绿色施工目标，这也是顺应了可持续发展的时代要求。工程施工控制目标数量的增加，不仅增加了施工过程技术方法选择和管理的难度，也直接导致了施工成本的增加，增加了工程项目控制的难度。而且环境和资源保护方面的工作做得越多越好，可能成本增加越多，施工企业面临的亏损压力就会越大。

二是需要特别强调的是绿色施工与传统施工的“节约”是不同的。根据《绿色施工导则》的界定，绿色施工的落脚点在于实现“四节一环保”，这种“节约”有着特别的含义，其与传统意义的“节约”的区别表现为：① 出发点(动机)不同：绿色施工强调的是在环境保护前提下的节约资源，而不是单纯追求经济效益的最大化。② 着眼点(角度)不同：绿色施工强调的是以“节能、节材、节水、节地”为目标的“四节”，所侧重的是对资源的保护与高效利用，而不是从降低成本的角度出发。③ 落脚点(效果)不同：绿色施工往往会造成施工成本的增加，其落脚点是环境效益最大化，需要在施工过程中增加对国家稀缺资源保护的措施，需要投入一定的绿色施工措施费。④ 效益观不同：绿色施工虽然可能导致施工成本增大，但从长远来看，将使得国家或相关地区的整体效益增加，社会和环境效益改善。可见，绿色施工所强调的“四节”并非以施工企业的“经济效益最大化”为基础，而是强调在环境和资源保护前提下的“四节”，是强调以可持续发展为目标的“四节”。因此，符合绿色施工做法的“四节”，对于项目成本控制而言，往往会造成施工成本的增加。但是，这种企业效益的“小损失”，换来的却是国家整体环境治理的“大收益”。

第三节　绿色施工的实质

推进绿色施工，是在施工行业贯彻科学发展观、实现国家可持续发展、保护环境、勇于承担社会责任的一种积极应对措施，是施工企业面对严峻的经营形势和严酷的环境压力时的自我加压、挑战历史和引导未来工程建设模式的一种施工活动。工程施工的某些环境负面影响大多具有集中、持续和突发特征，这决定了施工行业推进绿色施工的迫切性和必要性。切实推进绿色施工，使施工过程真正做到“四节一环保”，对于促使环境改善，提升建筑业环境效益和社会效益具有重要意义。

从施工过程中物质与能量的输入输出分析入手，有助于直观把握施工过程影响环境的机理，进一步理解绿色施工的实质。

施工过程是由一系列工艺过程(如混凝土搅拌等)构成，工艺过程需要投入建筑材料、机械设备、能源和人力等宝贵资源，这些资源一部分转化为建筑产品，还有一部分转化为废弃物或污染物。一般情况下，对于一定的建筑产品，消耗的资源量是一定的，废弃物和污染物的产生量则与施工模式直接相关。施工水平的绿色程度愈高，废弃物和污染物的排放量则愈小，反之亦然。

基于以上分析，理解绿色施工的实质应重点把握如下几个方面。

(1) 绿色施工应把保护和高效利用资源放在重要位置

施工过程是一个大量资源集中投入的过程。绿色施工要把节约资源放在重要位置，本着循环经济要求的原则(即减量化、再利用、再循环)来保护和高效利用资源。在施工过程中就地取材、精细施工，以尽可能减少资源投入，同时加强资源回收利用，减少废弃物排放。

(2) 绿色施工应将保护环境和控制污染物排放作为前提条件

施工是一种对现场周围乃至更大范围的环境有着相当负面影响的生产活动。施工活动除了对大气和水体有一定的污染外，基坑施工对地下水影响较大，同时，还会产生大量的固体废弃物排放以及扬尘、噪声、强光等刺激感官的污染。因此，施工活动必须体现绿色特点，将保护环境和控制污染物排放作为前提条件。

(3) 绿色施工必须坚持以人为本，注重减轻劳动强度及改善作业条件

施工行业应将以人为本作为基本理念，尊重和保护生命、保障人身健康，高度重视改善建筑工人劳动强度高、居住和作业条件较差、劳动时间偏长的状况。

根据《中国劳动统计年鉴 2011》的统计数据，2006－2010 年城镇就业人员调查周平均工作时间的全国平均水平为 45.8h/周，而建筑业为 49.6h/周，高于全国平均水平 8.3%;法定平均每周工作标准为 40h，建筑业超出法定标准 24%。基于以人为本的主导思想，着眼于建筑工人短缺的趋势，绿色施工必须将减轻劳动强度、改善作业条件放在重要位置。

(4) 绿色施工必须追求技术进步，把推进建筑工业化和信息化作为重要支撑

绿色施工不是一句口号，也不仅仅是施工理念的变革，其意在创造一种对人类、自然和社会的环境影响相对较小、资源高效利用的全新施工模式。绿色施工的实现需要技术进步和科技管理的支撑，特别要把推进建筑工业化和施工信息化作为重要方向。这两者对于节约资源、保护环境和改善工人作业条件具有重要的推进作用。

总之，绿色施工并非一项具体技术，而是对整个施工行业提出的一个革命性的

变革要求，其影响范围之大，覆盖范围之广是空前的。尽管绿色施工的推进会面临很多困难和障碍，但代表了施工行业的未来发展方向，其推广和发展势在必行。

第四节　绿色施工在建筑全生命周期的地位

施工阶段是建筑全生命周期的阶段之一，属于建筑产品的物化过程。从建筑全生命周期的视角，我们能更完整地看到绿色施工在整个建筑生命周期环境影响中的地位和作用。

(1) 绿色施工有助于减少施工阶段对环境的污染

相比于建筑产品几十年甚至几百年运行阶段的能耗总量而言，施工阶段的能耗总量也许并不突出，但施工阶段能耗却较为集中，同时产生了大量的粉尘、噪声、固体废弃物、水消耗、土地占用等多种类型的环境影响，对现场和周围人们的生活和工作有更加明显的影响。施工阶段环境影响在数量上并不一定是最多的阶段，但具有类型多、影响集中、程度深等特点，是人们感受最突出的阶段。绿色施工通过控制各种环境影响，节约资源能源，能有效减少各类污染物的产生，减少对周围人群的负面影响，取得突出的环境效益和社会效益。

(2) 绿色施工有助于改善建筑全生命周期的绿色性能

毋庸置疑，规划设计阶段对建筑物整个生命周期的使用功能、环境影响和费用的影响最为深远。然而规划设计的目的是在施工阶段来落实的，施工阶段是建筑物的生成阶段，其工程质量影响着建筑运行时期的功能、成本和环境影响。绿色施工的基础质量保证，有助于延长建筑物的使用寿命，实质上提升了资源利用效率。绿色施工是在保障工程安全质量的基础上保护环境、节约资源，其对环境的保护将带来长远的环境效益，有力促进了社会的可持续发展。施工现场选用绿色性能相对较好的建筑材料、施工机具和楼宇设备是绿色施工的需要，更对绿色建筑的实现具有重要作用。可见推进绿色施工不仅能够减少施工阶段的环境负面影响，还可为绿色建筑形成提供重要支撑，为社会的可持续发展提供保障。

(3) 推进绿色施工是建造可持续性建筑的重要支撑

建筑在全生命周期中是否绿色、是否具有可持续性是由其规划设计、工程施工和物业运行等过程是否具有绿色性能、是否具有可持续性所决定的。一座具有良好可持续性的建筑或绿色建筑的建成，首先需要工程策划思路正确、符合可持续发展要求；其次规划设计必须达到绿色设计标准；再者施工过程也应严格进行施工策划，严格实施，达到绿色施工水平；物业运行是一个漫长时段，必须依据可持续发展思想，进行绿色物业管理。在建筑的全生命周期中，要完美体现可持续发展思想，各环节、各阶段都必须凝聚目标，全力推进和落实绿色发展理念，通过绿色设计、绿色施工和绿色运维建成可持续发展的建筑。

综上所述，绿色施工的推进，不仅能有效地减少施工阶段对环境 的负面影响，对提升建筑全生命周期的绿色性能也具有重要的支撑和 促进作用。推进绿色施工有利于建设环境友好型社会，功在当代、利在千秋，是具有战略意义的重大举措。

第七章　工程项目绿色施工实施

绿色施工的实施是一个复杂的系统工程，需要在管理层面充分发挥计划、组织、领导和控制职能，建立系统的管理体系，明确第一责任人，持续改进，合理协调，强化检查与监督等。

第一节　建立系统的管理体系

面对不同的施工对象，绿色施工管理体系可能会有所不同，但其实现绿色施工过程受控的主要目的是一致的，覆盖施工企业和工程项绿色施工管理体系的两个层面要求是不变的。因此工程项目绿色施工管理体系应成为企业和项目管理体系有机整体的重要组成部分，它包括制定、实施、评审和保障实现绿色施工目标所需的组织机构及职责分工、规划活动、相关制度、流程和资源分组等，主要由组织管理体系和监督控制体系构成。

一、组织管理体系

在组织管理体系中，要确定绿色施工的相关组织机构和责任分工，明确项目经理为第一责任人，使绿色施工的各项工作任务有明确的部门和岗位来承担。如某工程项目为了更好地推进绿色施工，建立了一套完备的组织管理体系，成立由项目经理、项目副经理、项目总工为正副组长及各部门负责人构成的绿色施工领导小组。明确由组长(项目经理)作为第一责任人，全面统筹绿色施工的策划、实施、评价等工作；由副组长(项目副经理)挂帅进行绿色施工的推进，负责批次、阶段和单位工程评价组织等工作；另一副组长(项目总工)负责绿色施工组织设计、绿色施工方案或绿色施工专项方案的编制，指导绿色施工在工程中的实施；同时明确由质量与安全部负责项目部绿色施工日常监督工作，根据绿色施工涉及的技术、材料、能源、机械、行政、后勤、安全、环保以及劳务等各个职能系统的特点，把绿色施工的相关责任落实到工程项目的每个部门和岗位，做到全体成员分工负责，齐抓共管。把绿色施工与全体成员的具体工作联系起来，系统考核，综合激励，取得良好效果。

二、监督控制体系

绿色施工需要强化计划与监督控制，有力的监控体系是实现绿色施工的重要保障。在管理流程上，绿色施工必须经历策划、实施、检查与评价等环节。绿色施工要通过监控，测量实施效果，并提出改进意见。绿色施工是过程，过程实施完成后绿色施工的实施效果就难以准确测量。因此，工程项目绿色施工需要强化过程监督与控制，建立监督控制体系。体系的构建应由建设、监理和施工等单位构成，共同参与绿色施工的批次、阶段和单位工程评价及施工过程的见证。在工程项目施工中，施工方、监理方要重视日常检查和监督，依据实际状况与评价指标的要求严格控制，通过 PDCA 循环，促进持续改进，提升绿色施工实施水平。监督控制体系要充分发挥其旁站监控职能，使绿色施工扎实进行，保障相应目标实现。

第二节　明确项目经理是绿色施工第一责任人

绿色施工需要明确第一责任人，以加强绿色施工管理。施工中存在的环保意识不强、绿色施工投入不足、绿色施工管理制度不健全、绿色施工措施落实不到位等问题，是制约绿色施工有效实施的关键问题。应明确工程项目经理为绿色施工的第一责任人，由项目经理全面负责绿色施工，承担工程项目绿色施工推进责任。这样工程项目绿色施工才能落到实处，才能调动和整合项目内外资源，在工程项目部形成全项目、全员推进绿色施工的良好氛围。

第三节　持续改进

绿色施工推进应遵循管理学中通用的 PDCA 原理。PDCA 原理，又名 PDCA 循环，也叫质量环，是管理学中的一个通用模型。最早是休哈特(Walter A. Shewhart)于 1930 年提出构想，后来被美国质量管理专家戴明(Edwards Deming)博士在 1950 年再度挖掘，广泛宣传，并运用于持续改善产品质量的过程中。PDCA 原理适用于一切管理活动，它是能使任何一项活动有效进行的一种合乎逻辑的工作程序。

其中 P、D、C、A 四个英文字母所代表的意义如下：

1) P (Plan)——计划，包括方针和目标的确定以及活动计划的制定。

2) D (Do)——执行，执行就是具体运作，实现计划中的内容。

3) C (Check)——检查，就是要总结执行计划的结果，分清哪些对了，哪些错了，明确效果，找出问题。

4) A (Action)——处理，对检查的结果进行处理，认可或否定。

成功的经验要加以肯定，或者模式化或者标准化加以适当推广；失败的教训要加以总结，以免重现；这一轮未解决的问题放到下一个 PDCA 循环。

PDCA 循环，可以使我们的思想方法和工作步骤更加条理化、系统化、图像化和科学化。它具有如下特点：

(1) 大环套小环，小环保大环，推动大循环

PDCA 循环作为管理的基本方法，适用于整个工程项目的绿色施工管理。整个工程项目绿色施工管理本身形成一个 PDCA 循环，内部又嵌套着各部门绿色施工管理 PDCA 小循环，层层循环，形成大环套小环，小环里面又套更小的环。大环是小环的母体和依据，小环是大环的分解和保证；通过循环把绿色施工的各项工作有机地联系起来，彼此协同，互相促进。

(2) 不断前进，不断提高

PDCA 循环就像爬楼梯一样，一个循环运转结束，绿色施工的水平就会提高一步，然后再制定下一个循环，再运转、再提高，不断前进，不断提高。

门路式上升。PDCA 循环不是在同一水平上循环，每循环一次，就解决一部分题目，取得一部分成果，工作就前进一步，水平就提高一步。每通过一次 PDCA 循环，都要进行总结，提出新目标，再进行第二次 PDCA 循环，使绿色施工的车轮滚滚向前。

绿色施工持续改进(PDCA 循环)的基本阶段和步骤如下：

(1) 计划阶段

根据绿色施工的要求和组织方针，提出工程项目绿色施工的基本目标。

步骤一：明确“四节一环保”的主题要求。绿色施工以施工过程有效实现“四节一环保”为前提，这也是绿色施工的导向和相关决策的依据。

步骤二：设定绿色施工应达到的目标。也就是绿色施工所要做到的内容和达到的标准。目标可以是定性与定量化结合的，能够用数量来表示的指标要尽可能量化，不能用数量来表示的指标也要明确。目标是用来衡量实际效果的指标，所以设定应该有依据，要通过充分的现状调查和比较来获得。《建筑工程绿色施工评价标准》(GB/T50640—2010)提供了绿色施工的衡量指标体系，工程项目要结合自身能力和项目总体要求，具体确定实现各个指标的程度与水平。

步骤三：策划绿色施工有关的各种方案并确定最佳方案。针对工程项目，绿色施工的可能方案有很多，然而现实条件中不可能把所有想到的方案都实施，所以提出各种方案后优选并确定出最佳的方案是较有效率的方法。

步骤四：制定对策，细化分解策划方案。有了好的方案，其中的细节也不能

忽视，计划的内容如何完成好，需要将方案步骤具体化，逐一制定对策，明确回答出方案中的“5W2H”。即：为什么制定该措施(Why)?达到什么目标(What)?在何处执行(Where)?由谁负责完成(Who)?什么时间完成(When)?如何完成(How)?花费多少(How much)?

(2) 实施阶段

按照绿色施工的策划方案，在实施的基础上，努力实现预期目标的过程。

步骤五：绿色施工实施过程的测量与监督。对策制定完成后就进入了具体实施阶段。在这一阶段除了按计划和方案实施外，还必须要对过程进行测量，确保工作能够按计划进度实施。同时建立数据采集，收集过程的原始记录和数据等项目文档。

(3) 检查效果阶段

确认绿色施工的实施是否达到了预定目标。

步骤六：绿色施工的效果检查。方案是否有效、目标是否完成，需要进行效果检查后才能得出结论。将采取的对策进行确认后，对采集到的证据进行总结分析，把完成情况同目标值进行比较，看是否达到了预定的目标。如果没有出现预期的结果，应该确认是否严格按照计划实施对策，如果是，就意味着对策失败，那就要重新进行最佳方案的确定。

(4) 处置阶段

步骤七：标准化。对已被证明的有成效的绿色施工措施，要进行标准化，制定成工作标准，以便在企业和以后执行和推广，并最终转化为施工企业的组织过程资产。

步骤八：问题总结。对绿色施工方案中效果不显著的或者实施过程中出现的问题进行总结，为开展新一轮的 PDCA 循环提供依据。

总之，绿色施工过程通过实施 PDCA 管理循环，能实现自主性的工作改进。此外需要重点强调的是，绿色施工起始的计划(P)实际应为工程项目绿色施工组织设计、施工方案或绿色施工专项方案，应通过实施(D)和检查(C)，发现问题，制定改进方案，形成恰当处理意见(A)，指导新的 PDCA 循环，实现新的提升，如此循环，持续提高绿色施工的水平。

第四节 绿色施工协调与调度

为了确保绿色施工目标的实现，在施工中要高度重视施工调度与协调管理。应对施工现场进行统一调度、统一安排与协调管理，严格按照策划方案，精心组织施工，确保有计划、有步骤地实现绿色施工的各项目标。

绿色施工是工程施工的“升级版”，应特别重视施工过程的协调和调度，应建立以项目经理为核心的调度体系，及时反馈上级及建设单位的意见，处理绿色施工中出现的问题，并及时加以落实执行，实现各种现场资源的高效利用。工程项目绿色施工的总调度应由项目经理担任，负责绿色施工的总体协调，确保施工过程达到绿色施工合格水平以上，施工现场总调度的职责是：

1) 监督、检查含绿色施工方案的执行情况，负责人力物力的综合平衡，促进生产活动正常进行。

2) 定期召开有建设单位、上级职能部门、设计单位、监理单位的协调会，解决绿色施工疑问和难点。

3) 定期组织召开各专业管理人员及作业班组长参加的会议，分析整个工程的进度、成本、计划、质量、安全、绿色施工执行情况，使项目策划的内容准确落实到项目实施中。

4) 指派专人负责，协调各专业工长的工作，组织好各分部分项工程的施工衔接，协调穿叉作业，保证施工的条理化、程序化。

5) 施工组织协调建立在计划和目标管理基础之上，根据绿色施工策划文件与工程有关的经济技术文件进行，指挥调度必须准确、及时、果断。

6) 建立与建设、监理单位在计划管理、技术质量管理和资金管理等方面的协调配合措施。

第五节　检查与监测

绿色施工的检查与监测包括日常、定期检查与监测，其目的是检查绿色施工的总体实施情况，测量绿色施工目标的完成情况和效果，为后续施工提供改进和提升的依据和方向。检查与监测的手段可以是定性的，也可以是定量的。工程项目可针对绿色施工制定季度检、月检、周检、日检等不同频率周期的检查制度，周检、日检要侧重于工长和班组层面，月检、周检应侧重于项目部层面，季度检可侧重于企业或分公司层面。监测内容应在策划书中明确，应针对不同监测项目建立监测制度，应采取措施，保证监测数据准确，满足绿色施工的内外评价要求。总之，绿色施工的检查与测量要以《建筑工程绿色施工评价标准》(GB/T50640—2010)和绿色施工策划文件为依据，检查和监测各目标和方案落实情况。

第八章　绿色建造技术发展方向

工程项目绿色建造包括的范围类似于我国工程建设中的施工图绿色设计和绿色施工两个阶段工作内容的叠加。因此，施工图绿色设计与绿色施工是绿色建造的两个阶段，绿色建造是施工图绿色设计和绿色施工的简称；把施工图绿色设计技术与绿色施工技术紧密结合，即基于绿色建造的技术研究，必将提升工程项目建设的总体绿色水平。

绿色建造技术研究，包含施工图绿色设计技术和绿色施工技术两个方面。绿色建造不仅要遵循有关要求实现绿色施工，施工图设计也必须因地制宜，与施工现场紧密结合，贯彻和体现总体规划和初步设计意图，最终实现施工图绿色设计。只有这样，才能真正实现预期的绿色建造效果，才能在建筑全生命周期的“生成阶段”构建绿色建造实施责权利对等的工程承包体系。

明确绿色建造技术的发展方向，进行绿色建造技术研究和实践，是推进和实施施工图绿色设计和绿色施工的前提条件。借助“十二五”国家科技支撑计划项目“建筑工程绿色建造关键技术研究与示范”的实施，结合绿色建造的发展需要，进行了扩展研究，提出了绿色建造技术的十个发展主题，结合绿色施工技术研究提出了六个研究方向，并按阶段将绿色建造技术分为施工图绿色设计技术和绿色施工技术两大部分，每个部分均按“四节一环保”五个要素进行归类；对于一些相对简单但对推进绿色建造有较大促进作用的“四新”技术，也进行了收集整理，希望能够对施工图绿色设计和绿色施工技术的发展有所裨益。

第一节　绿色建造技术发展主题

一、装配式建造技术

装配式建造技术是指在专用工厂预制好构件，然后在施工现场进行构件组装的建造方式。装配式建造技术是我国建筑工业化技术的重要组成部分，是建筑工程建造技术的发展主题之一。装配式建造技术有利于提高生产效率，减少施工人员，节约能源和资源，保证建筑质量；更符合“四节一环保”要求，与国家可持续发展的原则一致。装配式建造技术包含施工图设计与深化、精细制造、质量保持、现场安装及连接节点处理等技术。

二、信息化建造技术

信息化建造技术是指利用计算机、网络和数据库等信息化手段，对工程项目施工图设计和施工过程的信息进行有序存储、处理、传输和反馈的建造方式。建筑工程建造过程是一个复杂的综合活动，涉及众多专业和参与者，因此，建造工程信息交换与共享是工程项目实施的重要内容。信息化建造有利于施工图设计和施工过程的有效衔接，有利于各方、各阶段的协同和配合，从而有利于提高施工效率，减小劳动强度。信息化建造技术应注重于施工图设计信息、施工过程信息的实时反馈、共享、分析和应用，开发面向绿色建造全过程的模拟技术、绿色建造全过程实时监测技术、绿色建造可视化控制技术以及工程项目质量、安全、工期与成本的协同管理技术，建立实时性强、可靠性好、效率高的信息化建造技术系统。

三、地下资源保护及地下空间开发利用技术

地下空间的开发可以缓解城市快速发展带来的一系列问题(城市用地严重不足、建筑密度过大、绿化率过低、环境恶化等)。但地下空间的开发，不能以损坏地下环境为代价，应研发符合绿色建造理念的地下空间开发利用技术，并注重地下资源的保护和合理利用，尤其是地下水资源的保护，如地下工程施工不降水技术、基坑施工封闭降水技术等。

四、楼宇设备及系统智能化控制技术

楼宇设备智能化控制是采用先进的计算机技术和网络通信技术结合而构成的自动控制方法，其目的在于使楼宇建造和运行中的各种设备系统高效运转，合理管理能源，自动节约资源。因此，楼宇设备及系统智能化控制技术是绿色建造技术发展的重要领域，应选择节能降耗性能好的楼宇设备，开发能源和资源节约效率高的智能控制技术，并广泛应用于建筑工程项目中。

五、建筑材料与施工机械绿色性能评价及选用技术

选用绿色性能好的建筑材料与施工机械是推进绿色建造的基础，因此，建筑材料和施工机械绿色性能评价及选用技术是绿色建造实施的基础条件，其重点和难点在于采用统一、简单、可行的指标体系对施工现场各式各样的建筑材料和施工机械进行绿色性能评价，从而方便施工现场选取绿色性能相对优良的建筑材料和施工机械。建筑材料绿色性能评价可注重于废渣排放、废水排放、废气排放、尘埃排放、噪声排放、废渣利用、水资源利用、能源利用、材料资源利用、施工

效率等指标；施工机械绿色性能评价可重点关注工作效率、油耗、电耗、尾气排放、噪声等指标。

六、高强钢与预应力结构等新型结构开发应用技术

绿色建造的推进应鼓励高强钢的广泛使用，应高度关注和推广预应力结构和其他新型结构体系的应用。一般情况下，该类新型结构具有节约材料、减小结构截面尺寸、降低结构自重等优点，有助于绿色建造的推进和实施；但是可能同时存在生产工艺较为复杂、技术要求高等不足。因此，突破新型结构体系开发的重大难点，建立新型结构成套建造技术，是绿色建造发展的一大主题。

七、多功能高性能混凝土技术

混凝土是建筑工程使用最多的材料之一，混凝土性能的改进与研发，对绿色建造的推进具有重要作用。多功能混凝土包括轻型高强混凝土、重晶石混凝土、透光混凝土、加气混凝土、植生混凝土、防水混凝土和耐火混凝土等。高性能混凝土要求包括强度高、强度增长受控、可泵性好、和易性好、热稳定性好、耐久性好、不离析等性能。多功能高性能混凝土是混凝土的发展方向，符合绿色建造的要求，应从混凝土性能和配比、搅拌和养护等方面加以研发并推广应用。

八、新型模架开发应用技术

模架工程是混凝土施工的重要工具，其便捷程度和重复利用程度对施工效率和材料资源节约等有重要影响。新型模架包括自锁式、轮扣式、承插式支撑架或脚手架，钢模板、塑料模板、铝合金模板、轻型钢框模板及大型自动提升工作平台，水平滑移模架体系，钢木组合龙骨体系、薄壁型钢龙骨体系、木质龙骨体系、型钢龙骨体系等。开发新型模架及其应用技术，探索建立建筑模架产、供、销一体化、专业化服务体系、供应体系和评价体系，可为建筑模架工程的节材、高效、安全提供保障，为建筑工程绿色建造提供支持。

九、现场废弃物减量化及回收再利用技术

我国建筑废弃物数量已占城市垃圾总量的 1/3 左右。建筑废弃物的无序堆放，不但侵占了宝贵的土地资源，耗费了大量费用，而且清运和堆放过程中的遗撒和粉尘、灰砂飞扬等问题又造成了严重的环境污染。因此，现场废弃物的减量化和回收再利用对于保护土地资源，减少环境污染具有重要作用；现场废弃物减量化及回收再利用技术是绿色建造技术发展的核心主题。现场废弃物处置应遵循减量化、再利用、资源化的原则。首先要研发并应用建筑垃圾减量化技术，从源头上

减少建筑垃圾的产生。当无法避免其产生时，应立足于现场分类、回收和再生利用技术研究，最大限度地对建筑垃圾进行回收和循环利用。对于不能再利用的废弃物，应本着资源化处理的思路，分类排放，充分利用或进行集中无害化处理。

十、人力资源保护及高效使用技术

建筑业是劳动密集型产业。应坚持“以人为本”的原则，以改善作业条件、降低劳动强度、高效利用人力资源为重要目标，对施工现场作业、工作和生活条件进行改造，进行管理技术研究，减少劳动力浪费，积极推行“四新”技术，进行工艺技术研究，改善施工现场繁重的体力劳动现状，提升现场机械化、装配化水平，强化劳动保护措施，把人力资源保护和高效使用的发展主题落实到实处。

第二节　绿色建造技术发展要点

绿色建造技术的研发，一是通过自主创新和引进消化再创新，瞄准机械化、工业化和信息化建造的发展方向，进行绿色建造技术创新研究，提高绿色施工水平；二是要加强技术集成，研究形成基于各类工程项目的成套技术成果，提高工作效率；三是绿色示范工程的实施与推广，形成一批对环境有重大改善作用、应用便捷、成本可控的地基基础、结构主体和装饰装修及机电安装工程的绿色建造技术，指导面上的绿色建造。

要发展适合绿色建造的资源高效利用与环境保护技术，对传统的施工图设计技术和施工技术进行绿色审视，鼓励绿色建造技术的发展，推动绿色建造技术的创新，应至少覆盖但不限于环境保护技术、节材与材料资源利用技术、节能与能源利用技术、节水与水资源利用技术、节地与施工用地保护技术及其他“四新”技术等六个方面。

一、环境保护技术

围绕环境保护，绿色建造应把控制区域内社会公众生产生活免受影响作为前提，最大限度地减少施工扬尘、噪声、光污染、污水排放、固体废弃物排放和对原生态的破坏，减少对施工区域地下水的扰动和污染。因此，针对施工过程对环境的以上影响，应着重控制扬尘、噪声和光污染，加大对建筑垃圾的减量化处理和利用，减少和避免基坑降水施工的技术研究和技术集成，强化对生态环境的保护。

二、节材与材料资源利用技术

房屋建筑工程建筑材料及设备造价占到 2/3 左右，所以，材料资源节约技术是绿色建造技术研究的重要方面。材料节约技术研究的重点是材料资源的高效利用，最大限度地减少建筑垃圾技术及回收利用技术，现浇混凝土技术、商品混凝土技术、钢筋加工配送技术和支撑模架技术等，都应成为保护资源、厉行节约管理和技术研究的重要方向。

三、节能与能源利用技术

能源节约与利用技术是绿色建造技术中需要坚持贯彻的一个方面，节能与能源高效利用技术应着重于建造过程中的降低能耗技术、能源高效利用技术和可再生能源开发利用的研究。推进建筑节能，应从热源、管网和建筑被动节能进行系统考虑，优先选择利用可再生能源、提高现场临时建筑的隔热保温、提高能源利用效率、选择绿色性能优异的施工机械、提高机械设备的满载率、避免空载运行等。

四、节水与水资源利用技术

我国是水资源最缺乏的国家之一，施工节水和水资源的充分利用是亟待解决的技术难题。据初步估算，混凝土的搅拌与养护用水为 10 多亿吨，自来水使用率接近 90%，同时排放了大量的地下水资源，加剧了我国水资源紧缺的状况。因此，水资源节约技术是绿色建造技术中不可忽视的一个方面。水资源节约技术应着重于水资源高效利用、高性能混凝土、混凝土无水养护和基坑降水利用技术研究。

五、节地与土地资源保护技术

节地和土地资源保护技术应着重施工现场临时用地的保护技术研究和现场临时用地高效利用技术研究两个方面。

六、符合绿色理念的"四新"技术

除上述环境保护技术、节材与材料资源利用技术、节能与能源利用技术、节水与水资源利用技术及节地与土地资源保护技术外，对于符合绿色建造理念的新技术、新工艺、新材料、新设备，还应进行广泛研究、推广和应用，如建筑工业化技术、信息化施工技术(包括 BIM 技术)、人力资源保护和高效使用技术、施工环境监测与控制技术等。

第三节　绿色建造技术研究思路

绿色建造技术研究思路是：在传统工程建造过程关注质量、工期、安全、成本四要素的基础上，把环境保护、资源(能源、水资源、材料资源、土地资源和人力资源等)高效利用、减轻劳动强度、改善作业条件作为核心目标，对传统建造技术进行绿色化审视与改造，并进行绿色建造专项技术创新研究，构建全面、系统的绿色建造的技术体系，实现建造过程的“四节一环保”要求，为绿色建造的推进提供技术支持。

第四节　绿色建造技术研究模型

绿色建造是施工图绿色设计与绿色施工的总称，绿色建造技术研究模型实际上是施工图绿色设计技术和绿色施工技术的更复杂组合。推进绿色建造需要通过建立健全相关法规标准体系、施工图绿色设计技术与绿色施工技术识别和创新研究实现。

一、绿色建造法规及管理技术研究

进行绿色建造法规及管理技术研究，需要建立推进绿色建造的宏观法规和管理体系，包括绿色建造法规标准、方针政策及体制机制研究等。绿色建造相关法规标准体系的建立，应基于绿色建造推进现状和既有技术的研究成果，制定指导和保障绿色建造推进的法规标准;方针政策制定应把握产业发展趋势，从国家宏观层面引导绿色建造的研究和推进；构建绿色建造的体制机制是在法规标准和方针政策明确的基础上，研究创造适于绿色建造推进的管理制度、激励机制和社会环境，形成绿色建造快速推进的良好氛围。

二、施工图绿色设计技术研究

施工图绿色设计技术研究，应通过对绿色施工图设计影响因素的调查研究，探索和总结施工图设计阶段影响施工“四节一环保”的关键因素，结合实际进行新型结构、节能机具、一般结构的节点构造设计优化，施工与施工图设计协调，楼宇设备(空调、水泵、变配电设备和冷冻机组等)绿色性能辨识等技术研究，针对不同时区，建立适应不同区域、不同功能要求的绿色施工图设计和深化设计的新型技术体系，保障绿色建造的实现。

三、绿色施工技术研究

绿色施工技术研究，应着重从以下两个方面进行：一是传统施工工艺技术(建筑材料和施工机具)的绿色性能辨识技术研究，二是绿色施工专项技术的创新研究。

(1) 传统施工技术的绿色化审视与改造

传统施工的既定目标主要是工期、质量、安全和企业自身的成本控制等方面，而环境保护的目标由于种种原因影响常常被忽视，因此承袭下来的传统工艺技术方法往往对环境影响缺乏关注。绿色施工的提出，必然伴随着对传统施工技术、建筑材料和施工机具绿色性能的系列辨识和改造要求。因此业界在实践的基础上，对传统施工技术、建筑材料和施工机具进行绿色性能审视，进一步依据绿色施工理念对不符合绿色要求的技术环节或相关性能进行绿色化改造，摒弃造成污染排放的工艺技术方法，改良影响人身安全环境和居民身心健康的建筑材料和施工设备性能，保护资源和提升资源利用率，是绿色施工必须关注的技术研究基本范畴。

绿色施工对建筑工程传统施工技术的绿色化审视与改造范畴，主要涵盖地基基础工程、砌体工程、混凝土结构工程、防水工程、屋面工程、装饰装修工程、给排水与采暖工程、通风与空调工程、电梯工程等及与此相关的许多分部分项工程；建筑材料的绿色化审视与改造可集中于对钢材、水泥、装饰材料(涂料、壁纸及相关连接材料)及其他主要建筑材料的绿色审视；施工机具的绿色化审视与改造则主要包括垂直运输设备、推土机和脚手架等主要施工机具的绿色性能审视与改造。

目前，已有许多地区针对绿色施工要求，对传统施工方法提出了卓有成效的技术改造方案，如：基坑封闭降水技术的提出，就是针对我国水资源短缺的情况，对基坑施工提出的有效技术改造方案。基坑封闭降水是在基底和基坑侧壁采取截水措施，对基坑以外地下水位不产生影响的降水方法。虽然这种方法采取的封闭措施增加了施工成本，但是对于保护地下水资源，减少水资源浪费，避免基坑降水造成的地面沉陷的附加损失具有举足轻重的作用。又如：中建针对施工现场广泛使用竹胶板和九夹板的情况，提出了用塑料模板取而代之的多种技术改造方法，付诸实施后基本实现了模板废弃物的“零”排放。

(2) 绿色施工专项创新技术研究

绿色施工专项创新技术研究，针对建筑工程施工过程影响绿色施工的关键工艺和技术环节，采取创新性思维方式，在广泛调查研究的基础上，采取原始创新、集成创新和引进、消化、吸收、再创新的方法，以期取得具有突破性的创新技术成果。绿色施工专项创新技术研究应从保护环境、保护资源和高效利用资源，改善作业条件，最大限度地实现机械化、工业化和信息化施工出发，对管网工程环保型施工、基坑施工封闭降水、逆作法施工、自流平地面、现场废弃物综合利用、临时设施标准化、建筑外围护保温施工和无损检测等方面进行技术创新研究。

目前，国内已经涌现了不少类似的创新技术成果，如：TCC 建筑保温模板体系就是将传统的模板技术与保温层施工统筹考虑，在需要保温的一侧用保温板代替模板，另一侧仍采用传统模板配合使用，形成了保温板与模板一体化体系。模板拆除后结构层和保温层形成一个整体，从而大大简化了施工工艺，保证了施工质量，降低了施工成本，是一个绿色施工专项创新技术研究的良好范例。

又如，建筑信息模型(BIM)技术是一种舶来品，用于施工行业需要改造、消化和吸收，国内建筑企业结合国内实际，以项目安全、质量、成本、进度和环境保护等目标控制为基础，积极进行开发研究，逐步形成了自己的建筑信息模型(BIM)技术的集成平台，能够实现施工过程资源采购和管理，实现资源消耗、污染排放的监控、施工技术方法的模拟和优化，能够对施工的资源流进行动态信息跟踪，实现定量的动态管理等功能，达到了高效低耗的目的。

参 考 文 献

韩文科，张建国，谷立静．2013．绿色建筑：中国在行动[M]．北京：中国经济出版社．

李飞，杨建明．2014．绿色建筑技术概论[M]．北京：国防工业出版社．

刘加平，董靓，孙世钧．2010．绿色建筑概论[M]．北京：中国建筑工业出版社．

刘晨．2011．绿色建筑[M]．辽宁：辽宁科学技术出版社．

龙惟定，武涌．2009．建筑节能技术[M]．北京：中国建筑工业出版社．

绿色建筑教材编写组．2008．绿色建筑[M]．北京：中国建筑工业出版社．

马素贞．2016．绿色建筑技术实施指南[M]．北京：中国建筑工业出版社．

齐康．2011．绿色建筑设计与技术[M]．南京：东南大学出版社．

吴兴国，陈建阁．2015．绿色建筑[M]．北京：中国环境出版社．

王立雄．2009．建筑节能[M]．北京：中国建筑工业出版社．

徐游，常辉．2011．绿色建筑[M]．北京：人民交通出版社．

杨丽．2016．绿色建筑设计——建筑节能[M]．上海：同济大学出版社．

曾捷．2010．绿色建筑[M]．北京：中国建筑工业出版社．

张国强，等．2009．可持续建筑技术[M]．北京：中国建筑工业出版社．

宗敏．2010．绿色建筑设计原理[M]．北京：中国建筑工业出版社．

中城联盟．2013．绿色建筑的探索与实践[M]．长沙：湖南人民出版社．

中国城市科学研究会．2013．绿色建筑[M]．北京：中国建筑工业出版社．

中国建筑节能协会．2012．中国建筑节能现状与发展报告[M]．北京：中国建筑工业出版社．